L'impression 3D : de l'idée à l'objet

Table des matières

Introduction 2

Chapitre 1 : Les Différents Types d'Imprimantes 3D 5

   1. **Imprimantes 3D à Résine** 6
      a. Principes de fonctionnement : Utilisation de la photopolymérisation pour durcir les résines liquides en couches successives. 6
      b. Avantages : 11
      c. Limitations : 15

   2. **Imprimantes 3D à Poudre** 19
      a. Principes de fonctionnement : Fusion ou liaison de couches de poudre avec un laser ou un liant. 19
      b. Avantages : 27
      c. Limitations : 28

   3. **Imprimantes 3D FDM (Fused Deposition Modeling)** 30
      a. Principes de fonctionnement : Dépôt de filaments fondus couche par couche pour former un objet. 30
      b. Avantages : 34
      c. Limitations : 37

   4. **Imprimantes 3D Jet Couleur** 40
      a. Principes de fonctionnement : Application de couches de poudre colorée liée avec un liant coloré. 40
      b. Avantages : 41
      c. Limitations : 43

Chapitre 2 : Découverte de Votre Imprimante 3D FDM . 47

   1. **Composants Clés de l'Imprimante 3D FDM** 47
      a. Axes : 47
      b. Courroies : 49
      c. Plateau d'Impression : 50
      d. Tête d'Impression (Extrudeur) : 52
      e. Écran : 54
      f. Carte Mère : 55
      g. Alimentation : 58
      h. Ports USB, SD et Micro SD : 59

2. Réglages des Éléments 60
   a. Importance du Nivellement du Plateau : 60
   b. Réglages de la Température : 64
   c. Réglage du Débit d'Extrusion : 65
   d. Réglages de la Vitesse d'Impression : 67
   e. Contrôle du Ventilateur : 69
   f. Réglages du Z-offset : 71

3. Formats de Stockage et Impression **73**
   a. Utilisation de Cartes SD 73
   b. Impression via le Cloud 76
   c. Sécurité en Impression via Wi-Fi 80
   d. Imprimantes 3D sur prise connecté 83

4. Préparation pour la Première Impression **87**
   a. Préchauffage de l'Imprimante 87
   b. Insertion du Filament 90
   c. Sélection du Fichier d'Impression 95

Chapitre 3 : Diversité des Volumes d'Impression 99

1. Tailles de Volumes d'Impression 99
   a. Introduction aux différentes tailles de volumes d'impression, allant des modèles plus petits aux grands objets. 99
   b. Importance de choisir la taille d'impression en fonction des besoins de projet et des dimensions des pièces 102
   c. Comparaison des limitations et avantages des volumes plus grands et plus petits. 105

2. Configurations de Mouvement 110
   a. Explication des configurations de mouvement couramment utilisées dans les imprimantes 3D, y compris les configurations cartésiennes, delta et CoreXY. 110
   b. Avantages et inconvénients de chaque configuration .. 113
   c. Impact de la configuration de mouvement sur la qualité d'impression et la géométrie des pièces. 116

3. Modèles de Tailles et de Configurations 119

4. Utilisation des Configurations Multiples 123
   a. Distinction entre l'impression multimatériaux et l'impression multicolore 124
   b. Approches de l'impression multi-matériaux 127

c. Exemples d'applications, y compris la création de prototypes fonctionnels avec pièces mobiles. 133

5. **Utilisation de l'Impression 3D dans les Projets de Différentes Tailles** **139**
   a. Exemples allant des petites pièces de précision aux grandes maquettes architecturales. 139

6. **Considérations de Design pour Différentes Tailles.142**
   a. Conseils pour la conception de modèles adaptés à différentes tailles d'impression 143
   b. Prévention des distorsions, des déformations et des erreurs de conception 153

Chapitre 4 : Applications de l'Impression 3D **157**

1. **Impression 3D dans l'Industrie** **157**
   a. Exploration des divers secteurs industriels où l'impression 3D est largement adoptée 157
   b. Fabrication de prototypes, d'outils de production, de moules, de fixations et de pièces sur mesure 158
   c. Réduction des délais de développement et des coûts grâce à la fabrication additive 161

2. **Applications Personnelles et Artisanales** **164**
   a. Utilisation de l'impression 3D pour créer des objets de la vie quotidienne, des décorations, des bijoux, etc. 164
   b. Personnalisation et création d'objets uniques en fonction des préférences personnelles 167
   c. Exemples de passionnés et d'artistes utilisant l'impression 3D pour créer des œuvres innovantes 170

3. **Impression 3D dans le Domaine Médical** **173**
   a. Fabrication de prothèses, implants, modèles anatomiques, dispositifs médicaux personnalisés 173
   b. Avantages de la personnalisation et de la réduction des temps d'attente pour les patients 176
   c. Cas d'études médicales et chirurgicales illustrant comment l'impression 3D améliore les soins de santé 178

4. **Secteur Agroalimentaire et Alimentaire** **181**
   a. Utilisation de l'impression 3D pour créer des formes complexes de nourriture 181
   b. Impression de chocolat, de pâte, de sucre et de structures alimentaires uniques 184

c. Présentation d'exemples de chefs cuisiniers et d'innovations dans le domaine alimentaire 187
5. **Applications dans le Bâtiment et l'Architecture 189**
   a. Impression de maquettes architecturales, de modèles de conception, de pièces décoratives 189
   b. Utilisation de l'impression 3D pour créer des éléments structuraux et des composants de construction 192
   c. Avantages en termes de rapidité, de personnalisation et de durabilité des matériaux 195
6. **Impression 3D dans le Secteur Naval et Aéronautique 198**
   a. Création de pièces de haute performance pour les industries navales et aéronautiques 198
   b. Réduction des coûts et des délais de production dans des environnements complexes 200
7. **Impression 3D dans l'Industrie Automobile 202**
   a. Fabrication de prototypes de pièces automobiles, de modèles conceptuels et de composants personnalisés 202
   b. Impression de pièces détachées, de moules et d'outils de production 204
   c. Réduction des temps de développement et d'intégration de nouvelles technologies 206

Chapitre 5 : Évolutions Récentes de l'Impression 3D ...209

1. **Intégration de l'Intelligence Artificielle 209**
   a. Exploration de l'intégration croissante de l'intelligence artificielle (IA) dans l'impression 3D 209
   b. Utilisation de l'IA pour optimiser les paramètres d'impression, prédire les défaillances et améliorer la qualité 213
   c. Exemples de logiciels et de systèmes qui exploitent l'IA pour améliorer l'efficacité de l'impression 217
2. **Avancées dans la Vitesse d'Impression 220**
   a. Discussion sur les progrès significatifs réalisés dans la vitesse d'impression 3D 220
   b. Utilisation de nouvelles technologies d'extrusion, de scan et de refroidissement pour accélérer les processus 222
   c. Impact sur la productivité et les délais de production dans diverses industries 225

3. Impression 3D Multi-Matériaux et Multi-Couleurs 228
   a. Présentation des développements dans l'impression 3D de plusieurs matériaux simultanément 228
   b. Avantages de l'impression multi-couleurs pour des modèles plus réalistes et des prototypes détaillés 231
4. Améliorations de la Qualité de Surface **233**
   a. Exploration des techniques et des technologies pour obtenir une meilleure qualité de surface 233
   b. Utilisation de méthodes de post-traitement, de techniques de finition et de nouveaux matériaux 235
5. Avancées dans les Matériaux Imprimables **238**
   a. ABS (Acrylonitrile Butadiène Styrène) : 238
   b. L'alumide : 238
   c. ASA (Acrylique Styrène Acrylonitrile) : 239
   d. Céramique : 239
   e. Filament conducteur : 240
   f. Résine phosphorescente : 240
   g. HIPS (polystyrène à haut impact) : 240
   h. Inconel : 241
   i. Filament métallique : 241
   j. Nylon : 242
   k. PEEK (polyétheréthercétone) : 243
   l. PET (polyéthylène téréphtalate) : 243
   m. PETG (polyéthylène téréphtalate modifié par le glycol) : 244
   n. PLA (acide polylactique) : 244
   o. Résine végétale : 244
   p. PVA (alcool polyvinylique) : 245
   q. Le papier : 245
   r. Polycarbonate : 246
   s. Polypropylène : 246
   t. Le grès : 247
   u. Le titane : 247
   v. TPU/TPE (polyuréthane thermoplastique/élastomère thermoplastique) : 248
   w. Filament de bois : 248

Chapitre 6 : Première Impression 3D **250**
   1. Préparation et Règles de Sécurité (HSE) **250**

a. Importance de la sécurité dans le processus d'impression 3D 250
b. Précautions de sécurité, tels que l'utilisation adéquate des équipements de protection individuelle et la ventilation appropriée 253
c. Filtration du local aux microparticules 257

2. Préparation du Fichier dans un Slicer 259
   a. Rôle des logiciels de tranchage (slicers) tels que Orca, Cura, PrusaSlicer, etc. 259
   b. Importation du modèle 3D, réglage des paramètres d'impression et génération du G-code 262
   c. Explication détaillée des paramètres essentiels, tels que la densité de remplissage, la hauteur de couche et les supports 265

3. Lancement du Fichier G-code dans l'Imprimante .. 271

4. Vérification du Bon Démarrage 273

5. Vérification de la Pièce Imprimée 279
   a. Inspection et évaluation de la pièce imprimée après la fin de l'impression 279
   b. Vérification de l'absence d'erreurs telles que les surplombs, le stringing, ou les déformations 282

6. Apprivoisement des Tolérances de la Machine 286
   a. Compréhension des limites et des tolérances de l'imprimante 286
   b. Ajustements et modifications pour obtenir des résultats optimaux 289

7. Conseils pour les Premières Impressions Réussies . 292
   a. Conseils pratiques pour garantir le succès de la première impression 293
   b. Gestion des problèmes courants tels que le warping, le décollement de la pièce, etc. 295

Chapitre 7 : Réglages Avancés de l'Imprimante 299

1. Réglages de l'Imprimante sous Marlin 299
   a. Présentation du firmware Marlin, largement utilisé dans les imprimantes 3D 299

2. Calibration de l'Extrudeur 303

    a. Importance de la calibration de l'extrudeur pour un flux de filament précis 303
    b. Étapes détaillées pour ajuster le nombre de pas de l'extrudeur 307
    c. Tests de calibration et méthodes pour atteindre le meilleur résultat 310

3. **Réglage du Jerk et des Accélérations 312**
    a. Explication des termes "jerk" (secousse) et "accélérations" dans le contexte de l'impression 3D 312
    b. Influence des paramètres de jerk et d'accélération sur la qualité et la vitesse d'impression 315
    c. Méthodes pour optimiser ces réglages pour différents types d'impression 318

4. **Contrôle du PID (Proportionnel-Intégral-Dérivé) .. 322**
    a. Compréhension du contrôle PID pour réguler la température de la buse et du plateau 322
    b. Étapes pour ajuster les valeurs PID et maintenir une température stable 326

5. **Gestion des Courroies et du Mécanisme 330**
    a. Importance des courroies tendues et bien alignées pour le bon fonctionnement de l'imprimante 330
    b. Procédures pour vérifier et ajuster les courroies 332
    c. Maintenance des mécanismes de mouvement pour assurer un fonctionnement fluide 337

6. **Entretien et Maintenance Réguliers 341**
    a. Remplacement des buses et des pièces d'usure, nettoyage des ventilateurs et des composants 341
    b. Importance de la lubrification, des réglages réguliers et des inspections visuelles 346

7. **Optimisation des Paramètres de Slicer 349**
    a. Exploration approfondie des paramètres avancés dans le slicer 349
    b. Réglages tels que la rétraction, le coasting, les supports avancés, etc. 352
    c. Comment expérimenter avec ces paramètres pour améliorer la qualité d'impression 356

8. **Profils d'Impression Personnalisés 361**

    a. Création et gestion de profils d'impression personnalisés pour différentes applications 361
    b. Explication de l'importance de la sauvegarde des profils pour des projets spécifiques 365
    c. Comment adapter les profils pour différentes tailles d'impression et matériaux 369

Chapitre 8 : Focus sur le Slicer Orca *373*

1. Introduction à Orca Slicer **373**
    a. Présentation du logiciel Orca Slicer en tant qu'outil de tranchage pour l'impression 3D 373
    b. Historique et développement du logiciel, mettant en évidence ses fonctionnalités uniques 374

2. Fonctions et Caractéristiques de Base **377**
    a. Exploration des fonctionnalités essentielles d'Orca Slicer 377
    b. Importation de modèles 3D, paramètres de tranchage de base et création de fichiers G-code 380
    c. Interface utilisateur, navigation et menues clés 382

3. Réglages Avancés dans Orca Slicer **385**
    a. Réglages avancés de supports, de surplombs, de rétraction, etc. 385
    b. Comment optimiser ces paramètres pour des impressions de haute qualité ? 387

4. Optimisation des Supports **389**
    a. Guide sur la configuration et l'optimisation des supports dans Orca Slicer 389
    b. Création de supports pour des modèles complexes et surplombs délicats 392
    c. Équilibrage entre la facilité de retrait des supports et la qualité de surface de la pièce imprimée 395

5. Gestion du Multi-Matériau et de la Multi-Couleur 397
    a. Exploration de la fonctionnalité de gestion de plusieurs matériaux et couleurs dans Orca Slicer 397
    b. Configuration des changements de filament automatiques et des réglages pour chaque extrudeur 400

6. Guide Pas à Pas pour l'Utilisation d'Orca Slicer **402**

7. Cas d'Utilisation et Projets **456**

Chapitre 9 : Focus sur l'Imprimante Bambu-Lab X1C.460

1. Introduction à Bambu-Lab X1C 460
   a. Présentation de l'imprimante 3D Bambu-Lab X1C en tant que modèle phare de la marque 460
   b. Contexte et objectifs derrière la création de cette imprimante 464

2. Caractéristiques Clés de la Bambu-Lab X1C 467
   a. Examen approfondi des caractéristiques techniques et fonctionnelles qui distinguent la Bambu-Lab X1C 467
   b. Zones de construction, résolution, matériaux pris en charge, extrudeur et systèmes de refroidissement 470
   c. Module de multi-couleur (AMS) et les options de connectivité 473

3. Expérience d'Utilisation de la Bambu-Lab X1C 475
   a. Évaluation de la facilité d'installation, de la qualité d'impression et de la stabilité 475
   b. Réactions à la performance de l'AMS pour l'impression multi-couleur 477

4. Intégration avec les Logiciels et les Outils 479
   a. Discussion sur la compatibilité et l'intégration de la Bambu-Lab X1C avec différents logiciels de tranchage (slicers) 479
   b. Conseils pour tirer parti des fonctionnalités spéciales de l'imprimante dans le processus de tranchage 481

5. Considérations Légales et d'Utilisation 484

6. Projets et Créations Utilisant la Bambu-Lab X1C .487

Chapitre 10 : Outils et Matériels 491

1. Outils de Base pour l'Assemblage et la Maintenance 491

2. Outils de Mesure 493

3. Outils de Découpe et de Finition 497

4. Matériels de Sécurité et de Protection 499

5. Matériels Avancés et Spécialisés 501

Chapitre 11 : Introduction au Scan 3D *504*

1. Les Fondamentaux du Scan 3D **504**
2. Objectifs et Applications du Scan 3D **506**
3. Techniques de Numérisation 3D **509**
   a. Aperçu des méthodes et des technologies utilisées pour le scan 3D 509
   b. Scan par lumière structurée, laser, photogrammétrie, tomographie 510
   a. Avantages et limitations de chaque technique 512
4. Processus de Numérisation et de Modélisation **513**
5. Les Enjeux et Défis du Scan 3D **515**
6. L'Intégration avec l'Impression 3D **518**
7. Éthique et Droits Liés au Scan 3D **521**

Chapitre 12 : Fusion 360 et Conception 3D *526*

1. Introduction à Fusion 360 ...... **526**
2. Les Bases de Fusion 360 ...... **528**
3. Outils de Modélisation de Base **530**
   a. Création de formes primitives : 530
   b. Extrusion : 531
   c. Révolution : 531
   d. Balayage : 531
4. Fonctions Avancées de Fusion 360 ...... **532**
   a. Création de joints : 533
   b. Coques : 533
   c. Lissage et surfaçage : 534
   d. Motifs : 534
   e. Utilisation de l'historique de conception pour les modifications itératives : 535
5. La Simulation dans Fusion 360 ...... **535**
   a. Analyse des contraintes, des déformations et des performances : 536
   b. Optimisation des modèles pour répondre à des exigences spécifiques : 537

6. Intégration avec l'Impression 3D 538
   a. Exportation des modèles au format STL pour la préparation de l'impression : 538
   b. Gestion des tolérances, des supports et des orientations pour l'impression : 539
7. Exercice 541
   a. Résultat attendu : 541
   b. Commencez par créer une esquisse sur la face avant .542
   c. Réalisez un cercle de diamètre 400mm 542
   d. Tracez deux lignes à partir du point d'origine comme sur l'image 542
   e. Utilisez l'outil ajuster pour supprimer les lignes comme sur l'image (couper la partie rouge) 542
   f. A parti d'ici il faudra rajouter deux lignes de chacune de 50mm (comme sur le dessin technique) 543
   g. Utilisez l'outil SWEEP avec les données suivantes : ...543
   h. Créez une esquisse sur la vue de haut en prenant comme référence notre point de centre du diamètre du tube et y faire un diamètre 150mm puis extrudez ce diamètre de 20mm : .544
   i. Répétez cette même opération de l'autre côté du tuyau : 544
   j. Créer une esquisse sur l'une des brides du tuyaux et venez y mettre le diamètre 10 mm au bon endroit suivant les cotations de l'image (touche D pour cotation) et ensuite appliquez un réseau circulaire pour en obtenir le bon nombre, puis extrudez-les. 545
   k. Répéter cette même opération sur l'autre bride 545

Chapitre 13 : Astuces et Conseils Pratiques *547*

1. Optimisation des Réglages d'Impression 547
   a. Conseils pour ajuster les paramètres de tranchage en fonction du modèle et du matériau 547
   b. Réglages de la température, de la vitesse, de la densité de remplissage 547
   c. Expérimentation et ajustements pour obtenir les meilleurs résultats 548
2. Gestion des Supports et des Surplombs 548
   a. Techniques pour générer et retirer efficacement les supports d'impression 549

    b. Minimisation des surplombs pour des impressions plus propres 549
    c. Utilisation stratégique de la géométrie pour réduire la nécessité de supports 550

3. Préparation Correcte du Plateau 550
    a. Importance du nivellement du plateau pour une première couche réussie 550
    b. Utilisation de l'étalonnage automatique et manuel 551
    c. Évaluation de l'adhérence et des réglages optimaux pour différents matériaux 552

4. Gestion des Problèmes d'Adhérence et de Warping 554

5. Choix et Préparation des Modèles 555

6. Amélioration de la Finition des Pièces 557
    a. Techniques pour obtenir une finition de surface plus lisse 557
    b. Utilisation de post-traitement, de ponçage, de lissage chimique, etc. 558
    c. Présentation d'outils et de produits spécifiques pour améliorer la finition 558

7. Entretien Régulier de l'Imprimante 560
    a. Conseils pour maintenir l'imprimante en bon état de fonctionnement 560
    b. Nettoyage des composants, lubrification, remplacement de pièces d'usure, etc. 561
    c. Planification d'entretien préventif pour éviter les pannes 562

8. Exploiter les Ressources en Ligne 563
    a. Utilisation de forums, de groupes de discussion et de tutoriels en ligne pour résoudre les problèmes et obtenir des conseils 563
    b. Contribution à la communauté en partageant des expériences et des solutions 564

9. S'Adapter aux Nouvelles Technologies 565
    a. Gardez un œil sur les nouvelles technologies et les mises à jour dans le domaine de l'impression 3D 565
    b. Intégration de nouvelles fonctionnalités et améliorations dans votre flux de travail 567

Chapitre 14 : Lexique Professionnel *569*
   1.   Termes Clés de l'Impression 3D 569
   2.   Termes Relatifs aux Matériaux 573
   3.   Termes de Slicer et de Tranchage 576
   4.   Termes Spécifiques à l'Impression 3D Avancée 579
Conclusion *582*

Introduction

Ce livre est une immersion dans l'univers fascinant de l'impression 3D, une technologie qui a bouleversé notre manière de concevoir et de fabriquer des objets. Dès les premières pages, vous découvrirez un panorama complet de cette technologie révolutionnaire et de ses nombreuses applications.

Au cœur de l'impression 3D se trouvent différentes technologies, notamment la Fused Deposition Modeling (FDM), la stéréolithographie (SLA), la Selective Laser Sintering (SLS) et bien d'autres. Vous explorerez ces méthodes en détail, comprenant leurs avantages et leurs limites, afin de mieux choisir celle qui correspond à vos besoins.

Le choix d'une imprimante 3D est une étape cruciale pour quiconque se lance dans cette aventure. Ce livre vous guidera dans le monde des imprimantes 3D, qu'il s'agisse de modèles de bureau, d'imprimantes grand format, d'imprimantes delta, etc. Au fil des pages, vous apprendrez à évaluer des critères essentiels tels que la taille de construction, la résolution, la vitesse d'impression et la compatibilité des matériaux.

En outre, la modélisation 3D constitue un autre aspect essentiel de l'expérience de l'impression 3D. Vous serez initié à des logiciels de modélisation populaires tel que Fusion 360. Avec ces outils à votre disposition, vous aurez la possibilité de créer des objets 3D personnalisés, des prototypes et même de réparer des pièces défectueuses. N'oublions pas non plus l'importance du choix des matériaux, une dimension qui mérite d'être explorée en profondeur.

Un large éventail de matériaux vous attend, allant des plastiques traditionnels aux résines photopolymères, en passant par les métaux et les composites avancés. Apprendre à choisir le matériau idéal en fonction de facteurs tels que la résistance, la flexibilité, la transparence et d'autres propriétés spécifiques est un élément clé de votre voyage. Ces aspects façonnent collectivement votre expédition dans le monde captivant de l'impression 3D.

Comme vous vous en doutez peut-être déjà, l'impression 3D marque indéniablement de son empreinte de nombreux secteurs. Dans les pages de ce livre, vous découvrirez diverses applications, allant de la fabrication de prothèses médicales sur mesure à la conception de composants aérospatiaux complexes. Les artistes exploitent notamment cette technologie pour donner vie à des sculptures révolutionnaires, tandis que les bijoutiers l'emploient pour créer des pièces uniques. Ce livre vous accompagnera dans ces domaines exaltants, illustrant la manière dont l'impression 3D remodèle les paysages de la créativité et de l'innovation.

Pour faire court, ce livre constitue un guide exhaustif pour ceux qui cherchent à s'initier ou à approfondir leurs connaissances en impression 3D. Une simple lecture suffit pour vous aider à acquérir une compréhension approfondie des technologies, des imprimantes, de la modélisation, des matériaux et des applications. Vous serez ainsi prêt à explorer un monde de possibilités infinies, tout en laissant libre cours à votre créativité.

Chapitre 1 : Les Différents Types d'Imprimantes 3D

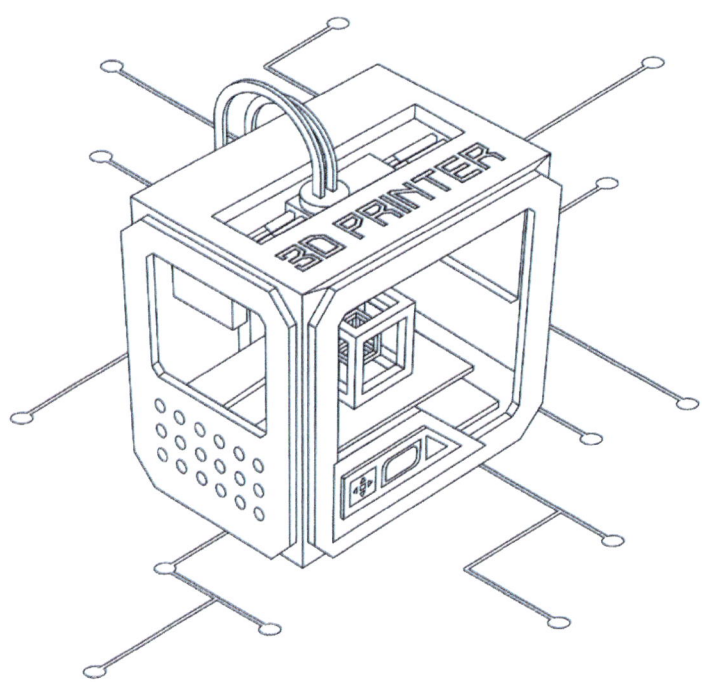

1. **Imprimantes 3D à Résine**

   a. **Principes de fonctionnement : Utilisation de la photopolymérisation pour durcir les résines liquides en couches successives.**

Les systèmes SLA (stéréolithographie) font partie de la famille des technologies de fabrication additive par photopolymérisation en cuve. Ces machines fonctionnent selon un principe commun, utilisant une source lumineuse, qui peut être un laser UV ou un projecteur, pour solidifier la résine liquide en une structure plastique durcie. Les principales distinctions entre ces systèmes résident dans la disposition physique de leurs principaux composants, qui comprennent la source lumineuse, la plate-forme de construction et le réservoir de résine.

- **SLA À L'ENDROIT**

Dans la configuration SLA à l'endroit, la machine comprend un réservoir important contenant le photopolymère liquide (résine) ainsi que la plate-forme de fabrication. Le laser UV est focalisé sur la surface de la résine, traçant une section transversale du modèle 3D. Ensuite, la plate-forme de construction descend d'une distance équivalente à l'épaisseur d'une seule couche, et une lame remplie de résine balaie la cuve pour la réapprovisionner en matériau frais. Ce processus séquentiel se poursuit, en construisant une couche sur une autre jusqu'à ce que la pièce souhaitée soit terminée.

Cette méthode est principalement employée dans les systèmes d'impression 3D industriels à grande échelle et, avant l'émergence des systèmes de bureau, elle constituait l'approche conventionnelle de la stéréolithographie. Elle présente l'avantage d'offrir des volumes de construction parmi les plus importants de l'impression 3D. En outre, elle exerce des forces minimales sur les composants imprimés au cours du processus de fabrication, ce qui permet d'obtenir des niveaux de détail et de précision exceptionnellement élevés dans les objets imprimés finaux.

En raison de sa taille importante, des exigences en matière de maintenance et du volume considérable de matériaux requis, l'approche SLA à l'endroit implique un investissement initial considérable et des coûts opérationnels permanents. Il est nécessaire de remplir toute la zone de construction avec de la résine, ce qui se traduit souvent par la manipulation et la gestion de quantités importantes de matières premières, allant de 10 à plus de 100 litres. Cette tâche peut prendre beaucoup de temps, car elle implique des efforts de maintenance, de filtration et de remplacement des matériaux. En outre, ces machines sont très sensibles à la stabilité et à la planéité, car toute irrégularité peut entraîner le basculement de la pièce imprimée par le dispositif de recouvrement, ce qui provoque des échecs d'impression.

- **SLA À L'ENVERS (INVERSÉ)**

Comme son nom l'indique, le procédé de stéréolithographie inversée renverse l'approche traditionnelle. Dans cette méthode, un réservoir au fond transparent et à la surface antiadhérente est utilisé comme substrat pour le durcissement de la résine liquide, ce qui permet le détachement en douceur des couches nouvellement formées. Une plate-forme de construction est abaissée dans le réservoir de résine, laissant un espace équivalent à la hauteur de la couche entre la plate-forme de construction ou la dernière couche terminée et le fond du réservoir.

Dans ce processus, un laser UV est dirigé vers deux galvanomètres à miroir, qui guident précisément la lumière vers les coordonnées correctes en la réfléchissant à travers une série de miroirs. Cette lumière focalisée est ensuite dirigée vers le haut à travers le fond de la cuve de résine, où elle durcit une couche de résine photopolymère contre la surface inférieure de la cuve. Pour construire l'objet 3D, une combinaison de mouvements verticaux de la plateforme de construction et de mouvements horizontaux de la cuve sépare la couche durcie du fond de la cuve. Ensuite, la plateforme de construction se déplace vers le haut pour permettre à la résine fraîche de s'écouler sous elle. Ce cycle se poursuit jusqu'à ce que l'impression 3D soit terminée.

Dans les systèmes SLA plus avancés, le réservoir est souvent chauffé pour maintenir un environnement contrôlé. En outre, un mécanisme de raclage traverse le réservoir entre les couches, ce qui permet de faire circuler la résine et d'éliminer les amas de résine semi-cuite, garantissant ainsi un processus d'impression plus fluide et plus cohérent.

L'un des principaux avantages de cette approche inversée (à l'envers) est que le volume de construction peut largement dépasser le volume du réservoir de résine. En effet, la machine n'a besoin que d'une quantité suffisante de matériau pour maintenir une couverture continue de liquide au fond de la cuve de fabrication. Par conséquent, cette approche est généralement plus facile à entretenir, à nettoyer et à passer d'un matériau à l'autre. Elle permet également de créer des machines plus petites et plus rentables, ce qui a rendu possible l'introduction de la technologie SLA dans les environnements de bureau.

Cependant, la SLA inversée a ses propres limites. La séparation de l'impression de la surface du réservoir de résine génère des forces de pelage qui imposent des contraintes sur le volume de construction. En raison de ces forces, des structures de support plus importantes sont souvent nécessaires pour fixer l'objet imprimé à la plate-forme de construction. En outre, les forces de décollement limitent l'utilisation de matériaux plus souples, en particulier ceux dont la dureté Shore est inférieure à environ 70A, car les structures de support peuvent également devenir souples dans de tels cas.

b. Avantages :

- Une précision supérieure à celle des autres méthodes d'impression 3D

En matière de précision, la méthode SLA se distingue des technologies modernes d'impression 3D. Les imprimantes 3D SLA ont la capacité de déposer des couches de résine avec une précision remarquable, allant de 0,05 mm à 0,10 mm. La SLA se distingue par l'utilisation d'une fine lumière laser pour polymériser chaque couche de résine, ce qui permet de produire des prototypes d'une précision et d'un réalisme inégalés. Cette technologie n'est pas seulement adaptée à la précision, elle excelle également dans la production de géométries complexes.

- Une gamme variée d'options de résine

Les imprimantes 3D SLA transforment de la résine liquide en objets et produits. Les fabricants ont la possibilité de choisir parmi différents types de résine, notamment la résine standard, la résine transparente, la résine grise, la résine mammouth et la résine haute définition. Cette polyvalence permet aux fabricants de créer des pièces fonctionnelles en utilisant la résine la mieux adaptée. En outre, ils peuvent gérer efficacement les coûts d'impression 3D en optant pour la résine standard, qui offre une excellente qualité sans se ruiner.

- Tolérance dimensionnelle exceptionnelle

Dans le domaine de la création de prototypes ou de la fabrication de pièces fonctionnelles, il est primordial d'obtenir une précision dimensionnelle exacte. L'ALS est réputée pour offrir la tolérance dimensionnelle la plus étroite, avec une tolérance impressionnante de +/- 0,127 mm pour le premier pouce et une tolérance de 0,002 mm pour chaque pouce suivant. Ce niveau de précision garantit que vos pièces imprimées en 3D répondent à des spécifications rigoureuses.

- Erreurs d'impression minimisées

L'une des principales caractéristiques de la technologie SLA est sa capacité à éliminer la dilatation thermique, contrairement à d'autres technologies qui dilatent les couches de résine liquide par des moyens thermiques. La

SLA y parvient en utilisant un laser UV pour le durcissement de la résine, qui sert de composant d'étalonnage des données, ce qui réduit considérablement les erreurs d'impression. C'est pourquoi de nombreux fabricants font appel à l'impression 3D SLA pour produire des articles de haute précision tels que des pièces fonctionnelles, des implants médicaux, des bijoux complexes et des modèles architecturaux complexes.

- Post-traitement rapide et sans effort

La résine, matériau de prédilection de l'impression 3D, simplifie le post-traitement. Les prestataires de services peuvent poncer, polir et peindre les objets à base de résine sans perdre de temps ni d'efforts. De plus, le processus de production en une seule étape du SLA garantit que les objets imprimés ont des surfaces lisses, ce qui élimine souvent la nécessité d'une finition supplémentaire.

- Prise en charge de volumes de construction généreux

Contrairement à ce que l'on pourrait croire, l'ALS permet de réaliser des volumes de construction plus importants que les technologies d'impression 3D contemporaines. Une imprimante 3D SLA peut créer des volumes de construction aussi importants que 50 x 50 x 60 cm³. Cette flexibilité permet aux fabricants d'utiliser la même imprimante SLA pour produire des objets et des prototypes de tailles et d'échelles différentes, tout en conservant le même niveau élevé de précision.

- Réduction des coûts d'impression 3D

Contrairement à d'autres méthodes d'impression 3D, la SLA ne nécessite pas la création de moules. Elle construit des objets 3D couche par couche, ce qui élimine la nécessité de créer des moules. Les prestataires de services peuvent fabriquer directement des objets en 3D à partir de fichiers de CAO/FAO, et impressionnent souvent leurs clients par la rapidité de leurs livraisons, parfois en moins de 48 heures.

Bien que la technologie SLA soit une méthode d'impression 3D mature, elle continue d'être privilégiée par les fabricants et les ingénieurs. Il est essentiel de reconnaître que l'impression 3D SLA présente ses propres avantages et inconvénients. Les utilisateurs peuvent maximiser les avantages de la SLA en tenant compte de ses limites inhérentes et en faisant des choix éclairés adaptés à leurs besoins spécifiques.

c. **Limitations** :

- Les coûts plus ou moins onéreux

Au départ, les imprimantes SLA étaient très coûteuses car elles dépendaient de lasers très puissants et d'une technologie complexe. Toutefois, avec les progrès de la technologie LCD et la réduction des coûts de fabrication grâce à l'innovation, les imprimantes SLA sont devenues plus abordables.

Une imprimante SLA de bureau de bonne qualité peut aujourd'hui être achetée pour moins de 200 euros. Le coût d'une imprimante SLA peut également être influencé par la résolution de son écran LCD. Certains fabricants proposent des écrans LCD d'une résolution de 8K avec leurs imprimantes afin d'obtenir des impressions plus fines.

- Les structures de support sont indispensables

La plupart des imprimantes SLA de bureau utilisent un processus d'impression de bas en haut pour minimiser l'utilisation de l'espace. Par conséquent, la pièce imprimée reste suspendue dans l'air avec la plate-forme d'impression. Pour éviter qu'elle ne s'affaisse ou ne tombe, des structures de support doivent être fixées pour augmenter la surface de contact avec la plate-forme de construction. Si les supports ajoutent de la stabilité au processus d'impression, ils entraînent également un surcroît de travail et de matériaux. Après l'impression, ces supports doivent être retirés pendant le processus de durcissement, ce qui accroît les efforts de post-traitement.

Les supports entraînent également une plus grande consommation de résine d'impression, qui n'est généralement pas réutilisable. Dans l'impression FDM, des matériaux alternatifs peuvent être utilisés pour les supports, mais cela nécessite une imprimante 3D à double extrudeuse capable de passer des matériaux de support aux matériaux primaires.

- Durcissement et nettoyage après impression

Une fois l'impression SLA terminée, le post-traitement est essentiel. La pièce imprimée doit être nettoyée pour éliminer l'excès de résine, qui peut devenir collante et salissante. L'alcool isopropylique est couramment utilisé à cette fin, mais certains fabricants proposent des résines nettoyables à l'eau qui simplifient le processus de nettoyage.

Certaines impressions en résine peuvent nécessiter des étapes de post-traitement supplémentaires. Par exemple, les pièces en résine céramique doivent être durcies dans un four à des températures contrôlées pour les transformer en composants céramiques complets. Bien que ce processus puisse entraîner un rétrécissement de la pièce en raison de la vaporisation de la résine, il permet d'obtenir une pièce en céramique entièrement fonctionnelle dotée de propriétés thermiques impressionnantes. En outre, il est important de bien nettoyer l'imprimante avant de passer à un autre type de résine.

- Considérations environnementales

De nombreuses résines utilisées dans l'impression SLA ne sont pas respectueuses de l'environnement et peuvent dégager des odeurs désagréables qui peuvent nuire à la santé. Toutefois, certaines entreprises proposent désormais des options de résines écologiques et biodégradables.

- Fragilité des pièces imprimées

En règle générale, la plupart des pièces imprimées SLA présentent une résistance à la traction de 10 à 40 MPa, ce qui les rend relativement fragiles. Les principaux composants d'une imprimante SLA, notamment le laser, l'écran LCD et la lampe UV, sont également délicats et doivent être manipulés avec soin pendant le transport et l'utilisation. Au fil du temps, ces composants peuvent devoir être remplacés en raison de la baisse de leurs performances.

- Défis en matière de résistance

Alors que les résines standard produisent des pièces d'une résistance modérée, les résines avancées et hybrides permettent d'obtenir des propriétés structurelles, thermiques et mécaniques plus importantes. Cependant, ces résines avancées ont tendance à être plus chères, et la nécessité d'un post-traitement peut augmenter le coût global de l'impression.

- Étalonnage fréquent de la plate-forme de construction

Après chaque impression réussie, le retrait de la pièce de la plate-forme de construction nécessite souvent un recalibrage. Cet étalonnage fréquent est essentiel pour maintenir la précision de l'imprimante et garantir une qualité d'impression constante.

2. **Imprimantes 3D à Poudre**

   a. **Principes de fonctionnement : Fusion ou liaison de couches de poudre avec un laser ou un liant.**

L'impression 3D à base de poudre est une forme de fabrication additive qui se distingue par l'utilisation de matières premières sous forme de poudre, contrairement aux filaments couramment utilisés dans les méthodes d'impression 3D traditionnelles. Dans ce contexte, la poudre peut être du métal ou du plastique.

Le concept fondamental de l'impression 3D à base de poudre consiste à induire la "liaison" de particules de poudre individuelles par l'application contrôlée d'énergie. Cette source d'énergie peut prendre la forme d'un laser, d'un faisceau focalisé de lumière UV ou d'un faisceau d'électrons. La méthode spécifique choisie pour l'impression 3D, les paramètres du matériau et la taille des particules de poudre contribuent tous à déterminer les caractéristiques de l'impression finale.

Pour le reste, l'impression 3D à base de poudre ressemble beaucoup aux techniques d'impression 3D traditionnelles. Le processus commence par un modèle 3D de la conception souhaitée, qui est ensuite préparé à l'aide d'un logiciel de découpe. Ce logiciel génère des tranches exceptionnellement fines du modèle, représentant les couches que l'imprimante 3D construira ensuite une à une.

À chaque couche progressive de matière première en poudre que l'imprimante 3D lie, une nouvelle couche de poudre brute non traitée est introduite. Ce cycle se poursuit jusqu'à ce que l'ensemble du modèle ait été généré. Dans certains cas, un traitement post-impression peut être nécessaire pour obtenir les propriétés physiques et chimiques optimales du matériau.

Pour mieux comprendre la technologie et les principes opérationnels de l'impression 3D à base de poudre, explorons ses deux catégories principales : l'impression à base de poudre métallique et l'impression à base de poudre plastique. De plus, dans chaque catégorie, il existe de multiples méthodes et approches, chacune avec ses caractéristiques et ses applications uniques.

- Fusion sélective par laser (SLM)

La fusion sélective par laser est l'une des techniques fondamentales dans le domaine de l'impression 3D de métaux. Elle consiste à diriger un faisceau laser très concentré sur la poudre de métal brut, ce qui entraîne la fusion complète du métal et la fusion des particules de poudre adjacentes pour former des géométries complexes.

L'intensité et la vitesse du faisceau laser peuvent être minutieusement réglées pour s'adapter à différents types de métaux et pour affiner les propriétés de l'impression finale. Il convient toutefois de noter que le procédé SLM consomme beaucoup d'énergie en raison de la nécessité de faire fondre complètement le métal.

L'avantage remarquable de la SLM réside dans sa capacité à produire des impressions 3D métalliques aux propriétés mécaniques exceptionnelles. Lorsque les particules de métal fondent, elles fusionnent au niveau moléculaire, ce qui élimine efficacement les lacunes et permet d'obtenir un produit final plus dense et plus robuste.

- Frittage laser direct de métaux (DMLS)

Le DMLS ressemble beaucoup au SLM, à tel point que ces termes sont souvent utilisés de manière interchangeable. Les deux méthodes utilisent une poudre métallique comme matière première et une source d'énergie laser pour la fusion. Néanmoins, il existe une distinction cruciale : alors que l'objectif de la méthode SLM est la fusion complète de la poudre métallique, la méthode DMLS cherche à chauffer les particules métalliques jusqu'à ce que leurs surfaces se soudent, un processus connu sous le nom de frittage. Cette approche est nettement plus efficace sur le plan énergétique pour la fusion de la poudre métallique.

La conséquence notable du choix du frittage par rapport à la fusion complète est l'introduction de porosités dans le produit final. Comme le métal ne font pas entièrement et ne remplit pas les petits espaces inhérents aux matières premières en poudre, le produit fini a tendance à contenir de nombreuses petites cavités internes. Par conséquent, les pièces métalliques frittées sont plus légères et moins robustes que celles produites par SLM.

- Fusion par faisceau d'électrons (EBM)

Dans le procédé EBM, un faisceau d'électrons sert de source d'énergie pour faire fondre la poudre de métal. Cette procédure consomme également beaucoup d'énergie. Ce qui distingue le faisceau d'électrons, c'est sa capacité à être dispersé en plusieurs points sur une seule couche de poudre métallique. Cette caractéristique fait de l'EBM un processus d'impression 3D plus rapide que le SLM et le DMLS.

Les imprimantes 3D EBM sont moins courantes que les imprimantes SLM ou DMLS, principalement en raison du coût élevé de la technologie. En outre, les options commerciales pour les imprimantes 3D EBM sont quelque peu limitées. Les imprimantes EBM ont également du mal à reproduire les niveaux de résolution des autres imprimantes 3D en raison de la taille du faisceau d'électrons.

- Fusion multijet (MJF)

Dans la fusion multijet, un liant liquide est injecté avec précision dans des zones sélectionnées du lit de poudre métallique à l'aide d'un réseau de buses ultrafines. Le nombre de buses influe directement sur la vitesse du processus. Le liant pénètre dans les espaces entre les particules de poudre, ce qui facilite l'absorption de l'énergie infrarouge.

Après le processus MJF, l'impression métallique reste à l'état "vert" et doit être traitée dans une chambre UV pour achever le processus de durcissement et de frittage, ce qui renforce la solidité de la liaison.

Parmi toutes les technologies d'impression 3D à base de poudre métallique, le procédé MJF est le plus récent et relativement rare. L'imprimante Metal Jet de HP en est l'un des rares exemples notables. Grâce à sa polyvalence et à sa précision, la technologie MJF conserve un potentiel inexploité.

- Impression de poudres à base de plastique

Contrairement aux autres méthodes d'impression 3D en plastique, l'impression plastique à base de poudre se distingue par sa polyvalence exceptionnelle. Divers matériaux plastiques peuvent être convertis en poudre, y compris ceux qui ne sont généralement pas disponibles sous forme de filament, comme les silicates ou le polystyrène. Comme la fonte du plastique nécessite moins d'énergie, la technologie de l'impression de poudres plastiques n'exige pas le même niveau de diversité.

- Frittage sélectif par laser (SLS)

La technologie SLS utilise un laser CO_2 étroit comme source d'énergie pour faire fondre le plastique. En réglant l'intensité et la vitesse de déplacement du laser, une seule machine SLS peut traiter différents matériaux plastiques.

Pendant l'impression SLS, le laser CO_2 cible des points prédéterminés sur la couche de poudre en fonction du modèle du logiciel de découpe. Après chaque couche, un rouleau introduit de la poudre de plastique brute fraîche.

L'un des avantages uniques de la SLS est son soutien inhérent aux couches imprimées. La poudre de plastique résiduelle non traitée reste sur la plate-forme de construction, soutenant les caractéristiques du projet imprimé. Il n'est donc pas nécessaire de prévoir des structures de support, même pour les éléments en surplomb.

Le SLS se concentre sur le frittage plutôt que sur la fusion complète du plastique, ce qui accélère considérablement le processus mais introduit de la porosité dans l'impression finale. Il en résulte des pièces imprimées légères, moins durables et nécessitant souvent un post-traitement pour une finition de surface plus lisse.

Cependant, la technique SLS est généralement plus coûteuse que les techniques d'impression 3D utilisant des filaments de plastique ou de la résine. C'est pourquoi les imprimantes SLS sont généralement utilisées par les entreprises proposant des services d'impression 3D professionnels.

b. Avantages :

- Propriétés mécaniques uniformes

Par rapport aux méthodes de fabrication additive utilisant des matières premières sous forme de filaments, les produits créés par impression 3D à base de poudre présentent des propriétés mécaniques plus cohérentes et plus uniformes. En substance, cela signifie que leurs caractéristiques mécaniques restent stables dans toutes les directions. Lors de la production de pièces fonctionnelles destinées à un usage régulier, les propriétés isotropes des composants imprimés en 3D améliorent la prévisibilité de leurs performances.

- Liberté géométrique complexe

L'impression 3D est une technologie de fabrication polyvalente conçue pour reproduire des conceptions complexes qui étaient auparavant jugées trop complexes pour les méthodes de fabrication traditionnelles. Cette caractéristique est particulièrement précieuse lorsqu'il s'agit de travailler avec des métaux. Bien que des méthodes telles que le moulage par extrusion et le moulage par centrifugation aient évolué et soient connues pour produire des pièces métalliques dotées de propriétés mécaniques exceptionnelles, elles imposent intrinsèquement des limites à la flexibilité de la conception.

- Rentabilité pour les petites séries

Un autre avantage de l'impression 3D réside dans son indépendance vis-à-vis des économies d'échelle. Le coût unitaire reste constant, qu'il s'agisse d'imprimer en 3D un seul modèle ou des milliers d'itérations du même modèle. Cela contraste avec les méthodes de fabrication reposant sur le moulage solide, qui nécessitent souvent des investissements substantiels qui ne sont économiquement justifiés que par des volumes de commande importants.

c. Limitations :

- Durée d'impression prolongée

L'impression 3D à base de poudre implique généralement un processus d'impression plus long. Comme elle construit les objets couche par couche, elle peut prendre plus de temps que d'autres méthodes d'impression 3D, ce qui peut affecter la vitesse de production.

- Nécessité fréquente d'un raffinement après l'impression

Les composants fabriqués à l'aide de l'impression 3D à base de poudre nécessitent souvent des raffinements supplémentaires après l'impression. Cette étape supplémentaire est essentielle pour obtenir la qualité de surface et les attributs mécaniques souhaités, ce qui ajoute de la complexité et du temps au processus de production.

- Plus coûteuse que les autres méthodes d'impression 3D

La technologie d'impression 3D à base de poudre est actuellement associée à des coûts plus élevés que d'autres technologies d'impression 3D à l'échelle du bureau, telles que la modélisation par dépôt de fusion (FDM) et la stéréolithographie (SLA). Ces deux méthodes produisent des impressions 3D en plastique à l'aide d'un filament ou d'une résine, et leur technologie simple les a rendues très accessibles, même pour les amateurs. En revanche, les imprimantes 3D à base de poudre, qu'il s'agisse de métal ou d'autres matériaux, sont généralement réservées aux organisations professionnelles en tant qu'outils de prototypage ou pour une utilisation dans des processus de fabrication à l'échelle industrielle. Bien qu'elles ne soient pas difficiles à utiliser, elles peuvent être plusieurs fois plus chères que d'autres types de machines d'impression 3D.

3. Imprimantes 3D FDM (Fused Deposition Modeling)

a. Principes de fonctionnement : Dépôt de filaments fondus couche par couche pour former un objet.

L'impression par dépôt de matière fondue (FDM), une technologie d'impression 3D très répandue, fonctionne à la fois horizontalement et verticalement. Dans ce processus, une buse extrude un matériau thermoplastique qui fond et est déposé avec précision couche par couche pour créer un objet en 3D. Au fur et à mesure que l'objet prend forme, chaque couche devient une section horizontale visible. Après avoir terminé une couche, la buse de l'imprimante descend, ce qui permet d'ajouter la couche de plastique suivante. Une fois l'objet entièrement formé, les matériaux de support peuvent être retirés.

La technologie d'impression 3D FDM est largement utilisée par les entreprises pour créer des objets complexes et détaillés. Les ingénieurs, en particulier, s'appuient sur la technologie FDM pour le prototypage et les essais d'ajustement et de forme des pièces. Cette technologie rationalise la production de petites pièces et d'outils spécialisés, réduisant considérablement le temps nécessaire à leur fabrication.

Le principal matériau utilisé dans le FDM est l'acide polylactique (PLA), bien que les imprimantes à haute température puissent également utiliser d'autres matériaux comme le polyétherimide (PEI) et le polyétheréthercétone (PEEK).

La technologie FDM, dont les origines remontent aux années 1980, a considérablement évolué avec les progrès de la technologie disponible dans le commerce. L'adoption de cette technologie d'impression 3D FFF (Fused Filament

Fabrication) permet de créer des systèmes d'impression 3D qui offrent un large éventail d'avantages.

Comme les autres méthodes d'impression 3D, la FDM commence par une conception numérique téléchargée sur l'imprimante 3D. Divers polymères tels que l'ABS, le PETG, le PEI et le PEEK sont utilisés pour former des fils de plastique qui sont tirés d'une bobine et poussés à travers une buse. Ces filaments sont chauffés et déposés sur une base, appelée plateforme de construction ou table. La base et la buse sont minutieusement contrôlées par un ordinateur. L'ordinateur traduit les dimensions de l'objet en coordonnées et guide la buse et la base en conséquence.

Lorsque la buse se déplace sur la base, le plastique se refroidit et se solidifie, créant une liaison solide avec la couche précédente. Ensuite, la tête d'impression remonte pour permettre le dépôt de la couche de plastique suivante. L'efficacité et la rapidité de l'impression 3D sont maintenues, bien que le temps nécessaire à la réalisation de l'objet dépende de sa taille. Les petits objets, généralement de quelques centimètres cubes, peuvent être produits rapidement, tandis que les objets plus grands et plus complexes peuvent nécessiter un temps d'impression plus long.

L'impression 3D FDM trouve des applications dans divers secteurs, notamment l'automobile et la fabrication de biens de consommation. Elle constitue un outil précieux pour le développement de produits, le prototypage et le processus de fabrication. Les fabricants apprécient l'aptitude de la FDM à créer des prototypes en raison de la résilience des thermoplastiques, qui peuvent résister à la chaleur, aux produits chimiques et aux contraintes mécaniques. En outre, la capacité du FDM à produire des objets très détaillés en fait un choix idéal pour les industries qui ont besoin de pièces exigeant un ajustement précis et des tests de forme.

Cependant, le FDM va au-delà du prototypage et s'étend à la création de pièces d'utilisation finale, en particulier des composants complexes et de petite taille. Les thermoplastiques sont couramment utilisés dans la production d'emballages de produits alimentaires et de médicaments, ce qui rend la technologie FDM très répandue dans l'industrie médicale. Avec des prix compétitifs et la capacité de fournir des résultats efficaces, l'impression 3D

FDM représente une solution pratique pour les entreprises à la recherche d'options de fabrication additive fiables.

b. Avantages :

- Large gamme de matériaux thermoplastiques

Polyvalence des matériaux : La technologie FDM offre un vaste choix de matériaux thermoplastiques aux propriétés variées. Par exemple, le PLA est connu pour sa facilité d'utilisation et sa biodégradabilité, ce qui le rend adapté aux débutants et aux utilisateurs soucieux de l'environnement. L'ABS offre une solidité et une durabilité accrues, tandis que le PETG offre une excellente adhérence de la couche et une résistance aux chocs. Les ingénieurs et les concepteurs peuvent choisir le matériau précis qui correspond aux exigences de leur projet, qu'il s'agisse de créer des prototypes fonctionnels, des produits de consommation ou des composants industriels.

Applications spécialisées : La FDM permet d'utiliser des filaments spécialisés, tels que le TPU flexible pour créer des pièces ressemblant à du caoutchouc, des filaments haute température comme le PEEK pour les applications exigeantes, et même des matériaux composites infusés de fibres de carbone ou de particules métalliques pour améliorer les propriétés mécaniques.

- Impression rapide pour une large gamme de projets

Vitesse et efficacité : Les imprimantes 3D FDM sont connues pour leur efficacité et leur rapidité, en particulier pour la production d'objets de petite et moyenne taille. Ce délai d'exécution rapide est avantageux pour les processus de conception itératifs, la fabrication à petite échelle et le respect des délais des projets.

Personnalisation : La rapidité de l'impression FDM permet aux utilisateurs d'itérer et de personnaliser rapidement les conceptions. Qu'il s'agisse de créer des produits de consommation personnalisés ou de produire des prototypes uniques, la technologie FDM peut s'adapter à une variété de types de projets avec des temps d'impression rapides.

- Une grande communauté d'utilisateurs et des imprimantes abordables

Soutien de la communauté : La technologie FDM s'enorgueillit d'une communauté d'utilisateurs vaste et active dans le monde entier. Cette communauté fournit une mine de connaissances, de ressources et d'aide au dépannage. Les utilisateurs peuvent accéder à des forums en ligne, des tutoriels et du contenu généré par les utilisateurs pour améliorer leur expérience de l'impression 3D.

Accessibilité financière : Les imprimantes FDM sont disponibles dans une large gamme de prix, ce qui les rend accessibles aux amateurs, aux créateurs, aux étudiants et aux professionnels. Les imprimantes FDM de bureau abordable ont démocratisé la technologie de l'impression 3D, permettant aux passionnés d'explorer leur créativité et aux entreprises d'adopter des solutions de fabrication additive rentables.

- Filament métallique BASF imprimable par FDM

Aspect métallique : La possibilité d'imprimer avec les filaments métalliques BASF dans les imprimantes FDM permet aux utilisateurs de créer des objets en vraie pièce de métal. C'est un atout précieux pour obtenir une finition haut de gamme ou décorative dans les projets sans la complexité et le coût des méthodes traditionnelles de fabrication métallique.

Flexibilité de conception : Les filaments métalliques imprimables par FDM offrent une combinaison unique d'esthétique métallique et de flexibilité de conception inhérente à l'impression 3D. Les utilisateurs peuvent créer des pièces complexes et personnalisées avec les attributs métalliques souhaités tout en tirant parti des avantages de la technologie FDM.

c. **Limitations :**

- Qualité de surface généralement inférieure :

Lignes de calque : L'impression 3D FDM se caractérise par un dépôt de matériau couche par couche, ce qui peut entraîner des lignes de couche visibles sur l'objet fini. Bien que ces lignes puissent être réduites grâce à des paramètres d'impression et des techniques de post-traitement appropriés, il peut s'avérer difficile d'obtenir une surface totalement lisse.

Post-traitement nécessaire : Pour améliorer la qualité de la surface, des étapes de post-traitement telles que le ponçage, le remplissage et la peinture peuvent être nécessaires. Ces étapes supplémentaires peuvent ajouter du temps et des efforts au processus d'impression, en particulier pour les objets dont les surfaces sont complexes ou incurvées.

Imperfections visibles : Les géométries compliquées ou complexes, les surplombs et les sections de pontage peuvent présenter des imperfections dans la finition de la surface. Cette limitation peut affecter l'esthétique du produit final, ce qui le rend moins adapté aux applications exigeant un aspect impeccable.

- Possibilité de déformation sur de grandes pièces :

Le warping : Les grandes pièces imprimées par FDM sont susceptibles de se déformer, en particulier lorsqu'on utilise certains matériaux thermoplastiques comme l'ABS. Le gauchissement est dû à des taux de refroidissement différents au sein de l'impression, ce qui entraîne une contraction et une déformation inégales de l'objet. Il peut en résulter une perte de précision dimensionnelle et d'intégrité structurelle.

Lit d'impression chauffé : pour atténuer le gauchissement, de nombreuses imprimantes FDM sont équipées de lits d'impression chauffés qui permettent de maintenir une bonne adhérence et une température uniforme pendant l'impression. Toutefois, il peut être difficile d'obtenir des résultats cohérents sur des pièces de grande taille.

Enceinte : certains utilisateurs choisissent d'entourer leur imprimante 3D d'une chambre de fabrication chauffée afin de minimiser les fluctuations de température et de réduire le risque de déformation. Bien qu'efficace, cette approche n'est pas forcément applicable à toutes les imprimantes FDM.

4. Imprimantes 3D Jet Couleur

a. Principes de fonctionnement : Application de couches de poudre colorée liée avec un liant coloré.

L'impression ColorJet (CJP) représente une technique de fabrication additive caractérisée par deux éléments fondamentaux : le noyau et le liant. La substance Core est méticuleusement répartie en strates élancées sur la plateforme de construction à l'aide d'un rouleau. Après la dispersion régulière de chaque couche, le liant de couleur est déposé avec précision via des têtes d'impression à jet d'encre sur la strate du noyau. Cette application délibérée initie la solidification du matériau de base. Au fur et à mesure que chaque couche est étalée et imprimée, la plate-forme de construction descend progressivement, pour aboutir à la création d'un modèle tridimensionnel vivant. Qu'ils soient imprimés en couleur ou en blanc classique, ces composants peuvent être soumis à des traitements supplémentaires, notamment un revêtement transparent pour une finition résistante et élégante ou un revêtement en cire pour affiner la texture de la surface.

L'impression CJP est une technique de fabrication additive qui fonctionne couche par couche. Cette technologie d'impression 3D à jet de couleur implique l'application initiale d'une fine couche de matériau de base en poudre sur une plateforme, suivie par le dépôt précis d'un agent liant coloré par l'intermédiaire d'une tête d'impression. Ce liant sert à la fois à fusionner les couches et à colorer la pièce.

Après que chaque couche du matériau de base en poudre a été enduite du liant liquide, une autre couche mince du matériau de base est roulée sur le modèle en évolution, commençant ainsi la phase suivante d'application de la couleur. Au fur et à mesure que ce processus se répète, le modèle 3D prend peu à peu forme, se construisant progressivement le long de l'axe Z. Une fois terminée, la pièce est renforcée par un processus de durcissement, et diverses techniques de finition peuvent être employées pour améliorer et protéger la surface des modèles.

b. Avantages :

- Impression en couleur directe

Les imprimantes 3D à jet d'encre couleur peuvent produire des couleurs vives et réalistes, ce qui permet une représentation visuellement attrayante des modèles architecturaux. Ce niveau de précision des couleurs peut être difficile à atteindre avec l'impression couleur directe.

De plus, l'impression à jet d'encre couleur permet un contrôle précis des couleurs et des textures, couche par couche. Ce niveau de contrôle est particulièrement utile pour reproduire des textures de surface complexes et des motifs compliqués, que l'on trouve souvent dans les modèles architecturaux.

- Convient aux modèles architecturaux et à la visualisation.

Lors de la création de modèles architecturaux pour des présentations ou des examens par les clients, la capacité à produire des textures et des détails réalistes peut considérablement améliorer l'impact visuel. Les imprimantes à jet d'encre couleur excellent dans la création de ces visualisations réalistes.

Les modèles imprimés en 3D par jet d'encre couleur peuvent être recouverts d'une couche de protection ou de traitements supplémentaires afin d'améliorer leur durabilité et leur apparence. Cette caractéristique est essentielle pour les modèles architecturaux susceptibles d'être manipulés fréquemment ou utilisés pendant de longues périodes.

- Possibilité de réaliser des textures et des détails complexes.

Les imprimantes 3D à jet d'encre couleur permettent d'obtenir des détails plus fins et une résolution plus élevée que l'impression couleur directe. Ceci est crucial pour les modèles architecturaux et les visualisations, où les détails complexes sont essentiels pour représenter avec précision les conceptions et les concepts.

c. Limitations :

- Moins adapté aux prototypes fonctionnels.

Les imprimantes 3D à jet de couleur présentent des contraintes lorsqu'il s'agit de produire des prototypes fonctionnels :

Résistance mécanique : Les pièces fabriquées à l'aide de la technologie à jet d'encre couleur peuvent ne pas présenter la robustesse mécanique requise pour les essais fonctionnels. Le processus à base de liant peut produire des composants relativement fragiles par rapport à d'autres solutions telles que la modélisation par dépôt fusionné (FDM) ou la stéréolithographie (SLA).

Durabilité : Les prototypes fonctionnels doivent souvent résister aux contraintes physiques, à l'usure et aux conditions environnementales. Les pièces imprimées par jet de couleur peuvent ne pas offrir le même niveau de résistance que celles créées avec d'autres méthodes d'impression 3D ou d'autres matériaux.

Limites des matériaux : Les imprimantes à jet de couleur utilisent généralement des matériaux spécifiques adaptés à leur processus. Ces matériaux peuvent ne pas se prêter à des essais fonctionnels, en particulier lorsque des propriétés spécialisées telles qu'une solidité de qualité technique ou une résistance aux températures élevées sont essentielles.

- Coût potentiellement élevé des matériaux.

L'impression 3D à jet de couleur peut être liée à des dépenses matérielles plus élevées pour diverses raisons :

Matériaux exclusifs : Certaines imprimantes à jet de couleur utilisent des matériaux exclusifs, qui peuvent être plus coûteux que les filaments ou les résines d'impression 3D standard. Cela peut limiter le choix des matériaux et lier les utilisateurs à des fournisseurs spécifiques, ce qui risque d'augmenter les coûts.

Déchets de matériaux : Le processus d'impression à jet d'encre couleur génère souvent un excès de poudre inutilisée, ce qui contribue à augmenter les coûts car ce matériau ne peut pas être facilement recyclé pour des impressions ultérieures.

Utilisation d'encre couleur : L'obtention d'impressions en couleur nécessite l'utilisation d'encres colorées, ce qui peut être coûteux. La nécessité d'utiliser plusieurs types d'encre pour obtenir un large spectre de couleurs peut encore augmenter les dépenses.

Maintenance et consommables : Les imprimantes à jet d'encre couleur peuvent nécessiter un entretien régulier et le remplacement de composants tels que les têtes d'impression ou les solutions de nettoyage, ce qui augmente les dépenses opérationnelles courantes.

Chapitre 2 : Découverte de Votre Imprimante 3D FDM

1. Composants Clés de l'Imprimante 3D FDM

a. Axes :

Grâce au système de coordonnées cartésiennes, tout point spécifique de l'espace peut être localisé avec précision et caractérisé à l'aide de trois coordonnées, chacune alignée sur les axes X, Y et Z, chaque axe étant orthogonal aux deux autres. Alors qu'un seul axe peut transmettre efficacement une position le long d'une trajectoire linéaire, l'incorporation de trois axes nous permet de situer n'importe quel point dans un cadre spatial tridimensionnel.

Bien que les coordonnées cartésiennes ne soient pas toujours la méthode choisie, chaque imprimante 3D à dépôt par fusion (FDM) a besoin d'un moyen de définir des positions dans l'espace afin de localiser et de positionner la buse de l'imprimante. Pour ce faire, différents types de machines utilisent divers systèmes de mouvement mécanique pour manipuler l'extrémité chaude et déposer le filament en fusion. Le processus de dépôt couche par couche est profondément dépendant du mouvement de ces axes, exerçant une influence directe sur les impressions résultantes, englobant des aspects tels que la qualité et la vitesse.

Une imprimante 3D FDM (Fused Deposition Modeling) possède la capacité d'adopter de nombreuses configurations pour orchestrer le mouvement tridimensionnel de sa buse sur la plateforme de construction. Néanmoins, l'absence d'un système de classification officiel établi peut être source d'ambiguïté lorsque l'on parle des différents styles d'imprimantes.

b. Courroies :

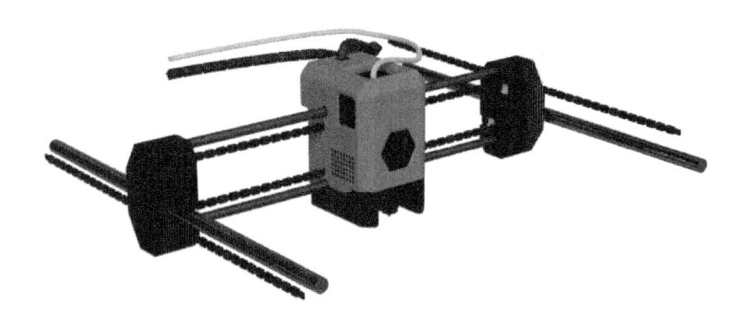

Les imprimantes 3D à courroie utilisent la méthode de modélisation par dépôt de matière fondue (FDM) pour l'impression, mais elles s'écartent des modèles typiques d'imprimantes rectilignes, delta ou polaires. Elles constituent une catégorie relativement unique portant l'identifiant exclusif d'"imprimante 3D à courroie".

Deux principes fondamentaux sous-tendent la fonctionnalité des imprimantes 3D à courroie : l'inclinaison de la buse et le remplacement du lit d'impression conventionnel par une courroie continue. En théorie, le premier principe peut être appliqué à n'importe quelle configuration rectiligne existante en l'inclinant, mais la configuration la plus courante implique un système de mouvement cartésien-XY de la tête, où la partie inférieure du "H" formé par les courroies est tournée vers le bas en direction du lit d'impression.

c. Plateau d'Impression :

Le lit d'impression, également appelé plateau de construction, revêt une importance capitale dans le domaine des imprimantes 3D à modélisation par dépôt de matière fondue (FDM). En effet, une imprimante ne peut pas simplement distribuer du filament fondu sur n'importe quelle surface, et la présence d'un plateau d'impression de qualité médiocre, ou pire, l'absence totale de plateau d'impression, est susceptible d'entraîner un échec de l'impression.

À la base, le rôle principal d'un plateau d'impression est de fournir une base plane et lisse sur laquelle la couche initiale (inférieure) de l'impression adhère pendant le processus d'impression. Pour ce faire, le lit d'impression doit établir une liaison transitoire avec la première couche de filament extrudé, garantissant que le modèle reste immobile tout au long du processus d'impression, évitant ainsi toute perturbation potentielle.

Dans le paysage contemporain, il existe une pléthore d'options pour les plaques de construction des imprimantes 3D, chacune étant caractérisée par des caractéristiques, des dimensions et d'autres attributs distincts. Il convient de noter que certains supports d'impression sont plus aptes à accueillir des matériaux spécifiques que d'autres. Par exemple, alors qu'une plaque de construction peut présenter une compatibilité exceptionnelle avec le filament PLA, une autre variété peut donner de meilleurs résultats avec des matériaux tels que le polycarbonate ou l'ABS.

d. Tête d'Impression (Extrudeur) :

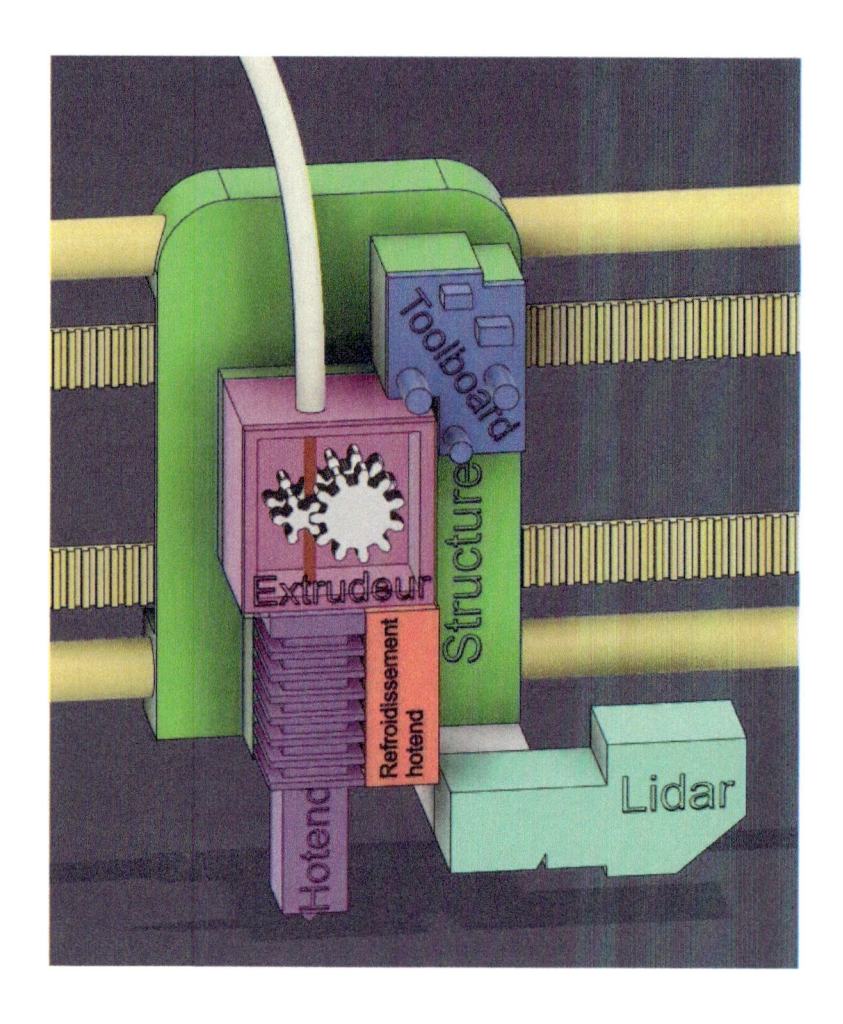

La tête d'impression d'imprimante 3D comprend un ensemble de composants responsables de la manipulation et du traitement du filament plastique.

Les points de vue peuvent diverger sur ce qui constitue précisément la tête d'impression. Certains la définissent de manière étroite, en englobant uniquement le moteur et ses composants associés responsables de la propulsion et de la rétractation du filament. D'autres ont une vision plus large, englobant l'ensemble de l'assemblage, y compris l'extrémité chaude où le filament est fondu et déposé.

Par souci de simplicité, nous adopterons la vision globale, en considérant l'ensemble de l'assemblage comme l'extrudeuse. Pour mieux comprendre l'extrudeuse, nous examinerons de près deux assemblages pivots souvent appelés "extrémité froide" et "extrémité chaude".

e. **Écran** :

L'interaction avec une imprimante 3D nécessite une interface utilisateur. La plupart des imprimantes 3D sont équipées d'un écran de base comportant un nombre limité de boutons et de cadrans. Ces éléments suffisent pour des tâches telles que la sélection d'un fichier d'impression à partir d'une carte SD et la réalisation de réglages simples, comme la modification de la température de l'extrudeuse ou du lit. Les imprimantes 3D plus perfectionnées sont dotées d'écrans tactiles multicolores avec des interfaces conviviales. Les imprimantes peuvent également établir des connexions avec un PC par le biais de connexions filaires ou Wi-Fi. Pour contrôler l'imprimante et surveiller l'état de l'impression, les utilisateurs peuvent utiliser un logiciel de contrôle d'imprimante OEM (fabricant d'équipement d'origine) ou tiers.

Si vous souhaitez une interface plus conviviale, vous pouvez mettre à niveau l'interface utilisateur. Toutefois, ce processus nécessite une attention particulière pour assurer la compatibilité avec la carte mère en termes de connexions physiques et de besoins en énergie. En outre, il est nécessaire de mettre à jour le micrologiciel de la carte mère pour le rendre compatible avec le nouvel écran.

f. Carte Mère :

La carte contrôleur joue un rôle crucial dans la supervision des opérations électroniques d'une imprimante 3D. Son absence limiterait les capacités de l'imprimante à la simple activation et désactivation de certains composants par le biais d'un interrupteur manuel.

Les cartes contrôleur sont chargées de gérer les aspects complexes de l'impression 3D, tels que l'interprétation des fichiers de code G, le maintien du contrôle de la température et, surtout, l'orchestration de mouvements précis, en particulier dans le cas de la modélisation par dépôt de matière fondue (FDM) et des moteurs pas à pas.

Le choix de la carte contrôleur appropriée pour votre imprimante 3D, que vous envisagiez une mise à niveau ou le remplacement d'une unité défectueuse, peut-être une tâche difficile en raison de la pléthore de marques et de modèles disponibles aujourd'hui. C'est pourquoi nous sommes là pour vous aider ! Poursuivez votre lecture pour découvrir quelques-unes des meilleures cartes contrôleur d'imprimante 3D actuellement disponibles sur le marché.

Parmi les différents modèles de carte mère, vous pouvez noter l'existence de la gamme de cartes de contrôle BIGTREETECH SKR. Un gramme qui offre différentes options, notamment la SKR Mini E3, la SKR E3 Turbo, la

SKR Pro, etc. Ces cartes de contrôle sont souvent utilisées pour améliorer les performances des imprimantes 3D, ajouter des fonctionnalités supplémentaires et personnaliser le firmware pour répondre aux besoins spécifiques de l'utilisateur.

Les cartes BIGTREETECH sont compatibles avec divers logiciels de contrôle, tels que Marlin, Repetier, et bien d'autres. Elles offrent également des fonctionnalités avancées, telles que la connectivité Wi-Fi, la prise en charge de multiples extrudeurs, des ports d'extension, et bien plus encore.

Si vous possédez une imprimante 3D et que vous souhaitez améliorer ses performances ou personnaliser son fonctionnement, les cartes de contrôle BIGTREETECH sont une option populaire à considérer. Assurez-vous de consulter le site Web de BIGTREETECH ou de vérifier les forums de la communauté d'impression 3D pour obtenir des informations plus détaillées sur les produits spécifiques et les guides d'installation

g. Alimentation :

Le bloc d'alimentation est la principale source d'énergie pour tous les composants électroniques de l'imprimante. Cette unité fonctionne comme un transformateur et un redresseur, réduisant le courant alternatif et le transformant en courant continu de faible puissance. Le bloc d'alimentation établit une connexion directe avec la carte mère, qui distribue ensuite l'énergie à tous les composants concernés. Lors de l'intégration de nouveaux composants gourmands en énergie dans l'imprimante 3D, il est souvent nécessaire de mettre à niveau le bloc d'alimentation. Toutefois, il est essentiel de faire preuve de prudence et de vérifier que la carte mère peut gérer efficacement la puissance accrue avant de remplacer le bloc d'alimentation.

h. Ports USB, SD et Micro SD :

Les lecteurs USB, les cartes SD et les cartes Micro SD sont des outils essentiels pour les imprimantes 3D à modélisation par dépôt de matière fondue (FDM), car ils remplissent diverses fonctions cruciales dans le processus d'impression 3D :

Clé USB : Ces lecteurs simplifient les transferts de fichiers, permettant aux utilisateurs d'envoyer facilement des modèles 3D, tels que des fichiers STL, directement à l'unité de contrôle de l'imprimante. En outre, les lecteurs USB facilitent la mise à jour des microprogrammes, en permettant aux utilisateurs de télécharger et d'installer les derniers microprogrammes à partir du site web du fabricant.

Carte SD : Les cartes SD offrent un moyen fiable de stocker des modèles 3D pour l'impression, éliminant ainsi la nécessité d'une connexion permanente à un ordinateur pendant le processus d'impression. Elles contiennent également des fichiers de code G, qui contiennent les instructions nécessaires pour que l'imprimante 3D produise des objets avec précision.

Carte Micro SD : Les cartes micro SD, qui partagent les fonctionnalités des cartes SD standard, sont plus petites, ce qui les rend adaptées aux appareils nécessitant des solutions de stockage plus compactes.

2. Réglages des Éléments

a. Importance du Nivellement du Plateau :

Une grande partie de l'enchantement de l'impression 3D par dépôt de matière fondue (FDM) réside dans le filament, car ce matériau présente un comportement prévisible à des températures spécifiques, ce qui permet un contrôle précis de sa forme et facilite la création d'objets imprimés en 3D.

Lorsqu'on utilise une imprimante 3D pour obtenir des résultats optimaux, il faut tenir compte de plusieurs facteurs essentiels. Parmi ces facteurs, l'un des plus importants est de s'assurer que le lit d'impression est plat, car cela augmente considérablement la probabilité d'une extrusion uniforme du matériau sur l'ensemble de la surface d'impression.

Une plaque de construction correctement nivelée devrait produire une couche initiale uniforme, se présentant visuellement sous la forme de lignes bien comprimées sur l'ensemble de la surface. Souvent, tout écart dans la première couche peut être attribué à un lit d'impression inégal.

Il est essentiel de reconnaître les signes d'un lit non nivelé, et voici quelques indicateurs courants :

- Adhésion irrégulière du filament à la surface de construction dans certaines régions.

- Échec occasionnel de l'extrusion du filament à partir de la buse.
- Variations de la hauteur et de la largeur du filament sur la surface de construction.
- Des écarts irréguliers entre les lignes de filament sur la surface de construction.

La solution la plus efficace et la plus simple pour résoudre les problèmes liés à un lit irrégulier consiste à mettre en œuvre un capteur de nivellement automatique du lit (ABL). Il existe différents types de capteurs de nivellement, chacun avec ses nuances technologiques, mais leur fonction fondamentale est de mesurer la distance entre la buse ou le capteur et la surface de construction.

Outre le capteur lui-même, la mise en œuvre réussie du nivellement automatique du lit nécessite une mise à jour du micrologiciel afin d'interpréter les données d'entrée du capteur et de faciliter la communication avec l'imprimante. Il est essentiel de garder cette exigence à l'esprit.

Même en cas d'utilisation d'un système de mise à niveau automatique du lit, il est conseillé de procéder périodiquement à une mise à niveau manuelle du lit. En effet, les systèmes automatiques ne nivellent pas réellement le lit ; ils se contentent de compenser les variations. En outre, une bonne connaissance des composants de votre imprimante vous permet de dépanner et de résoudre tout problème potentiel.

Le "BLTouch" est un capteur de nivellement automatique utilisé dans l'impression 3D extrêmement populaire. Il mesure la distance entre la buse d'extrusion et le plateau chauffant pour automatiser le processus de nivellement du lit. Lorsque l'imprimante démarre une impression, le BLTouch descend pour toucher légèrement le lit, enregistre la distance, puis ajuste automatiquement la hauteur de la buse pendant l'impression. Cela simplifie le processus de nivellement, améliore la qualité d'impression en garantissant une première couche uniforme et peut corriger les imperfections du lit. Avant de l'installer, assurez-vous de vérifier sa compatibilité avec votre imprimante et suivez les instructions du fabricant pour l'installation et la configuration.

b. Réglages de la Température :

L'adhérence et la qualité des impressions 3D par Fused Deposition Modeling (FDM) sont fortement influencées par les températures du lit d'impression et de la tête d'extrusion.

Une température adéquate du lit d'impression est essentielle pour garantir que la première couche de l'impression adhère correctement à la surface de construction. La plupart des imprimantes FDM intègrent des lits chauffés pour éviter des problèmes tels que le gauchissement et le décollement. Le lit chauffé maintient la température du filament proche de son point de transition vitreuse, ce qui garantit qu'il reste collant et qu'il adhère bien à la surface de construction. Une température inadéquate du lit peut entraîner une mauvaise adhérence et des impressions ratées.

Une température du lit d'impression bien contrôlée contribue à la qualité de l'impression en réduisant le gauchissement, qui se produit lorsque le matériau imprimé se refroidit trop rapidement et se contracte de manière inégale, déformant la forme de l'objet. Une température adéquate du lit d'impression minimise le gauchissement, ce qui se traduit par des impressions plus précises et plus stables sur le plan dimensionnel.

En outre, la température de la tête d'extrusion influe directement sur l'adhérence des couches successives de l'impression. Si la température d'extrusion est trop basse, une liaison inadéquate entre les couches peut entraîner un décollement et une faible adhésion entre les couches. Inversement, des températures trop élevées peuvent entraîner des problèmes tels que le suintement et le filage entre les couches.

Enfin, la température de la tête d'extrusion est un facteur déterminant de la qualité d'impression. Elle régit les caractéristiques d'écoulement du filament et sa fusion avec la couche précédente. Imprimer à la bonne température d'extrusion garantit un dépôt de couches régulier et homogène, ce qui permet d'obtenir des impressions visuellement attrayantes et structurellement saines.

c. Réglage du Débit d'Extrusion :

Le débit, souvent appelé multiplicateur d'extrusion, est le paramètre qui régit la quantité de filament extrudé tout au long du processus d'impression. Un étalonnage précis du débit est essentiel pour garantir une bonne adhérence des couches, des textures de surface impeccables et une fidélité dimensionnelle précise.

Il convient de noter que les différents filaments et matériaux présentent des comportements d'écoulement distincts.

L'étalonnage du débit est un moyen efficace d'atténuer les problèmes courants de l'impression 3D, tels que l'extrusion excessive, l'extrusion insuffisante et l'apparition d'un filage indésirable.

Généralement exprimé sous forme de pourcentage numérique, avec une valeur par défaut de 100 % ou de 1,0, selon votre logiciel de découpe, il est la clé de la qualité et de la précision de vos impressions 3D.

La modification du débit influence directement le résultat de vos impressions.

L'utilisation d'un débit incorrect peut entraîner des problèmes courants en matière d'impression 3D, notamment

- La sur extrusion
- Sous-extrusion
- Séparation des couches
- Filage, imperfections et irrégularités
- Adhésion sous-optimale de la première couche

Le débit permet essentiellement de trouver un équilibre entre la vitesse et la qualité d'impression. En règle générale, si vous en constatez une sur extrusion, envisagez de réduire le débit de 5 %. Inversement, en cas de sous-extrusion, une augmentation de 5 % du débit peut être bénéfique. Cependant, le réglage fin du débit nécessite quelques essais et erreurs pour obtenir les résultats souhaités tout en préservant l'intégrité de vos impressions. Dans la section suivante, nous étudierons l'approche optimale pour calibrer le débit. Il reste intéressant de mentionner que Bambu Lab le fait automatiquement, c'est donc l'un des modèles à privilégier pour plus de praticité de ce côté-là.

d. Réglages de la Vitesse d'Impression :

La réduction de la vitesse d'impression permet souvent d'améliorer la qualité de l'impression 3D, en particulier lorsque l'imprimante 3D n'a pas été réglée avec précision.

Lorsque l'imprimante fait preuve d'une grande stabilité, en éliminant tout jeu dans ses composants, des vitesses plus élevées ont un impact moindre sur la qualité de l'impression. Une fois qu'elle est parfaitement optimisée, le principal facteur limitant la vitesse est généralement le débit.

En matière d'impression 3D, la vitesse ne se limite pas à la durée de l'impression ; d'autres facteurs entrent en ligne de compte. La vitesse est liée à la quantité de matériau extrudé, qui a un impact direct sur la durée totale de l'impression.

Les efforts visant à minimiser l'extrusion de matériau peuvent effectivement réduire le temps d'impression, mais ils peuvent potentiellement compromettre la qualité de l'impression, en fonction des ajustements spécifiques effectués.

Par exemple, la réduction des paramètres de remplissage peut entraîner une diminution de la force d'impression. Ce résultat est couramment observé dans les tests, où des paramètres de remplissage plus faibles tendent à produire des pièces moins robustes.

L'évaluation de la qualité de l'impression 3D implique des facteurs complexes qui peuvent être difficiles à évaluer sans équipement spécialisé et sans un nombre important de composants imprimés en 3D.

e. Contrôle du Ventilateur :

Le ventilateur de refroidissement des pièces, également appelé ventilateur de couche, est un petit ventilateur fixé à la tête d'impression des imprimantes 3D à modélisation par dépôt de matière fondue (FDM). Sa fonction première est de refroidir le matériau extrudé lorsqu'il sort de l'extrémité chaude, le flux d'air étant dirigé vers la pièce nouvellement formée par le biais d'un conduit de guidage ou d'un carénage. Ce processus de refroidissement est essentiel pour atténuer les problèmes tels que le gauchissement et le filage des impressions 3D. En outre, il améliore la cohérence de l'impression et réduit la dépendance à l'égard de la température ambiante, car le taux de refroidissement peut être ajusté en faisant varier la vitesse du ventilateur.

Lorsqu'une pièce imprimée a une section transversale limitée, le matériau extrudé peut ne pas avoir suffisamment de temps pour refroidir avant l'ajout de la couche suivante. Cela peut entraîner un excès de chaleur et potentiellement ramollir la pièce. De même, lors de l'impression de pièces présentant des rapports d'aspect élevés, comme des colonnes ou des cylindres élancés, la chaleur peut s'accumuler et entraîner une déformation. Un autre problème courant se pose dans les structures en porte-à-faux abruptes, où le matériau encore chaud s'affaisse en suspension dans l'air avant de se solidifier. L'utilisation d'un ventilateur de refroidissement des pièces permet de résoudre ces problèmes en accélérant la solidification du matériau et en préservant la géométrie prévue. Par conséquent, l'amélioration de l'efficacité du refroidissement des pièces peut conduire à une amélioration des performances et des résultats de l'impression 3D FDM.

f. Réglages du Z-offset :

Lorsque l'imprimante 3D est sous tension, déplacez la buse dans différentes positions sur la plaque de construction. Utilisez un morceau de papier fin ou une jauge d'épaisseur pour évaluer l'écart entre la buse et la plaque. Modifiez les vis ou les boutons de mise à niveau situés sous la plaque de construction selon les besoins, en rapprochant progressivement la buse de la plaque tout en assurant une légère résistance lorsque vous glissez le papier sous la buse. Répétez ce processus en plusieurs points de la plaque de construction jusqu'à ce qu'elle soit uniformément nivelée.

Certaines imprimantes 3D sont équipées de capteurs de mise à niveau automatique du lit. Ces capteurs sondent la surface de la plaque de construction et ajustent de manière autonome la hauteur de la buse en conséquence. Si votre imprimante est équipée d'un système ABL, suivez les instructions du fabricant pour l'installation et l'étalonnage.

De nombreux logiciels de tranchage offrent des fonctions de mise à niveau du lit qui peuvent simplifier le processus. Ces outils vous guideront tout au long de la procédure de mise à niveau, facilitant ainsi l'obtention de la distance optimale entre la buse et la plaque.

Après avoir effectué vos premiers réglages, observez attentivement la première couche pendant qu'elle est imprimée. Une première couche idéale doit adhérer en douceur et présenter un aspect cohérent et uniforme. Si vous détectez des lacunes ou des zones où le filament n'adhère pas correctement, procédez à des ajustements supplémentaires si nécessaire.

Gardez à l'esprit que le nivellement du lit est une tâche permanente ; une réévaluation et des ajustements périodiques peuvent être nécessaires, en particulier si vous changez de surface de construction ou si vous apportez des modifications à votre imprimante 3D. L'obtention d'une première couche parfaite reste une condition préalable fondamentale pour une impression 3D réussie.

3. Formats de Stockage et Impression

a. Utilisation de Cartes SD

Les imprimantes 3D optent généralement pour les cartes SD plutôt que pour les clés USB en raison de la simplicité du processus d'intégration. La lecture à partir de clés USB nécessite des dépenses de développement supplémentaires, impliquant à la fois des exigences supplémentaires en matière de matériel et de pilote logiciel. Cela dissuade souvent les fabricants de rechercher la compatibilité avec les lecteurs USB.

Les cartes SD fonctionnent selon le protocole SPI, qui est généralement intégré dans les micropuces des imprimantes 3D. Cette compatibilité inhérente fait des cartes SD un choix rentable. À l'inverse, les lecteurs USB nécessitent des ressources supplémentaires pour assurer la compatibilité, ce qui incite de nombreux fabricants à éviter ces coûts supplémentaires.

En outre, les cartes SD offrent la commodité d'une impression 3D autonome, éliminant le besoin d'un ordinateur alimenté en permanence. Cela réduit le risque d'accident et permet une impression ininterrompue. Bien que certaines imprimantes 3D puissent se connecter à des ordinateurs via USB ou Wi-Fi, ces options peuvent s'accompagner de limitations et de dépenses supplémentaires.

La lenteur inhérente à l'impression 3D souligne encore davantage les avantages des cartes SD. Des temps d'impression prolongés épuiseraient les lecteurs USB tout au long du processus, ce qui nécessiterait des lecteurs externes dédiés pour les utilisateurs fréquents. En revanche, les cartes SD, rentables et conçues pour des scénarios à usage unique, peuvent rester en place sans avoir à se préoccuper de ces questions.

Les cartes SD renforcent également la sécurité en s'intégrant entièrement dans l'imprimante 3D, éliminant ainsi le risque de déconnexion accidentelle ou de chute associé aux disques durs externes. Ce point est particulièrement important, car toute perturbation pendant l'impression peut entraîner des échecs.

En outre, les cartes SD sont plus économiques que les clés USB, ce qui en fait un choix pratique pour ceux qui ont besoin de plusieurs dispositifs de stockage pour l'impression 3D. Leur taille compacte, à peu près équivalente à deux cartes de crédit, contribue également à leur convivialité.

En ce qui concerne la vitesse et la capacité de stockage, l'impression 3D ne nécessite pas de vitesse élevée ni de capacité de stockage importante. Il reste toutefois important de noter que le formatage des fichiers en mégaoctets est important pour les imprimantes 3D car il détermine la taille des fichiers de modèle que l'imprimante peut traiter. Cela affecte la capacité de stockage, le temps de traitement, le transfert de données et l'utilisation des ressources de l'imprimante. Il est essentiel de choisir des fichiers de modèle compatibles avec les spécifications de l'imprimante pour assurer une impression réussie. La plupart des modèles 3D utilisés pour l'impression sont relativement petits, ce qui rend inutiles la vitesse et la capacité supérieures des clés USB. En outre, les vitesses de transfert entre les cartes SD et les clés USB sont comparables dans le bas et le milieu de gamme, ce qui annule tout avantage potentiel des clés USB.

À la lumière de ces considérations, de nombreux fabricants préfèrent utiliser des cartes SD dans leurs imprimantes 3D afin de gérer efficacement les coûts et de préserver le confort d'utilisation, car les avantages des clés USB ne justifient généralement pas la complexité et les dépenses supplémentaires.

b. Impression via le Cloud

La gestion de l'impression en nuage représente une approche contemporaine de l'impression qui exploite les capacités de la technologie en nuage pour rationaliser et simplifier le processus d'impression. Au lieu de s'appuyer sur des serveurs d'impression conventionnels sur site, la gestion de l'impression en nuage exploite les technologies basées sur le web, permettant la soumission et la gestion des travaux d'impression à partir de n'importe quel appareil, à n'importe quel moment et depuis n'importe quel endroit.

En règle générale, les solutions de gestion d'impression en nuage comprennent trois éléments essentiels : un serveur d'impression en nuage, un logiciel de gestion d'impression et des imprimantes compatibles. Le serveur d'impression en nuage fait office de plaque tournante, recevant les demandes d'impression des utilisateurs et les dirigeant vers l'imprimante appropriée. Les logiciels de gestion d'impression, comme uniFLOW Online ou PaperCut, réduisent la charge de travail des informaticiens et permettent aux entreprises de superviser et de contrôler leurs travaux d'impression, d'en surveiller l'utilisation, d'établir des règles d'impression et d'améliorer la mobilité et le confort d'utilisation.

Grâce à la gestion de l'impression en ligne, il est possible d'imprimer à partir de différents appareils, tels que les ordinateurs portables, les tablettes et les smartphones. Vous avez besoin d'imprimer un document essentiel lorsque vous êtes en déplacement ? Vous pouvez le faire sans effort en transmettant le travail d'impression à partir de votre appareil mobile et en le récupérant plus tard. Cette flexibilité élimine la nécessité de connexions physiques aux imprimantes et facilite l'impression à partir de sites distants.

En outre, la gestion de l'impression en nuage offre des avantages en termes de réduction des coûts. Les systèmes de gestion d'impression conventionnels impliquent souvent des investissements substantiels en matériel, en maintenance et en infrastructure informatique. À l'inverse, la gestion de l'impression en nuage élimine la nécessité de procéder à des installations complexes sur site, ce qui réduit les dépenses d'investissement. En outre, les solutions basées sur l'informatique en nuage fonctionnent souvent selon un modèle de paiement à l'utilisation, ce qui garantit que vous ne payez que pour l'impression réelle que vous effectuez. Cela peut se traduire par des économies à long terme, tant pour les particuliers que pour les entreprises.

Une sécurité et un contrôle accrus sont également des caractéristiques essentielles de la gestion de l'impression en nuage. À une époque où la sécurité du réseau et de l'impression est primordiale, la gestion de l'impression en nuage renforce la sécurité grâce à des fonctions telles que l'authentification de l'utilisateur, le cryptage et l'impression sécurisée, qui protègent les données sensibles et contrecarrent les accès non autorisés. En outre, la nature centralisée de la gestion de l'impression en nuage permet aux administrateurs d'appliquer des règles et des autorisations d'impression, garantissant que seul le personnel autorisé peut accéder à des imprimantes spécifiques ou exécuter des travaux d'impression spécifiques. Cela permet de limiter les utilisations non autorisées et de réduire les inefficacités dans l'environnement sécurisé de l'informatique en nuage.

La gestion simplifiée de l'impression est une autre caractéristique de la gestion de l'impression en nuage. Les tâches telles que la gestion des files d'attente d'impression, l'installation des pilotes d'imprimante et la maintenance des serveurs d'impression peuvent être laborieuses et exaspérantes. La gestion de l'impression en nuage rationalise ces processus en centralisant la gestion de l'impression par le biais d'une interface conviviale. Les administrateurs peuvent facilement superviser l'utilisation, imposer des restrictions et allouer des quotas d'impression, tandis que les utilisateurs peuvent surveiller leurs travaux d'impression, consulter l'historique de leurs impressions et même ajuster les paramètres d'impression tels que la couleur et la taille du papier.

En résumé, la gestion de l'impression en nuage révolutionne le paysage de l'impression en exploitant les capacités du nuage pour améliorer la commodité, l'efficacité et le contrôle. Ses avantages s'étendent des particuliers à la recherche d'une expérience d'impression plus souple et plus mobile aux entreprises à la recherche d'économies et d'une sécurité accrue. Lorsque vous réfléchissez à vos besoins en matière d'impression, l'adoption de la technologie en cloud peut en effet représenter une approche supérieure.

c. Sécurité en Impression via Wi-Fi

La prolifération de l'impression 3D a amélioré l'accès aux processus de fabrication. Les imprimantes 3D sont devenues monnaie courante dans les ménages, permettant aux individus de créer des produits dans leur espace personnel, comme leur chambre ou leur garage. Même une imprimante d'entrée de gamme, dont le prix est de 200 euros, peut produire des articles adaptés au marché. Néanmoins, ces imprimantes d'entrée de gamme présentent des inconvénients spécifiques, des fonctionnalités limitées et des frustrations occasionnelles, car elles sont souvent dépourvues des fonctions avancées que l'on trouve couramment dans les solutions haut de gamme.

Pour remédier à ces limitations, une solution viable consiste à doter l'imprimante de fonctions intéressantes, telles que la connectivité sans fil. L'intégration du Wi-Fi dans une imprimante 3D offre une série d'avantages, permettant l'impression sans fil et offrant des capacités de contrôle et de surveillance pratiques.

L'intégration du Wi-Fi dans une imprimante 3D offre plusieurs avantages, notamment :

Surveillance et contrôle à distance : L'avantage le plus important de l'intégration du Wi-Fi dans une imprimante 3D est la capacité de surveillance et de contrôle à distance. Grâce à une connexion Wi-Fi, les utilisateurs peuvent non seulement lancer, interrompre et arrêter les travaux d'impression, mais aussi suivre en direct le processus d'impression, détecter les défaillances et préserver les impressions en cours, entre autres fonctionnalités.

Impression 3D via des appareils mobiles : L'impression sans fil ne se limite plus aux ordinateurs de bureau. Les utilisateurs peuvent superviser les opérations de leur imprimante 3D à l'aide de leur smartphone. De nombreuses applications mobiles compatibles avec les plateformes Android et Apple sont disponibles pour contrôler l'imprimante 3D à partir d'un appareil mobile.

Surveillance à distance par caméra : Une fois la connexion sans fil établie, les utilisateurs ont la possibilité de connecter une caméra à l'imprimante 3D (par exemple, une caméra Raspberry Pi, une webcam ou un appareil photo reflex numérique). Cette caméra permet de surveiller les impressions 3D à distance, depuis n'importe quel endroit et à n'importe quel moment. Les utilisateurs peuvent non seulement voir la diffusion en direct, mais aussi recevoir des mises à jour régulières concernant l'état d'avancement de l'impression (voir ci-dessous).

Notifications en temps réel de l'état de l'impression 3D : L'un des avantages les plus précieux associés à l'intégration du WiFi dans une imprimante 3D est la possibilité de recevoir des mises à jour de l'état de l'impression en temps réel. Dans certains cas, les utilisateurs préfèrent ne pas regarder les flux en direct, mais plutôt rechercher des informations sur l'état de l'impression en cours. Les questions concernant l'achèvement de l'impression, le temps d'impression restant ou l'existence de problèmes sont fréquentes lorsque les personnes ne sont pas à proximité de l'imprimante 3D. Une solution efficace pour répondre à ces préoccupations consiste à recevoir des notifications périodiques sur l'état des impressions en cours. Il faut toutefois faire attention à la sécurité du réseau avant de choisir cette option. Ces notifications peuvent être personnalisées en fonction de délais spécifiques, du nombre de couches et d'autres paramètres, ce qui permet de connaître en permanence l'état de l'imprimante 3D.

d. Imprimantes 3D sur prise connecté

La consommation électrique d'une imprimante 3D dépend principalement de facteurs tels que ses dimensions et les réglages de température du lit chauffant et de la buse. En moyenne, une imprimante 3D typique consomme environ 70 watts d'électricité lorsqu'elle est équipée d'un hotend à 205°C et d'un lit chauffé à 60°C. Pour un travail d'impression de 10 heures, cela se traduit par une consommation d'énergie de 0,7 kilowattheure, ce qui équivaut approximativement à un coût d'environ 9 cents.

En ce qui concerne les considérations de coût, la dépense globale associée à l'alimentation d'une imprimante 3D reste relativement modérée et n'influence généralement pas de manière significative le choix d'une imprimante par rapport à une autre. Bien que certaines imprimantes 3D puissent présenter un meilleur rendement énergétique, l'écart n'est généralement pas assez important pour constituer un facteur déterminant.

La consommation d'énergie d'une imprimante 3D peut varier légèrement en fonction de son fonctionnement spécifique. Par exemple, les lits d'impression plus grands peuvent consommer plus d'énergie pendant la phase de préchauffage nécessaire pour atteindre la température souhaitée que pendant le processus d'impression proprement dit.

Généralement, lorsqu'une imprimante 3D est activée, la consommation initiale d'électricité est attribuée au chauffage du lit d'impression, suivi du chauffage de la buse à la température nécessaire pour le matériau d'impression. Toutefois, la séquence peut différer en fonction de la configuration du gcode de démarrage de l'imprimante. Si la plate-forme chauffée reste active pour maintenir la température idéale, des pics occasionnels de consommation électrique peuvent se produire pendant le processus d'impression.

Il convient de noter que la consommation électrique moyenne d'une imprimante 3D est similaire à celle d'un réfrigérateur standard.

Plusieurs facteurs influencent la consommation électrique d'une imprimante 3D. Une étude menée par Strathprints sur la consommation d'énergie de quatre imprimantes 3D différentes a permis de dégager certaines tendances. Par exemple, une épaisseur de couche plus fine dans le matériau d'impression entraîne des durées d'impression plus longues et, par conséquent, une consommation d'énergie globale plus élevée. L'augmentation de la vitesse d'impression peut contribuer à réduire la consommation d'énergie globale.

Un chauffage efficace du lit d'impression et de l'extrémité chaude peut entraîner une réduction de la consommation d'électricité, car le maintien de températures plus basses lorsque l'impression n'est pas active est plus économe en énergie. La vidéo ci-dessous montre les variations significatives de la consommation d'électricité lorsqu'un lit chauffé est utilisé.

L'utilisation d'un tapis isolant Ashata pour réduire la charge de travail liée au chauffage du lit d'impression est une stratégie recommandée. Ce tapis possède une conductivité thermique élevée, ce qui permet de maintenir efficacement la température requise pour le lit chauffé.

Par exemple, la MakerBot Replicator 2X fonctionne généralement dans une plage de puissance de base de 40 à 75 watts pour contrôler le contrôleur et le moteur, mais peut atteindre 180 watts en cas de besoin de chauffage. Des températures de lit d'impression plus élevées entraînent une utilisation plus fréquente de l'électricité, comme le montrent les fluctuations de la puissance affichée sur un compteur.

En résumé, la consommation électrique des imprimantes 3D varie considérablement en fonction d'une série de facteurs. Les choix de configuration de votre imprimante 3D ont un impact significatif sur sa consommation d'énergie globale. Une bonne compréhension du processus d'impression 3D est essentielle pour obtenir des résultats de haute qualité avec une consommation d'électricité minimale.

4. Préparation pour la Première Impression

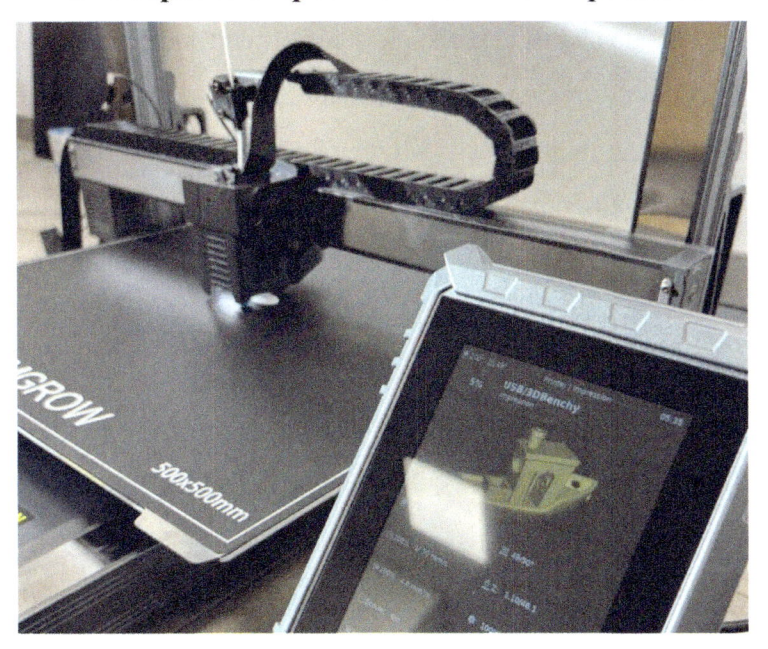

a. Préchauffage de l'Imprimante

Le préchauffage d'une imprimante 3D est crucial car il garantit la fusion correcte du filament par le dispositif de chauffe avant le début d'un travail d'impression. Sans préchauffage, l'extrusion du filament peut être retardée, ce qui peut conduire à sauter des couches initiales.

Imaginons un scénario dans lequel le préchauffage est omis et où l'imprimante commence immédiatement la première couche avec une température froide. Dans ce cas, l'imprimante essaierait de pousser le filament dans le dispositif de chauffage, mais le filament ne fondrait pas. Par conséquent, lorsque l'imprimante déplace la tête d'impression pour créer la première couche, aucun filament n'est déposé pendant environ cinq minutes, ce qui entraîne une distorsion des dimensions et de l'alignement des couches dans l'objet.

Le préchauffage est essentiel pour permettre une impression efficace et efficiente du filament une fois qu'il entre dans l'imprimante. La plupart des imprimantes doivent être préchauffées avant de commencer un travail d'impression. La température de l'imprimante doit atteindre le niveau optimal pour une liquéfaction efficace du filament, la température spécifique variant en fonction de la température d'impression propre au matériau. Les lits d'impression chauffés nécessitent également un préchauffage pour maintenir l'adhérence de l'impression pendant l'impression.

Le maintien d'une température correcte pendant le préchauffage et l'impression est essentiel pour obtenir un objet final stable, garantissant une fusion constante du filament et un flux régulier pour des couches bien définies.

L'utilisation d'une température incorrecte peut entraîner des problèmes importants, notamment une mauvaise qualité d'impression ou des défaillances. Une surchauffe peut entraîner un affaissement du filament, ce qui complique la réalisation de formes et de dessins précis et peut entraîner une déformation des objets. La surchauffe de la buse peut entraîner un excès de filament, grumeleux et sur extrudé, difficile à retirer une fois solidifié. Elle peut également entraîner des obstructions à l'intérieur du hotend, ce qui nécessite des procédures de nettoyage et de purge spécialisées.

Inversement, le sous-chauffage peut être tout aussi problématique, provoquant des bourrages, une sous-extrusion et une délamination, ce qui risque de mettre à rude épreuve les moteurs et les engrenages de l'extrudeuse de l'imprimante. Un chauffage inadéquat peut entraîner une mauvaise adhérence des couches, ce qui conduit à des objets qui ne peuvent pas résister à la pression externe.

Des températures imprécises du lit d'impression, qu'elles soient trop élevées ou trop basses, peuvent également être à l'origine de problèmes. Le préchauffage du lit d'impression améliore l'adhérence du filament, fournissant une base stable pour le reste de l'impression. Pendant l'impression, le maintien précis de la température du lit d'impression permet un refroidissement progressif, préservant ainsi l'intégrité structurelle. Si la température du lit est trop basse, l'objet risque de refroidir trop rapidement et de se détacher du lit au milieu de l'impression.

Des températures de lit d'impression trop élevées peuvent entraîner un problème connu sous le nom de "patte d'éléphant", où les couches initiales fondent et se compriment sous le poids des couches qui les surmontent. L'expérimentation de différentes températures d'impression pour différents matériaux peut aider à trouver les réglages optimaux. Toutefois, il est essentiel de respecter la plage de températures recommandée sur la bobine de filament pour une impression 3D réussie.

b. Insertion du Filament

Il est essentiel de comprendre la procédure de chargement du filament dans une imprimante 3D. Certaines imprimantes 3D simplifient ce processus grâce à un "bouton de chargement du filament", qui permet de charger et de décharger le filament sans effort grâce à des mouvements automatiques. Vous pouvez utiliser l'écran LCD de l'imprimante ou les macros du slicer pour diriger les mouvements prédéfinis de l'extrudeuse afin d'insérer et de retirer le filament. Par exemple, l'Ultimaker S5 propose des instructions à l'écran pour l'insertion du filament et la sélection du matériau afin de garantir un chauffage adéquat. La Pulse XE rationalise les changements de matériau grâce aux macros MatterControl, qui ne nécessitent qu'une intervention minimale de l'utilisateur. Les utilisateurs avancés peuvent même créer leurs propres macros Gcode, bien que cela nécessite une compréhension approfondie de leur imprimante 3D spécifique et des subtilités du Gcode. Lorsque des options de chargement et de déchargement automatisés sont disponibles, il est conseillé de suivre ces procédures plutôt que de procéder à des ajustements manuels.

Chargement manuel des filaments :

Le chargement du filament ressemble beaucoup au processus de déchargement, à quelques différences près :

1. Commencez par préchauffer la buse à la température la plus élevée entre l'ancien et le nouveau matériau.

Par exemple, si vous passez du NylonX au PLA, préchauffez la buse à la température d'impression du NylonX afin d'assurer une purge complète de la buse.

2. Attendez que l'imprimante atteigne la température appropriée pour que l'alimentation en matériau se fasse correctement. Reportez-vous aux spécifications de votre filament pour connaître les températures d'impression précises, généralement indiquées sur la bobine ou sur le site web du fabricant. Voici quelques recommandations générales en matière de température :
   - PLA : 210°C±10°C
   - ABS : 230°C±10°C
   - TPU & TPE : 220°C - 240°C
   - PETG : 245°C±10°C
   - Nylon : 250°C±10°C
   - NylonX et Nylon : 255°C±10°C

3. Utilisez une pince coupante pour couper l'extrémité du filament en biais, afin de faciliter son insertion dans la trajectoire de l'extrudeuse.

4. Courbez légèrement le filament pour éviter qu'il ne s'enroule et pour assurer un passage en douceur dans l'extrudeuse.

5. Relâchez la pression de l'extrudeuse à l'aide du levier ou de la vis à oreilles et maintenez-la en place.

6. De l'autre main, insérez le filament dans l'extrudeuse :

    - Pour les extrudeuses à entraînement direct, guidez-le jusqu'à ce que le filament sorte de la buse.
    - Pour les extrudeuses bowden, insérez-le dans le tube bowden et poussez-le jusqu'à la buse.
    - Une fois que le filament atteint la buse, réglez la tension.

7. Utilisez l'écran LCD pour extruder environ 100 mm de filament, en assurant une purge correcte et une transition entre le matériau précédent et le nouveau. Si votre imprimante ne dispose pas d'un écran LCD ou d'options de déplacement de l'extrudeuse,

poussez manuellement environ 100 mm de filament à travers l'extrudeuse pour obtenir le même effet.

8. Lorsque vous passez d'un matériau à un autre dont la température d'impression est très différente, n'oubliez pas de régler la température de la buse en fonction du nouveau matériau avant de commencer l'impression.

Pour les imprimantes 3D qui nécessitent un déchargement manuel, procédez comme suit :

1. Chauffez le hotend à la température d'impression du matériau actuel. Par exemple, réglez-le à 200 °C pour le PLA. Si possible, relâchez la tension de l'extrudeuse à l'aide du mécanisme disponible.

2. Insérez doucement le filament dans l'extrudeuse jusqu'à ce qu'une petite quantité sorte de la buse.

3. Tirez doucement sur le filament pour le retirer de l'extrudeuse. Évitez de tirer brusquement pour ne pas casser le filament. Vous devriez remarquer que l'extrémité du filament est légèrement élargie, ce qui

indique qu'il se trouvait auparavant dans la buse et qu'il n'est plus dans le chemin de l'extrudeuse ou dans le tube bowden.

c. Sélection du Fichier d'Impression

Le processus de navigation et de sélection des modèles d'imprimante 3D pour l'impression joue un rôle essentiel dans le flux de travail de l'impression 3D. Vous trouverez ci-dessous un guide complet sur l'exécution efficace de cette tâche cruciale :

1. Organisation des fichiers : Commencez par organiser systématiquement vos modèles 3D sur votre ordinateur. Utilisez une catégorisation basée sur les types de conception ou les thèmes du projet pour simplifier la recherche en cas de besoin.

2. Accès à l'interface de l'imprimante 3D : Mettez votre imprimante 3D sous tension et accédez à son interface. Cette interface peut prendre différentes formes, notamment des écrans tactiles intégrés, des

logiciels informatiques ou des applications mobiles liées à l'imprimante.

3. Établir la connectivité : Assurez-vous que l'imprimante 3D est correctement connectée à l'appareil concerné, qu'il s'agisse d'un ordinateur, d'un smartphone ou d'une carte mémoire dédiée contenant les modèles 3D.

4. Sélection de la source de fichiers : En fonction de votre imprimante 3D, désignez la source à partir de laquelle vous accéderez aux modèles 3D. Il peut s'agir d'un disque local, d'une clé USB, d'une carte SD ou d'un service de stockage en nuage.

5. Parcourir les fichiers : Naviguez dans les fichiers stockés dans la source choisie pour localiser le dossier contenant les modèles 3D destinés à l'impression. Utilisez les commandes de l'interface pour naviguer dans les répertoires et les sous-répertoires.

6. Prévisualisation et sélection : Certaines interfaces d'imprimantes 3D permettent de prévisualiser

directement les modèles à l'écran. Utilisez cette fonction pour inspecter visuellement les modèles et choisir celui qui correspond le mieux à vos besoins d'impression actuels.

7. Examen des détails du modèle : Accédez à des informations supplémentaires sur le modèle sélectionné, notamment ses dimensions, le temps d'impression estimé et l'utilisation prévue des matériaux. Ces informations permettent de prendre des décisions éclairées avant de commencer l'impression.

8. Personnalisation du modèle (le cas échéant) : En fonction de votre imprimante 3D et de votr(vous pouvez avoir la possibilité de personi attributs du modèle, tels que l'échelle et l'or Ajustez ces paramètres en fonction du d'impression souhaité.

9. Lancer l'impression : Une fois le modèle sé et personnalisé, lancez le processus d'imp l'aide des commandes de l'interface. S

instructions ou les paramètres supplémentaires spécifiques aux exigences de votre imprimante.

10. Suivi de la progression : Tout au long du processus d'impression, surveillez sa progression via l'interface. Certaines imprimantes 3D proposent des mises à jour en temps réel de l'état d'avancement de l'impression, y compris le pourcentage d'achèvement et le temps restant estimé.

11. Post-traitement : Une fois l'impression terminée, retirez soigneusement l'objet imprimé de la plate-forme de construction de l'imprimante. En fonction du matériau et de la conception, des étapes de post-traitement telles que le ponçage, la peinture ou l'assemblage peuvent être nécessaires pour améliorer le produit final.

En suivant ces étapes, il est possible de naviguer sans effort dans une collection de modèles 3D et de sélectionner la conception la plus appropriée pour l'impression. Ce processus permet de transformer les créations numériques en objets tangibles et physiques grâce aux capacités d'une imprimante 3D, le tout sans intervention personnelle.

Chapitre 3 : Diversité des Volumes d'Impression

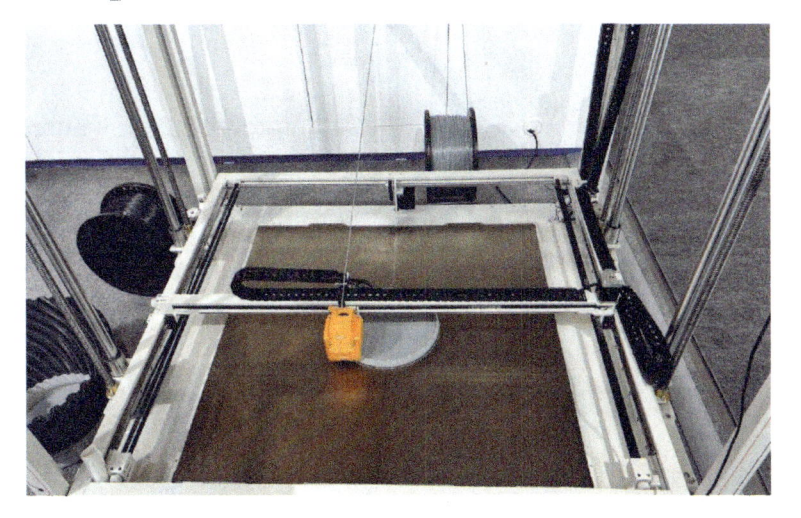

1. **Tailles de Volumes d'Impression**

   a. **Introduction aux différentes tailles de volumes d'impression, allant des modèles plus petits aux grands objets.**

Dans l'impression 3D, le volume ou la taille des objets qui peuvent être imprimés varie en fonction du modèle d'imprimante 3D. Il existe un large éventail de tailles de volume d'impression, et la pertinence d'une taille particulière dépend des exigences du projet. Voici quelques catégories courantes de volumes d'impression 3D :

- *Petites imprimantes (imprimantes de bureau)*

Taille du lit d'impression : Généralement inférieure à 200 x 200 x 200 millimètres (mm).

Cas d'utilisation courants : Petits prototypes, miniatures détaillées, bijoux et petites pièces.

- *Imprimantes moyennes*

Taille du lit d'impression : Elle est comprise entre 200 x 200 x 200 mm et 300 x 300 x 300 mm.

Cas d'utilisation courants : Prototypes fonctionnels, articles ménagers et pièces mécaniques de taille moyenne.

- *Grandes imprimantes*

Taille du lit d'impression : Habituellement entre 300 x 300 x 300 mm et 500 x 500 x 500 mm.

Cas d'utilisation courants : Prototypes de plus grande taille, installations artistiques, modèles architecturaux et composants mécaniques de plus grande taille.

- *Imprimantes industrielles*

Taille du lit d'impression : Peut dépasser 500 x 500 x 500 mm et aller jusqu'à plusieurs mètres dans certains cas.

Cas d'utilisation courants : Fabrication à grande échelle, composants aérospatiaux, pièces automobiles et modèles architecturaux.

- *Imprimantes personnalisées*

Taille du lit d'impression : Personnalisable pour répondre aux exigences d'un projet spécifique et peut varier considérablement.

Cas d'utilisation courants : Adapté à des applications uniques et spécifiques à un projet, notamment les sculptures de grande taille, les composants de machines spécialisées, etc.

Il est important de noter que le volume d'impression maximal qu'une imprimante 3D peut atteindre est déterminé par sa conception physique, notamment la taille du lit d'impression et les dimensions globales de l'imprimante. Lors de la sélection d'une imprimante 3D pour un projet, tenez compte de la taille des objets à imprimer, car il est essentiel de choisir une imprimante avec un volume d'impression approprié pour obtenir les résultats souhaités de manière efficace.

Vérifiez toujours les spécifications d'une imprimante 3D avant de l'acheter pour vous assurer qu'elle répond aux exigences spécifiques du projet en termes de volume d'impression et de taille de construction.

b. Importance de choisir la taille d'impression en fonction des besoins de projet et des dimensions des pièces

Le choix de la taille d'impression appropriée en fonction des exigences du projet et des dimensions de la pièce revêt une grande importance pour plusieurs raisons essentielles :

Efficacité des ressources : Le choix de la bonne taille d'impression garantit une utilisation efficace des ressources de votre imprimante 3D. L'impression d'objets plus petits sur une imprimante à grande échelle entraîne un gaspillage des ressources, notamment de l'espace d'impression et des matériaux. Inversement, tenter d'imprimer des pièces surdimensionnées sur une imprimante à petite échelle peut entraîner des erreurs et un déploiement inefficace des ressources.

Gestion du temps : La taille d'impression choisie a un impact direct sur le temps d'impression. Les objets plus petits impliquent généralement des temps d'impression plus courts, ce qui peut être un facteur crucial lorsque les délais d'un projet sont en jeu.

Utilisation rentable des matériaux : Le dimensionnement correct de vos impressions minimise le gaspillage de matériaux. Les impressions trop grandes peuvent consommer trop de matériaux, ce qui fait grimper les dépenses du projet. Le choix d'une taille d'impression appropriée permet de contrôler les coûts des matériaux.

Préservation de la qualité d'impression : S'assurer que les dimensions de la pièce correspondent à la taille d'impression choisie est essentiel pour préserver la qualité de l'impression. Si un objet est incompatible avec la taille d'impression choisie, il peut en résulter une perte de détails et un résultat de moindre qualité. Inversement, l'impression d'un petit objet à grande échelle peut entraîner une réduction inutile de la résolution d'impression.

Solidité structurelle : Lorsqu'il s'agit de composants fonctionnels et de prototypes, l'alignement des dimensions des pièces sur la taille d'impression choisie est essentiel pour garantir l'intégrité structurelle. Les pièces trop petites ou trop grandes par rapport à la taille prévue risquent de ne pas s'emboîter correctement ou de ne pas fonctionner comme prévu.

Simplification de l'assemblage : Les pièces qui correspondent au projet sont plus faciles à assembler et à intégrer dans le produit final. Cela réduit la nécessité de procéder à des modifications ou à des ajustements a posteriori.

Alignement sur les objectifs du projet : Des projets différents ont des exigences distinctes et le choix de la taille d'impression doit s'harmoniser avec les objectifs de votre projet. Qu'il s'agisse de créer des miniatures complexes ou des prototypes de grande envergure, le choix de la taille d'impression appropriée permet d'atteindre efficacement les objectifs du projet.

Gestion des ressources : Il est essentiel de gérer efficacement les ressources de votre imprimante 3D, en particulier si vos capacités d'impression sont limitées. En optant pour la bonne taille d'impression, vous éviterez de surcharger votre imprimante et vous prolongerez sa durée de vie.

En résumé, il est primordial de sélectionner avec soin la taille d'impression appropriée en fonction des besoins du projet et des dimensions de la pièce. Il contribue à l'efficacité des ressources, à la gestion du temps, à la rentabilité, à la préservation de la qualité d'impression, au maintien de l'intégrité structurelle, à la simplification de l'assemblage, à l'alignement sur les objectifs du projet et à l'utilisation efficace des ressources. La prise en compte méticuleuse de la taille d'impression fait partie intégrante de la réussite globale de vos projets d'impression 3D.

c. Comparaison des limitations et avantages des volumes plus grands et plus petits.

La comparaison des avantages et des limites des différents volumes d'impression 3D, du plus petit au plus grand, fournit des informations précieuses aux amateurs et aux professionnels de l'impression 3D :

- *Les plus petits volumes d'impression*

Avantages :

- Utilisation efficace des matériaux : les petits volumes d'impression minimisent l'utilisation des matériaux, ce qui réduit les coûts et les déchets.
- Rapidité d'impression : Les petits objets sont imprimés rapidement en raison de la quantité moindre de matériaux et des temps d'impression plus courts.
- Précision détaillée : Les détails complexes et la superposition précise sont réalisables dans de petits volumes, ce qui permet d'obtenir des impressions de haute qualité.

Limites :

- Taille limitée des pièces : La principale contrainte est la taille limitée de l'objet imprimé, ce qui limite les applications aux petits composants ou aux modèles complexes.
- Problèmes d'intégrité structurelle : Les pièces fonctionnelles plus grandes peuvent ne pas avoir

la résistance et l'intégrité structurelle nécessaires lorsqu'elles sont imprimées en petits volumes.

- *Volumes d'impression moyens :*

Avantages :

- Applications polyvalentes : Les volumes d'impression moyens permettent d'atteindre un équilibre et d'élargir l'éventail des applications par rapport aux petits volumes.
- Équilibre entre vitesse et détail : Les tirages moyens offrent un bon compromis entre la vitesse et le détail, et conviennent à une grande variété de projets.
- Consommation raisonnable de matériaux : Ils consomment plus de matériau que les petits tirages, mais moins que les grands tirages, ce qui permet d'atteindre un équilibre dans l'utilisation des matériaux.

Limites :

- Limité aux objets de taille moyenne : Les volumes d'impression moyens sont toujours limités en taille, ce qui empêche la création de pièces ou de produits de très grande taille.

- *Volumes d'impression plus importants :*

Avantages :

- Création d'impressions fonctionnelles de grande taille : Les volumes d'impression plus importants permettent de créer des composants ou des prototypes fonctionnels et de taille normale.
- Réduction des besoins d'assemblage : L'impression de pièces plus grandes en une seule pièce minimise le besoin d'assemblage, ce qui améliore l'efficacité.
- Adaptation au prototypage : Idéale pour créer des prototypes de produits ou de pièces de plus grande taille, ce qui permet d'obtenir une image plus claire de la conception finale.

Limites :

- Utilisation accrue de matériaux : Les volumes plus importants consomment plus de matériaux,

ce qui peut faire grimper les coûts et entraîner des pertes si la gestion n'est pas efficace.
- Temps d'impression plus longs : L'impression d'objets plus grands prend beaucoup plus de temps en raison de l'augmentation du volume et de la complexité de l'impression.
- Exigences plus élevées en matière d'imprimante : Les impressions plus importantes nécessitent des imprimantes dotées de caractéristiques et de capacités spécifiques, ce qui peut nécessiter une machine plus perfectionnée ou plus coûteuse.

Pour faire court, les petits volumes d'impression offrent efficacité et rapidité pour les impressions plus petites et plus complexes, tandis que les volumes moyens permettent de trouver un équilibre entre polyvalence et détail. Les volumes d'impression plus importants permettent de créer des composants fonctionnels de taille réelle, mais avec des temps d'impression plus longs et une consommation accrue de matériaux. Le choix du volume d'impression dépend des exigences spécifiques du projet, en équilibrant les considérations de détail, de taille, de coût et de temps.

2. Configurations de Mouvement

a. Explication des configurations de mouvement couramment utilisées dans les imprimantes 3D, y compris les configurations cartésiennes, delta et CoreXY.

On ne soulignera jamais assez l'importance des configurations de mouvement dans le domaine de l'impression 3D. Ces configurations constituent les plans fondamentaux sur lesquels repose l'ensemble du processus de traduction des conceptions numériques en objets tangibles. Elles régissent le mouvement de la tête d'impression ou de la buse dans l'imprimante 3D, influençant de manière complexe des aspects critiques tels que la précision, la vitesse et les types d'objets pouvant être fabriqués.

Les différentes configurations de mouvement, notamment cartésiennes, delta et CoreXY, présentent un large éventail d'avantages et de limites, ce qui fait du choix de la configuration une décision cruciale pour les passionnés et les professionnels de l'impression 3D.

Comprendre ces configurations équivaut à démêler la mécanique de base d'une imprimante 3D. Elle permet aux utilisateurs d'adapter leur choix d'imprimante aux exigences spécifiques de leurs projets, qu'il s'agisse d'une impression rapide, de détails complexes ou d'un mélange harmonieux des deux. Chaque configuration introduit ses propres caractéristiques dans l'équation, et le choix judicieux de la bonne peut avoir une influence profonde sur le résultat d'un projet d'impression 3D.

- *Configuration cartésienne :*

Les imprimantes 3D cartésiennes fonctionnent selon un système simple et largement adopté. Elles utilisent trois axes linéaires : X, Y et Z. Les axes X et Y régissent le mouvement horizontal de la tête d'impression, tandis que l'axe Z contrôle le mouvement vertical de la plate-forme de construction. En règle générale, les imprimantes cartésiennes utilisent une plate-forme de construction de forme rectangulaire ou carrée qui se déplace le long des axes X et Y. Cette configuration est connue pour sa simplicité d'utilisation et de maintenance, ce qui en fait un choix privilégié pour les novices comme pour les experts.

- *Configuration Delta :*

Les imprimantes 3D Delta possèdent un design distinctif et esthétiquement attrayant inspirée des robots delta. Au lieu d'utiliser des axes linéaires, elles comportent trois bras verticaux reliés à un effecteur central qui tient la tête d'impression. Le mouvement est exécuté par des modifications simultanées de la longueur de ces bras, ce qui permet un contrôle précis du positionnement de la tête d'impression.

Les deltas intègrent généralement des plates-formes de construction circulaires ou en forme de delta.

- *Configuration CoreXY :*

Le système de mouvement CoreXY est conçu pour combiner les avantages des configurations cartésienne et delta. Il utilise deux moteurs fixes, chacun relié à un système de courroie qui régit les mouvements X et Y de la tête d'impression.

Cette configuration permet un contrôle précis et un mouvement rapide tout en conservant une plate-forme de construction stationnaire.

b. Avantages et inconvénients de chaque configuration

- *Configuration cartésienne :*

Avantages :
- Précision : Les imprimantes cartésiennes sont appréciées pour leur précision et leur exactitude.
- Facilité d'utilisation : elles sont accessibles et relativement faciles à dépanner.
- Grande disponibilité : Les imprimantes cartésiennes sont facilement accessibles dans différentes tailles et gammes de prix.

Limites :
- Contraintes de vitesse : Les imprimantes cartésiennes peuvent avoir des limites en ce qui concerne la vitesse d'impression, en particulier lorsqu'il s'agit de produire des formes complexes.

- Limites dimensionnelles : La taille de l'objet imprimé est limitée aux dimensions de la plate-forme de construction.

- *Configuration Delta :*

Avantages :

- Vitesse remarquable : Les imprimantes Delta sont réputées pour leur vitesse d'impression rapide grâce à leur mécanisme de mouvement parallèle.
- Idéales pour les impressions de grande taille : Elles excellent dans la fabrication d'objets et de sculptures hauts et cylindriques.
- Allure visuelle : De nombreux passionnés admirent le mouvement hypnotique et visuellement captivant des imprimantes Delta.

Limites :

- Courbe d'apprentissage : Les imprimantes delta peuvent présenter une courbe d'apprentissage plus raide pour le calibrage et le fonctionnement, ce qui les rend moins adaptées aux débutants.

- Maintenance complexe : L'entretien et le dépannage des imprimantes delta exigent souvent un niveau d'expertise plus élevé.

- *Configuration CoreXY :*

Avantages :
- Vitesse et précision : Les imprimantes CoreXY trouvent un équilibre entre rapidité et précision, ce qui les rend polyvalentes pour diverses applications.
- Stabilité de l'impression : La plate-forme de construction reste stable pendant l'impression, ce qui simplifie la fabrication de projets à grande échelle.
- Polyvalence : Les systèmes CoreXY sont adaptables et conviennent à un large éventail de projets.

Limites :
- Complexité : Bien qu'ils ne soient pas aussi complexes que les imprimantes delta, les systèmes CoreXY peuvent nécessiter davantage d'étalonnage et de maintenance que les installations cartésiennes standard.
- Problèmes de disponibilité : Les imprimantes CoreXY sont moins courantes que les imprimantes

cartésiennes, ce qui peut affecter leur disponibilité et leur support.

c. Impact de la configuration de mouvement sur la qualité d'impression et la géométrie des pièces.

La configuration de mouvement employée dans une imprimante 3D a une influence considérable sur la qualité finale des impressions et les formes des objets finaux.

En effet, en matière de qualité d'impression, la configuration du mouvement est un facteur essentiel.

La précision des impressions 3D dépend en grande partie de la configuration de mouvement choisie. Les systèmes cartésiens, avec leurs mouvements linéaires et simples, sont réputés pour leur précision. Ils excellent dans la production de composants complexes et très précis. Si votre projet nécessite des détails fins et des tolérances précises, la configuration cartésienne est généralement privilégiée.

Le lissage des couches d'impression est d'une importance capitale pour obtenir un aspect raffiné sans traitement ultérieur important. Les systèmes cartésien et CoreXY, caractérisés par leurs mouvements stables et méticuleusement contrôlés, produisent généralement des surfaces d'impression plus lisses.

En outre, il est important de noter que la fiabilité de l'adhésion des couches a un impact considérable sur la durabilité de l'impression. Les configurations Cartesian et CoreXY tendent à exceller à cet égard, grâce à leurs mouvements constants, assurant une liaison solide entre les couches et, par conséquent, des impressions robustes.

Pour les formes complexes nécessitant des mouvements précis et prévisibles, les imprimantes cartésiennes s'imposent souvent comme le meilleur choix. Leur fiabilité les rend aptes à fabriquer facilement des géométries complexes.

Le choix d'une configuration de mouvement a également une influence considérable sur les types de géométries que l'on peut produire efficacement.

Par exemple, la configuration de mouvement choisie exerce une influence significative sur la vitesse d'impression. Les systèmes Delta, caractérisés par leurs mouvements parallèles, sont réputés pour leurs capacités d'impression rapide. Ils constituent donc un choix idéal pour le prototypage rapide. Cependant, ils peuvent parfois sacrifier les détails les plus fins au profit de la vitesse.

Lorsque vos projets impliquent la fabrication d'objets cylindriques imposants, les systèmes delta brillent. Leur conception permet des mouvements verticaux fluides et rapides sans nécessiter un lit d'impression lourd, ce qui les rend exceptionnellement bien adaptés à cette géométrie spécifique.

Les configurations CoreXY établissent un équilibre entre vitesse et précision. Elles font preuve de polyvalence dans la gestion d'un large éventail de géométries de pièces, ce qui les rend adaptables à diverses applications où la rapidité et le détail sont essentiels.

En outre, La stabilité du lit d'impression pendant le processus d'impression revêt une importance cruciale, en particulier pour les impressions à grande échelle avec des géométries complexes. Les systèmes CoreXY maintiennent une plate-forme stable, garantissant que vos impressions conservent leur intégrité structurelle tout au long du processus d'impression.

En somme, le choix d'une configuration de mouvement appropriée pour votre imprimante 3D dépasse la simple préférence personnelle. Il régit directement la qualité de vos impressions et délimite les variétés de géométries que vous pouvez réaliser. Pour faire une sélection éclairée, il vous incombe d'envisager les exigences spécifiques de vos projets, qu'ils privilégient la précision, la vitesse ou la polyvalence. En comprenant ces dynamiques, vous pourrez exploiter la technologie de l'impression 3D au maximum de son potentiel, tant pour vos activités artistiques que pour vos activités utilitaires.

3. Modèles de Tailles et de Configurations

Dans le contexte de la conception et de la visualisation numérique, la modélisation 3D est un outil polyvalent utilisé par les créateurs pour concrétiser leurs visions créatives. Dans ce domaine, deux aspects fondamentaux jouent un rôle important : la taille et la configuration. Ces éléments jouent un rôle essentiel dans la définition de l'environnement numérique et dans la détermination de sa viabilité dans le monde physique.

- **Considérations sur la taille**

Dans le domaine de la modélisation 3D, la taille transcende les simples valeurs numériques ; elle représente un facteur déterminant de la praticité et du réalisme d'une création numérique. La représentation précise de la taille revêt une importance capitale pour les professionnels tels que les architectes, les ingénieurs et les développeurs de jeux qui utilisent les modèles 3D pour transmettre leurs concepts.

L'obtention de dimensions précises dans la modélisation 3D repose sur le concept de mise à l'échelle. Les modèles sont systématiquement ajustés en taille, soit agrandis, soit réduits, pour reproduire leurs équivalents dans le monde réel. Ce processus de mise à l'échelle peut varier considérablement, de la création de modèles miniatures pour des bijoux complexes à la construction de modèles architecturaux à grande échelle qui reflètent fidèlement les gratte-ciels.

Les considérations de taille vont au-delà de l'esthétique et englobent la fonctionnalité et la performance. Dans le domaine des jeux vidéo, par exemple, la taille des éléments 3D a une influence considérable sur la jouabilité. Il est impératif de trouver un équilibre optimal entre une qualité visuelle de premier ordre et des performances sans faille pour offrir une expérience de jeu immersive.

- **Configuration : Le plan de la réalité numérique**

La configuration d'un modèle 3D définit sa structure sous-jacente et la disposition de ses composants. Elle englobe la manière dont les objets sont organisés, interconnectés ou imbriqués dans l'environnement numérique. Une configuration prudente est indispensable pour garantir qu'un modèle sert efficacement l'objectif pour lequel il a été conçu.

Les modèles architecturaux, à titre d'exemple, nécessitent une configuration méticuleuse pour reproduire de manière authentique les bâtiments du monde réel. Chaque élément architectural, y compris les murs, les fenêtres, les portes et les escaliers, doit être méticuleusement disposé pour obtenir une représentation fidèle.

Dans le domaine de la conception de produits, la configuration s'étend à l'assemblage de composants individuels. Les ingénieurs et les concepteurs construisent fréquemment des modèles 3D de machines complexes, en veillant à l'intégration transparente de chaque pièce dans la structure globale. Cette configuration facilite le dépannage, la maintenance et les modifications futures.

En outre, la configuration joue un rôle essentiel dans le domaine de l'impression 3D. Avant d'envoyer une conception à l'imprimante, il est impératif d'arranger méticuleusement le modèle et d'ajouter les structures de soutien nécessaires pour garantir une impression réussie tout en évitant les problèmes structurels.

- **La relation symbiotique**

La taille et la configuration sont intrinsèquement interdépendantes dans le domaine de la modélisation 3D. Le choix de la taille régit fondamentalement le niveau de détail et de complexité qu'il est possible d'atteindre, exerçant une influence profonde sur la configuration générale du modèle. Inversement, la configuration d'un modèle influence profondément la perception et la compréhension de sa taille par les spectateurs.

Par exemple, un modèle architectural à grande échelle peut nécessiter un niveau de détail complexe pour représenter avec précision des éléments tels que les fenêtres, les portes et d'autres caractéristiques architecturales. De même, la configuration d'un modèle pour l'impression 3D peut nécessiter un redimensionnement pour s'assurer que les détails fins sont réalisables dans le cadre des capacités de la technologie d'impression choisie.

4. Utilisation des Configurations Multiples

L'impression 3D multi-matériaux implique l'utilisation de plusieurs types de matériaux dans une seule impression, une capacité fondamentale de la fabrication additive qui étend son potentiel au-delà des autres méthodes de fabrication. Cette approche élimine le besoin d'assemblage, réduit les exigences de post-traitement et améliore l'efficacité de la conception de pièces polyvalentes.

À l'heure actuelle, l'impression multi-matériaux est principalement réalisable à l'aide d'imprimantes FDM (Fused Deposition Modeling). Ces machines ont la capacité d'imprimer un large éventail de matériaux et de passer de l'un à l'autre de manière transparente au cours du processus d'impression.

L'impression 3D traditionnelle, qui utilise une configuration à buse unique et à extrudeur unique, présente certains défis. Heureusement, des solutions créatives ont vu le jour au sein de la communauté de l'impression 3D, que nous allons explorer plus en détail.

Avant d'entrer dans les subtilités de l'impression multimatériaux, de la distinguer de l'impression multicolore et d'examiner les avantages et les défis qui y sont associés, il est essentiel d'établir quelques concepts fondamentaux.

a. Distinction entre l'impression multimatériaux et l'impression multicolore

Il est important de faire la différence entre l'impression multimatériaux et l'impression multicolore. L'impression multicolore concerne exclusivement l'utilisation de différentes couleurs d'un seul type de matériau, et non l'utilisation de plusieurs types de matériaux. Si une imprimante multi-matériaux peut traiter des impressions multicolores, toutes les solutions multicolores ne conviennent pas à l'impression multi-matériaux.

Les avantages

Donc, pourquoi opter pour l'impression multimatériaux ? Prenons l'exemple de la fabrication d'une main prothétique. La solidité et la lavabilité dictent l'utilisation du PETG pour la main, tandis que l'amélioration de l'adhérence des doigts suggère que le TPU est un choix approprié. En revanche, les zones nécessitant des détails complexes peuvent être réalisées en PLA.

L'impression multi-matériaux élimine la nécessité de choisir un seul matériau pour l'ensemble du modèle. Les trois matériaux peuvent être utilisés, ce qui élimine la nécessité d'un assemblage après impression, qui prend souvent beaucoup de temps et présente des faiblesses structurelles aux points de connexion.

En outre, l'impression multi-matériaux permet de créer des supports solubles à l'aide de matériaux tels que le PVA, ce qui permet de créer des structures de support dans des zones qui seraient autrement difficiles à enlever, comme la surface du modèle. Cette approche multi-matériaux améliore considérablement la finition de la surface.

Les défis

Certes, l'impression multi matériaux offre des avantages significatifs, mais elle présente aussi son lot de défis. Pour les conceptions complexes, il peut être nécessaire de changer fréquemment de matériau au cours d'une même impression, ce qui allonge considérablement les temps d'impression par rapport à l'impression monomatériau.

De plus, le passage d'un matériau à l'autre n'est pas aussi simple que de changer de bobine de filament. Par exemple, le PLA et le TPU nécessitent des réglages distincts du slicer pour une impression optimale. Le passage d'un matériau à l'autre implique des ajustements de la température des buses et du lit, de la vitesse d'impression, des paramètres de rétraction, etc.

Il est essentiel d'assurer une purge complète d'un matériau avant d'en introduire un autre. Tenter d'imprimer du PLA avec des restes d'ABS dans la buse peut entraîner des blocages en raison des exigences de température plus basses pour le PLA. Certains matériaux, en particulier les matériaux abrasifs contenant des composants exotiques tels que le bois ou le métal, peuvent même nécessiter un changement de buse avant d'être utilisés.

b. Approches de l'impression multi-matériaux

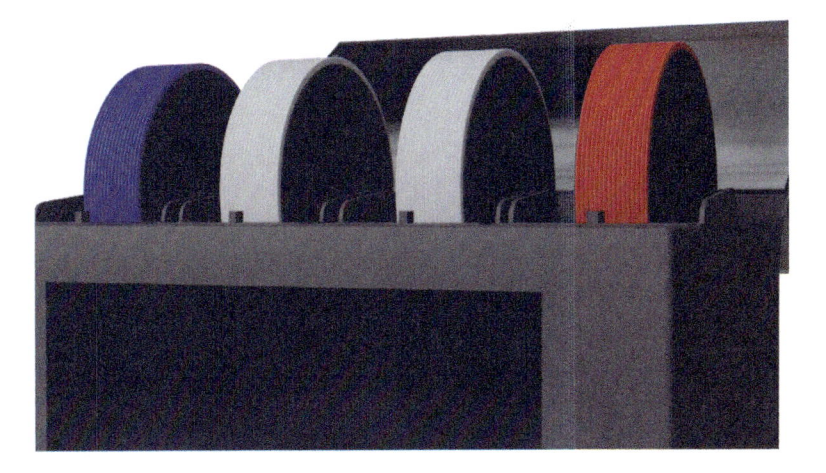

Il existe plusieurs approches courantes de l'impression multi-matériaux, chacune ayant ses propres avantages et inconvénients. Le choix de la méthode dépend du projet spécifique, du temps disponible et des contraintes budgétaires.

D'une manière générale, ces méthodes peuvent être classées en deux catégories :

- Les méthodes à simple extrémité chaude utilisent des imprimantes 3D standard et peuvent nécessiter des modifications ou des accessoires pour permettre l'impression multi-matériaux.

- Les méthodes à extrémités chaudes multiples impliquent généralement des machines spécialement conçues pour l'impression multi-matériaux.

Le principal avantage de ces approches est qu'elles ne nécessitent pas l'achat d'une imprimante multi-matériaux spécialisée, permettant l'utilisation d'une imprimante 3D standard avec des méthodes ou des mises à jour appropriées. Et bien sûr, ces approches ont tendance à être plus économiques.

1. Échange de filaments

Cette méthode est compatible avec presque toutes les imprimantes 3D. Elle consiste à insérer des commandes spécifiques dans le script G-code d'une impression pour demander à l'imprimante de faire une pause à la fin d'une couche, ce qui permet d'échanger manuellement les matériaux avant de reprendre l'impression.

La complexité de cette méthode varie en fonction du logiciel de slicer utilisée, car certains slicer offrent une meilleure prise en charge de l'échange de filaments. Toutefois, cette approche présente des limites, comme l'obligation de changer de matériau uniquement au début d'une nouvelle couche, ce qui la rend moins adaptée aux impressions nécessitant plusieurs matériaux au sein d'une même couche. En outre, les nombreux changements de matériaux peuvent allonger considérablement la durée de l'impression.

2. Palette mosaïque

Une autre option consiste à convertir une imprimante FDM standard en une imprimante multi-matériaux à l'aide d'équipements auxiliaires tels que la Mosaic Palette. La Palette, y compris la dernière itération Palette 3, est compatible avec la plupart des imprimantes FDM et permet d'imprimer jusqu'à huit matériaux différents.

La Palette fonctionne en coupant et en épissant avec précision divers matériaux, en alimentant l'imprimante avec un filament continu comme s'il s'agissait d'un seul matériau. Cependant, il est nécessaire d'imprimer un bloc de purge pour éviter d'utiliser la zone où les matériaux ont été fusionnés dans l'impression, car elle contient un mélange des deux matériaux. Pour les petits tirages, le bloc de purge peut consommer plus de matériau que le tirage proprement dit, ce qui entraîne un certain gaspillage.

Mosaic s'est efforcé de réduire les déchets en améliorant son logiciel de tranchage Canvas, ce qui permet aux utilisateurs de calibrer la quantité de purge requise entre des matériaux spécifiques et d'utiliser une partie du matériau du bloc de purge comme remplissage. Bien que cette méthode réduise les déchets, elle n'élimine pas totalement la nécessité d'un bloc de purge, et des matériaux mixtes peuvent être présents dans le remplissage.

3. Prusa Multi-Material Upgrade 2S

Le Multi-Material Upgrade 2S (MMU2S) représente la dernière avancée en matière d'ajouts multimatériaux de Prusa Research. Elle permet aux utilisateurs de certains modèles d'imprimantes 3D Prusa d'imprimer avec jusqu'à cinq couleurs ou matériaux différents.

L'unité MMU2S est positionnée en amont de l'extrudeuse de l'imprimante, recueillant les cinq filaments simultanément et utilisant une seule extrudeuse pour alimenter le filament approprié en fonction des exigences du modèle. Les matériaux compatibles sont le PLA, l'ABS, le PETG et les matériaux solubles. Cependant, comme la Palette, la MMU2S nécessite un bloc de purge, ce qui peut entraîner des déchets.

Avec la sortie de PrusaSlicer 2.4, des améliorations ont été introduites pour rendre l'impression multi-matériaux plus efficace et moins coûteuse. Ces améliorations comprennent une sélection simplifiée des zones d'un modèle pour des matériaux spécifiques et des options pour "essuyer dans le remplissage" ou "essuyer dans l'objet", en utilisant efficacement le matériau du bloc de purge pour le remplissage ou l'impression d'un autre modèle. Si ces progrès réduisent les déchets, ils n'éliminent pas totalement la nécessité d'un bloc de purge, dont les applications peuvent rester limitées.

4. Double extrusion

"L'impression 3D par double extrusion englobe plusieurs techniques, comme l'indiquent les meilleures imprimantes à double extrusion. Une distinction essentielle réside dans le fait qu'une imprimante multi-matériaux utilise ou non plusieurs buses.

Alors que l'extrusion double convient à l'impression multicolore, les configurations qui alimentent deux filaments ou plus dans un seul bloc chauffé sont moins idéales pour l'impression multi-matériaux en raison du risque de mélange des matériaux. Par conséquent, l'impression multi-matériaux est plus facile à réaliser avec des imprimantes dotées de deux ou plusieurs extrémités chauffantes séparées, permettant à chaque extrémité chauffante d'être calibrée et réglée pour un matériau spécifique. Cette approche évite les problèmes de contamination et élimine la nécessité d'un bloc de purge.

Les imprimantes à double extrusion sont limitées à l'utilisation simultanée de deux matériaux, souvent choisis pour l'impression de supports solubles. Toutefois, cette limitation peut être surmontée en combinant la double extrusion avec l'une des techniques mentionnées précédemment. En outre, il convient de noter que le mouvement des deux extrémités chaudes peut limiter la zone d'impression utilisable et potentiellement allonger les temps d'impression.

5. Changeurs d'outils

Les changeurs d'outils sont des machines capables d'accueillir plusieurs têtes chauffantes ou d'autres outils et de les intervertir automatiquement au cours d'une impression.

Ces machines sont généralement considérées comme avancées et nous connaissons une révolution dans ce secteur avec Prusa et Bambu lab

> **c. Exemples d'applications, y compris la création de prototypes fonctionnels avec pièces mobiles.**

- Prothèses personnalisées

L'impression 3D multimatériaux offre la possibilité de fabriquer des prothèses sur mesure. Divers matériaux peuvent être utilisés pour améliorer des attributs tels que la force, la flexibilité et le confort. Par exemple, la fabrication d'une main prothétique peut faire appel au PETG pour la durabilité, au TPU pour l'adhérence et au PLA pour les détails complexes.

- Modèles médicaux

Dans le domaine médical, l'impression multimatériaux permet aux professionnels de la santé de produire des modèles anatomiques dotés de textures et de caractéristiques précises. Cela s'avère particulièrement avantageux pour la préparation chirurgicale et l'enseignement médical.

- Prototypage automobile

Dans l'industrie automobile, les ingénieurs peuvent exploiter l'impression multimatériaux pour créer des prototypes qui intègrent un mélange de matériaux, destinés à des composants tels que les pneus, les joints et les pièces intérieures. Cette optimisation améliore à la fois la fonctionnalité et l'esthétique.

- Composants aérospatiaux

Les ingénieurs en aérospatiale peuvent tirer parti de l'impression 3D multi-matériaux pour fabriquer des composants légers mais exceptionnellement robustes. Cette innovation est essentielle pour réduire le poids total des avions et des engins spatiaux tout en préservant l'intégrité structurelle.

- Expressions artistiques et sculptures

Les artistes et les sculpteurs peuvent se lancer dans des explorations créatives, en explorant des motifs et des textures complexes grâce à l'impression multimatériaux. Cette technique facilite la création d'œuvres d'art complexes qui associent différents matériaux pour évoquer des effets visuels et tactiles.

- Prothèses dentaires

La dentisterie bénéficie de l'impression multimatériaux en permettant la fabrication de prothèses dentaires. Différents matériaux peuvent être utilisés stratégiquement pour fabriquer la couronne, la base et les structures de soutien, ce qui permet d'obtenir un résultat réaliste et fonctionnel.

- Boîtiers électroniques personnalisés

Dans les projets électroniques, l'impression multimatériaux peut être utilisée pour fabriquer des boîtiers sur mesure. Ces boîtiers peuvent intégrer de manière transparente des sections flexibles pour les boutons et les connecteurs, ainsi que des sections rigides pour le montage sécurisé des composants électroniques.

- Modèles éducatifs

L'impression multimatériaux s'avère inestimable pour la production de modèles éducatifs qui illustrent de manière vivante des concepts scientifiques. Par exemple, un modèle représentant le cœur humain peut incorporer des chambres souples et des vaisseaux rigides, ce qui permet une représentation plus précise et plus informative.

- Prototypage de biens de consommation

Les concepteurs de produits peuvent exploiter le potentiel de l'impression multimatériaux lors du prototypage de biens de consommation. Ils ont ainsi la possibilité d'évaluer diverses combinaisons de matériaux dans une optique de confort, de durabilité et de fonctionnalité.

- Modèles architecturaux

Les architectes peuvent utiliser l'impression multimatériaux pour créer des modèles architecturaux méticuleusement détaillés. En intégrant des matériaux de couleurs et de textures différentes, ils peuvent transmettre efficacement les concepts de conception aux parties prenantes.

- Outillage et gabarits de fabrication

Les entités de fabrication peuvent créer des outils et des gabarits personnalisés grâce à l'impression multimatériaux. Ces outils spécialisés nécessitent souvent une combinaison de matériaux rigides et flexibles pour rationaliser les processus d'assemblage et de production.

- Joints complexes

Les industries telles que le pétrole et le gaz, l'automobile et la fabrication peuvent tirer parti de l'impression multimatériaux pour fabriquer des joints complexes. Cette approche garantit des performances d'étanchéité supérieures grâce à l'amalgame de différents matériaux.

- Innovations dans le domaine de la mode et de l'habillement

Les créateurs de mode peuvent expérimenter l'impression multimatériaux pour créer des vêtements et des accessoires originaux. En harmonisant différentes textures, couleurs et matériaux, ils peuvent créer des articles de mode uniques.

- Robotique molle

Le domaine de la robotique molle bénéficie grandement de l'impression multi-matériaux. Cette technologie de pointe permet de créer des robots dotés de composants à la fois rigides et souples, ce qui leur confère adaptabilité et polyvalence.

- Solutions environnementales

L'impression multimatériaux peut être utilisée pour concevoir des produits respectueux de l'environnement. Par exemple, une pomme de douche à faible consommation d'eau peut être méticuleusement conçue en utilisant des matériaux distincts pour la buse, le boîtier et les joints, ce qui permet d'optimiser l'efficacité et l'impact sur l'environnement.

5. Utilisation de l'Impression 3D dans les Projets de Différentes Tailles

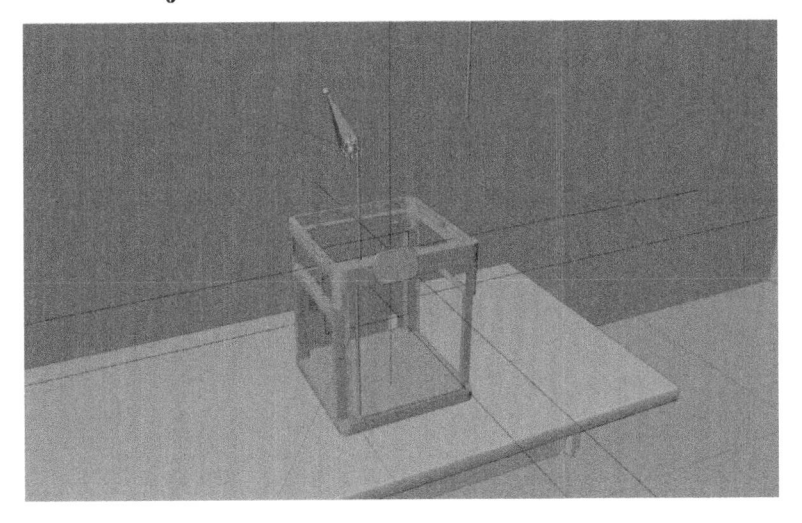

a. **Exemples allant des petites pièces de précision aux grandes maquettes architecturales.**

- Petits volumes d'impression

Exemple 1 : Les bijoutiers ont besoin de modèles en cire très détaillés pour le moulage à la cire perdue.

Les petites imprimantes 3D de haute précision excellent dans la création de modèles de bijoux complexes avec des détails fins. Cette capacité permet la fabrication de pièces personnalisées et la production à petite échelle.

Exemple 2 : Les ingénieurs en électronique ont besoin de prototypes compacts et finement détaillés de cartes de circuits imprimés et de boîtiers.

Les petites imprimantes 3D sont capables de produire des prototypes électroniques concis, ce qui simplifie le processus d'itération et de test de la conception.

- Volume d'impression moyen

Exemple 1 : Les prothésistes doivent produire des prothèses adaptées aux besoins et à la morphologie des patients.

Les imprimantes 3D de taille moyenne peuvent fabriquer efficacement des composants prothétiques personnalisés. Cela permet de trouver un équilibre entre la précision et la vitesse de production.

Exemple 2 : Les éducateurs recherchent des modèles interactifs pour améliorer l'apprentissage en classe, en particulier dans des matières comme la biologie ou l'ingénierie.

Les imprimantes 3D de taille moyenne sont idéales pour créer des modèles éducatifs qui établissent un équilibre entre la taille et les détails, permettant ainsi aux étudiants de saisir des concepts complexes.

- Volume d'impression important

Exemple 1 : Les artistes contemporains aspirent à créer des installations artistiques à grande échelle avec des designs complexes et non conventionnels.

Les imprimantes 3D grand format permettent aux artistes de réaliser leurs visions ambitieuses en produisant des composants complexes pour de grandes installations artistiques.

Exemple 2 : Les constructeurs automobiles exigent des prototypes grandeur nature de composants de véhicules pour des essais complets et la validation de la conception.

Les grandes imprimantes 3D sont capables de produire des prototypes automobiles grandeur nature, comprenant des composants tels que des panneaux de voiture et des pièces d'intérieur. Cela facilite les tests et les évaluations approfondis.

- Volume d'impression extra-large

Exemple 1 : Les scénographes sont chargés de créer des accessoires et des éléments de décor surdimensionnés pour les productions cinématographiques et théâtrales.
Solution : Les imprimantes 3D extra-larges donnent vie à des décors imaginatifs en produisant des accessoires massifs et des structures complexes.

Exemple 2 : Les fabricants d'éoliennes ont besoin de pales massives et aérodynamiques.
Solution : Les imprimantes 3D extra-larges sont capables de fabriquer des pales d'éoliennes en une seule pièce, ce qui permet de réduire les joints et d'améliorer l'efficacité.

6. Considérations de Design pour Différentes Tailles

a. Conseils pour la conception de modèles adaptés à différentes tailles d'impression

1. Pour débuter, il est important de comprendre la technologie d'impression 3D spécifique qui sera utilisée. Chaque technologie possède ses propres caractéristiques, telles que l'épaisseur des couches, la résolution et les exigences en matière de support. Adaptez la conception en conséquence à la méthode d'impression choisie.

2. L'utilisation du millimètre comme unité de mesure standard garantit la compatibilité avec la plupart des logiciels et du matériel d'impression 3D. Cette unité facilite la mise à l'échelle et limite les risques d'erreurs de conversion.

3. Le maintien d'une épaisseur de paroi constante est essentiel pour garantir l'intégrité structurelle. Utilisez l'épaisseur de paroi minimale adaptée aux capacités de l'imprimante. Par exemple, une épaisseur de paroi de 1,5 à 2 mm convient à la plupart des imprimantes FDM (Fused Deposition Modeling).

4. La manipulation des supports d'impression 3D peut s'avérer difficile en raison de leur retrait et des marques potentielles sur l'impression. Concevez le modèle en tenant compte du retrait des supports et n'utilisez des structures de support qu'en cas d'absolue nécessité. Réduisez les porte-à-faux et utilisez les interfaces de support pour atténuer les imperfections de la surface.

5. Il est crucial de maintenir une échelle proportionnelle pour préserver l'esthétique et la fonctionnalité de la conception originale. Utilisez les outils de mise à l'échelle du logiciel de modélisation 3D pour ajuster uniformément la taille dans toutes les dimensions.

6. Les surplombs dépassant un angle spécifique peuvent nécessiter des supports, en particulier pour les impressions de grande taille. Concevez le modèle avec des angles autoportants, généralement inférieurs à 45 degrés, pour réduire le besoin de supports supplémentaires.

7. Tenez compte du niveau de détail de la conception. Les détails les plus fins risquent de ne pas être discernables ou imprimables sur des tirages de grande taille, et les éléments très délicats risquent de devenir fragiles. Adaptez le niveau de détail à la taille d'impression prévue.

8. Réalisez régulièrement des tirages d'essai à différentes échelles pour identifier et résoudre les problèmes. Ce processus itératif permet d'affiner la conception et de découvrir tout problème lié à la mise à l'échelle.

9. Utilisez des formats de fichiers tels que STL ou OBJ, largement acceptés par les imprimantes 3D. Assurez-vous que le logiciel de modélisation 3D exporte des fichiers à une résolution permettant de capturer le niveau de détail souhaité dans vos impressions.

10. Vérifiez toujours la taille du lit d'impression de l'imprimante 3D et assurez-vous que le modèle s'inscrit dans ces limites. Ajustez la conception si

nécessaire pour qu'elle s'adapte à la zone d'impression disponible.

11. Pour les impressions plus importantes, tenez compte de la stabilité générale et de l'équilibre de la conception. Un modèle déséquilibré ou trop lourd peut nécessiter un renforcement structurel supplémentaire pour éviter toute déformation ou effondrement pendant l'impression.

12. Les différents matériaux d'impression 3D ont des propriétés et des comportements distincts. Certains matériaux peuvent nécessiter des ajustements de conception, tels que des parois plus épaisses ou des porte-à-faux réduits, pour obtenir les meilleurs résultats.

13. Si l'intention est de partager les modèles 3D, fournissez une documentation et des instructions complètes. Incluez les paramètres d'impression recommandés, des suggestions de matériaux et des conseils spécifiques pour agrandir ou réduire la taille du modèle.

14. Adoptez une approche de conception itérative. Affinez continuellement les modèles en fonction des retours des utilisateurs et des tests en conditions réelles. Cette approche itérative aboutira à des conceptions plus polyvalentes et plus robustes.

15. Gardez à l'esprit que les impressions plus importantes impliquent souvent des temps d'impression beaucoup plus longs. Cette considération est particulièrement importante pour les projets commerciaux. Explorez les optimisations de conception qui réduisent le temps d'impression tout en préservant la qualité.

En outre, il convient de noter que l'un des principaux facteurs influençant les impressions 3D est la buse. La taille de la buse et le matériau utilisé ont un impact direct sur la résistance, la durée d'impression et la qualité du produit final. Bien que cela s'applique principalement aux techniques FDM, des paramètres de résolution et des problèmes comparables peuvent survenir dans d'autres méthodes d'impression 3D.

Le diamètre des buses est généralement compris entre 0,1 et 1,0 mm. Le choix d'une buse d'impression 3D s'articule autour du volume et de la vitesse d'extrusion du filament, ce qui se traduit naturellement par des résultats différents. Bien qu'une buse d'impression plus petite extrude inévitablement moins de matériau qu'une buse plus grande, les ramifications pour l'impression sont plus complexes.

La taille standard des buses de la plupart des imprimantes 3D est de 0,4 mm. Cette taille permet de créer des objets détaillés dans un délai raisonnable, avec des hauteurs de couche allant de 0,1 à 0,3 mm.

Il est recommandé de tenir compte de l'application finale lorsque vous choisissez une tête d'imprimante. Une buse plus large convient à la production rapide d'objets robustes, tandis qu'une buse plus petite est préférable pour les impressions complexes. Voici quelques lignes directrices générales pour aider :

Les buses les plus grandes conviennent pour :

- **Impression rapide** : Elles permettent d'obtenir des débits plus élevés et un dépôt de matériau plus important.

- **Durabilité accrue** : L'utilisation d'une buse de 0,6 mm au lieu d'une buse de 0,4 mm augmente l'absorption d'énergie de 25 % lors de la production d'objets.

- **Impression avec des filaments abrasifs** : Les petites buses ont tendance à se boucher, ce qui les rend inadaptées aux filaments plus grossiers. Dans ce cas, choisissez une buse plus large.

- **Modèles à résolution d'impression réduite** : Les buses plus grandes sont préférables pour les impressions dépourvues de détails délicats ou fins en raison de leur dépôt de couches plus épaisses.

Les buses plus petites conviennent pour les modèles à résolution d'impression réduite :

- **Détails fins** : Utilisez les petites buses pour extruder le matériau plus finement lors de la fabrication de modèles très détaillés.

- **Nombreuses caractéristiques** : L'utilisation de buses plus petites prend plus de temps, c'est pourquoi cela vaut la peine pour les pièces décoratives ou les projets pour lesquels on dispose de beaucoup de temps. Pour les objets simples, les buses plus grandes sont plus pratiques. Les bijoux, l'impression de textes ou les miniatures sont des exemples d'applications de petites buses.

- **Hauteur de couche inférieure** : en général, la hauteur de couche doit être égale ou inférieure à 80 % du diamètre de la buse, ce qui nécessite une buse plus petite pour une hauteur de couche réduite.

En ce qui concerne les imprimantes à double extrusion, elles intègrent une deuxième buse et une deuxième extrudeuse, ce qui permet d'utiliser deux matériaux différents et de passer d'un filament à l'autre en fonction des besoins. Avec la double extrusion, il est possible de combiner des matériaux standard et des matériaux de support, ce qui facilite le retrait ou la dissolution des structures de support sans laisser de traces. Ces imprimantes permettent également l'impression bicolore ou le renforcement d'un matériau par un autre plus résistant.

En ce qui concerne les matériaux de la buse, il existe plusieurs options :

- **Buses en laiton** : Offrent une bonne conductivité thermique et une bonne stabilité, adaptées aux filaments non abrasifs tels que le PLA, l'ABS, le nylon, le PETG, le TPU, etc.

- **Buses en acier trempé** : S'usent moins lors de l'impression de matériaux abrasifs comme la fibre de carbone, la fibre de verre et les filaments remplis de métal, mais peuvent contenir du plomb, les rendant inappropriées pour les articles en contact avec les aliments ou la peau. Les buses en acier inoxydable sont une alternative sans plomb pour les produits approuvés par la

FDA et compatibles avec les matériaux légèrement abrasifs.

- **Buses à pointe en rubis :** Combinant un corps en laiton et une pointe en rubis, offrent une durabilité exceptionnelle et conservent une bonne conductivité thermique, bien qu'elles soient généralement plus chères, ce qui en fait une option de choix pour un usage régulier.

b. Prévention des distorsions, des déformations et des erreurs de conception

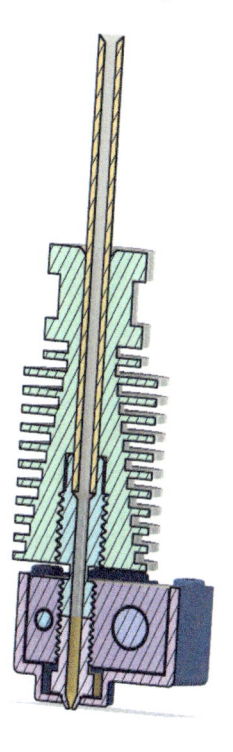

Pour obtenir des impressions 3D exceptionnelles, il faut prêter une attention méticuleuse aux détails et faire preuve d'un engagement inébranlable pour éviter les problèmes de distorsion, de déformation et les défauts de conception. Pour se lancer dans cette aventure complexe, il est impératif d'établir des bases solides, en commençant par l'étalonnage régulier de votre imprimante 3D. Cet étalonnage comprend des tâches telles que la mise à niveau de la plaque de construction, le réglage précis de la hauteur des buses et l'assurance d'un alignement global, ce qui constitue le fondement de la précision. En outre, il est essentiel d'investir dans des filaments de haute qualité provenant de fabricants réputés afin d'éviter les défauts d'impression, car des filaments de qualité médiocre ou irrégulière peuvent faire des ravages dans vos créations. En outre, l'entretien diligent d'une buse et d'un hotend propres, sans obstruction, est essentiel pour éviter les problèmes d'extrusion qui pourraient avoir un impact négatif sur vos impressions. L'adaptation des paramètres d'impression, notamment la hauteur des couches, la vitesse d'impression et la température, en fonction du matériau et de l'objet choisis, constitue une autre étape cruciale, car ces paramètres régissent la qualité de l'impression.

Pour les modèles complexes comportant différents surplombs ou des géométries complexes, le déploiement stratégique de structures de soutien apparaît comme une nécessité critique. Ces échafaudages temporaires agissent comme des gardiens contre la déformation pendant le processus d'impression. Il est tout aussi important de tenir compte des tolérances nécessaires pour les pièces mobiles ou les composants imbriqués lors de la fabrication des modèles 3D, en veillant à ce qu'il y ait suffisamment d'espace pour éviter que les pièces ne fusionnent ou ne deviennent trop lâches. En outre, il est essentiel de faire preuve de vigilance à l'égard des surplombs importants qui peuvent compromettre la qualité de l'impression et d'ajuster en temps voulu l'orientation du modèle ou d'introduire des supports, le cas échéant. Expérimenter diverses orientations pour votre modèle 3D sur le lit d'impression peut influencer de manière significative la stabilité et la qualité de l'impression. Le maintien d'un refroidissement adéquat, en particulier pour des matériaux tels que le PLA, constitue une protection essentielle contre le gauchissement et la préservation de l'intégrité structurelle. Enfin, lorsqu'il s'agit de parois extrêmement fines, de caractéristiques complexes ou de détails délicats, il est prudent d'envisager une nouvelle conception du modèle ou d'utiliser des techniques de post-traitement pour atteindre la précision souhaitée.

En résumé, la recherche d'impressions 3D de haute qualité exige une approche méthodique comprenant un étalonnage méticuleux, l'utilisation de matériaux de première qualité, une maintenance constante et la configuration minutieuse de divers réglages et paramètres. En adhérant fermement à ces étapes complètes et en acceptant la courbe d'apprentissage, la probabilité de rencontrer des distorsions, des déformations et des erreurs de conception dans vos objets imprimés en 3D peut être considérablement réduite, ce qui permet d'obtenir des résultats supérieurs. En outre, l'analyse et la compréhension des défauts d'impression peuvent vous permettre d'améliorer vos futures impressions et vos choix de conception, ce qui favorise une croissance continue de vos compétences dans le domaine de l'impression 3D.

Chapitre 4 : Applications de l'Impression 3D

1. Impression 3D dans l'Industrie

a. Exploration des divers secteurs industriels où l'impression 3D est largement adoptée

L'impression 3D, également appelée fabrication additive, est à la pointe de l'innovation industrielle et fait preuve d'une polyvalence exceptionnelle qui a eu des effets transformateurs dans divers secteurs. Sa capacité à produire des composants complexes, sur mesure et rentables a conduit à son intégration à grande échelle dans de nombreuses industries.

Dans le secteur aérospatial, l'impression 3D a changé la donne. Elle facilite le prototypage rapide de composants d'aéronefs et de pièces de moteurs, ce qui permet d'affiner rapidement la conception. En outre, l'impression 3D permet de créer des géométries légères et complexes, essentielles pour l'intérieur des avions, et de produire des composants de satellites et de cubesats, contribuant ainsi de manière significative aux progrès de l'exploration spatiale.

Dans l'industrie automobile, l'impression 3D a apporté une nouvelle agilité aux processus de prototypage et de fabrication. Cette technologie permet de fabriquer des pièces et des accessoires automobiles sur mesure, tout en jouant un rôle essentiel dans la conception d'éléments légers et performants pour les véhicules de course. En outre, elle offre une solution polyvalente pour le développement d'outils et de dispositifs personnalisés utilisés dans les chaînes de montage.

b. Fabrication de prototypes, d'outils de production, de moules, de fixations et de pièces sur mesure

L'influence de l'impression 3D va bien au-delà de la simple production de produits finis. Elle joue un rôle essentiel dans la création de prototypes, d'outils de fabrication, de moules, de montages et de composants sur mesure, apportant une pléthore d'avantages qui ont remodelé les procédures de fabrication conventionnelles.

Au cœur du développement des produits se trouve le prototypage, une phase essentielle où l'impression 3D brille véritablement. Sa remarquable capacité à générer rapidement et à moindre coût des prototypes fourmillant de détails complexes facilite les itérations rapides dans la conception. Les ingénieurs et les concepteurs peuvent rapidement examiner les concepts et mettre en œuvre les ajustements nécessaires, ce qui accélère le cycle de développement des produits et réduit les délais de mise sur le marché.

Dans le domaine de la fabrication, la précision et l'efficacité sont primordiales, et c'est là que l'impression 3D fait ses preuves avec des outils de production tels que les gabarits et les fixations. Elle permet de façonner des outils sur mesure, parfaitement adaptés à des tâches spécifiques. Ces outils sont légers, robustes et présentent souvent des géométries complexes qui défient les contraintes des techniques de fabrication traditionnelles. Cette adaptabilité permet d'améliorer les processus de production et d'accroître la qualité des produits.

Les moules, qui jouent un rôle essentiel dans divers processus de fabrication, en particulier dans le moulage par injection, tirent des avantages substantiels de l'impression 3D. La construction traditionnelle de moules est souvent laborieuse et coûteuse. En revanche, l'impression 3D permet de produire rapidement des moules, ce qui accélère la mise à l'échelle de la production et réduit les délais d'exécution. Cela est particulièrement utile pour les scénarios impliquant des séries de production de faible volume et le prototypage.

Les montages, indispensables pour fixer les composants pendant la fabrication ou l'assemblage, peuvent également être optimisés grâce à l'impression 3D. Les fixations personnalisées peuvent être méticuleusement conçues pour s'adapter aux géométries idiosyncrasiques des pièces ou aux méthodologies d'assemblage. Cette adaptabilité se traduit par une flexibilité et une précision accrue de la production.

La fabrication de composants sur mesure est un autre domaine dans lequel l'impression 3D excelle. Les fabricants peuvent produire des composants en fonction des besoins, ce qui élimine la nécessité de disposer de vastes stocks de pièces de rechange. Cette stratégie de production en flux tendu réduit les coûts de stockage et minimise les déchets.

En résumé, l'impact de l'impression 3D sur le domaine du prototypage, des outils de production, des moules, des montages et des composants personnalisés est profond. Non seulement elle rationalise ces processus, mais elle ouvre également de nouvelles voies pour la conception et la fabrication, contribuant ainsi à une efficacité accrue, à une réduction des coûts et à une qualité supérieure des produits dans un large éventail d'industries.

c. Réduction des délais de développement et des coûts grâce à la fabrication additive

L'intégration de la fabrication additive, communément appelée impression 3D, s'est imposée comme une stratégie révolutionnaire visant à réduire simultanément les délais et les coûts de développement dans un large éventail d'industries. Cette technologie révolutionnaire offre une multitude d'avantages qui rationalisent le processus de développement des produits et optimisent l'allocation des ressources.

L'un des avantages les plus convaincants de la fabrication additive est sa remarquable capacité à raccourcir considérablement les durées de développement. Les méthodes de fabrication traditionnelles impliquent souvent de longs délais, principalement en raison de la nécessité de fabriquer des outils et des moules spécialisés, ce qui peut prendre des semaines, voire des mois. En revanche, l'impression 3D permet de générer rapidement des prototypes et des composants prêts pour la production, directement à partir de conceptions numériques. Par conséquent, le potentiel d'itérations rapides de la conception devient une réalité, comprimant le délai de développement du produit de semaines ou de mois à seulement quelques heures ou quelques jours.

Qui plus est, la fabrication additive simplifie les complexités souvent associées aux processus de fabrication conventionnels. Elle évite les changements d'outils fastidieux, les ré outillages et les réglages complexes, qui ont tous tendance à retarder le cycle de développement des produits. Cette simplicité rationalisée permet non seulement de réduire les délais, mais aussi d'accroître l'agilité d'une organisation, en lui permettant de réagir rapidement à l'évolution de la dynamique du marché et au retour d'information des clients.

Outre la réduction des délais de développement, la fabrication additive permet de réaliser des économies substantielles. La fabrication conventionnelle exige souvent des investissements initiaux substantiels dans l'outillage, les moules et l'élimination des matériaux excédentaires. À l'inverse, l'impression 3D fonctionne selon un modèle "juste à temps", les composants étant fabriqués au fur et à mesure des besoins, ce qui réduit la nécessité de maintenir des stocks importants et d'engager des dépenses de stockage. En outre, l'élimination des coûts d'outillage et la minimisation du gaspillage de matériaux se traduisent par des réductions de coûts significatives, qui peuvent se traduire par des économies substantielles tout au long d'un projet.

En outre, la fabrication additive permet aux organisations d'explorer et de valider des conceptions de manière rentable. Le prototypage, une phase essentielle du développement des produits, peut être exécuté rapidement et à peu de frais grâce à l'impression 3D. Cela permet de tester et d'itérer la conception en profondeur sans encourir les dépenses élevées généralement associées aux techniques de prototypage conventionnelles.

En résumé, l'adoption de la fabrication additive annonce une nouvelle ère caractérisée par une efficacité et une rentabilité accrue dans le domaine du développement de produits. En réduisant les délais de développement et en limitant les coûts, les entreprises peuvent accélérer la mise sur le marché de produits innovants, tout en conservant un avantage concurrentiel. Cette technologie permet aux entreprises de rester agiles et réactives, ce qui se traduit en fin de compte par une meilleure qualité des produits et une plus grande satisfaction des clients.

2. Applications Personnelles et Artisanales

a. Utilisation de l'impression 3D pour créer des objets de la vie quotidienne, des décorations, des bijoux, etc.

L'avènement de l'impression 3D a révolutionné la façon dont nous fabriquons les objets du quotidien, les embellissements et les créations sur mesure adaptées à nos préférences et à nos besoins. Imaginez que l'on puisse concevoir et fabriquer des articles ménagers pratiques tels que des organisateurs sur mesure, des solutions de rangement ingénieuses et même des composants de remplacement pour les appareils électroménagers. Avec l'impression 3D, le potentiel de production d'objets fonctionnels personnalisés pour la vie quotidienne est virtuellement illimité.

Lorsqu'il s'agit d'embellir le cadre de vie ou de préparer des événements spéciaux, l'impression 3D offre une flexibilité inégalée. On peut concevoir et fabriquer des pièces décoratives qui s'harmonisent avec n'importe quel thème ou festivité, qu'il s'agisse d'ornements de vacances au design complexe ou de centres de table saisonniers. Qu'il s'agisse d'un anniversaire, d'un mariage ou d'une fête, l'impression 3D permet d'apporter une touche personnelle aux décorations.

Le domaine des bijoux et des accessoires subit une révolution transformatrice grâce à l'impression 3D. On a la possibilité de créer des bijoux uniques, qu'il s'agisse de colliers exquis, de boucles d'oreilles originales ou de bracelets qui ne ressemblent à aucun autre. La possibilité d'adapter la conception des bijoux aux goûts de chacun garantit que chaque pièce est une déclaration de style et de sentiment personnels.

L'impression 3D permet de personnaliser le quotidien. On peut créer des étuis de téléphone, des supports et même des accessoires de bureau ergonomiques qui répondent précisément à nos besoins. Ces articles personnalisés s'intègrent parfaitement à la vie quotidienne, améliorant à la fois l'aspect pratique et esthétique.

Les artistes et les designers exploitent le potentiel de l'impression 3D pour repousser les limites de la créativité dans les domaines de la décoration et de l'art. On peut créer des sculptures complexes, des installations interactives et des décorations d'avant-garde qui apportent une touche d'innovation à l'espace de vie. La possibilité de transformer la vision artistique en réalité tridimensionnelle ouvre de nouvelles voies à l'expression créative.

Pour faire court, l'impression 3D a démocratisé la création d'objets du quotidien, d'éléments de décoration, de bijoux, etc. Elle permet aux individus de conceptualiser et de produire des objets fonctionnels et des artefacts ornementaux qui s'alignent parfaitement sur leurs préférences et exigences individuelles. Qu'il s'agisse de rehausser la décoration de la maison, de marquer des occasions spéciales ou d'exprimer un style distinctif à travers des bijoux et des accessoires, l'impression 3D offre un moyen accessible et polyvalent de transformer les idées en créations tangibles et personnalisées qui enrichissent la vie quotidienne.

b. Personnalisation et création d'objets uniques en fonction des préférences personnelles

L'impression 3D a complètement transformé notre capacité à personnaliser et à fabriquer des objets qui correspondent parfaitement à nos goûts et à nos préférences. Imaginez que vous puissiez créer des objets de décoration intérieure sur mesure, tels que des abat-jours ou des vases décoratifs au design complexe, méticuleusement calibrés pour s'harmoniser avec l'esthétique de votre intérieur. Dans le monde de la mode, vous pouvez concevoir et fabriquer des bijoux uniques, des ceintures personnalisées ou même des ensembles vestimentaires complets, ce qui vous permet d'exprimer votre style d'une manière tout à fait distinctive. L'adaptabilité des matériaux et des techniques d'impression 3D permet aux individus de transformer leurs visions créatives en créations tangibles et fonctionnelles qui leur sont propres.

Pour les amateurs et les collectionneurs, l'impression 3D offre un vaste domaine de possibilités illimitées. Que vous soyez un amateur de jeux de table à la recherche de figurines finement détaillées ou un passionné de trains miniatures désireux de fabriquer des composants personnalisés, l'impression 3D vous permet de donner vie à vos projets uniques. En outre, elle invite les passionnés à s'immerger dans le monde du cosplay, en leur permettant de concevoir et de produire des accessoires de costumes complexes qui non seulement reflètent leurs préférences personnelles, mais rivalisent également avec la précision de ceux que l'on voit dans les grandes productions cinématographiques, élevant ainsi la qualité immersive de l'expérience.

Au-delà de l'expression artistique, l'impression 3D fonctionne comme un outil pragmatique pour résoudre les défis quotidiens. Lorsqu'un appareil électroménager fonctionne mal ou qu'il manque un composant, il n'est plus nécessaire de parcourir le marché à la recherche de pièces de rechange. Grâce à l'impression 3D, vous pouvez fabriquer rapidement et à moindre coût des pièces de rechange personnalisées, adaptées à vos besoins spécifiques. Cette utilité s'étend au domaine de l'automobile, où vous pouvez fabriquer des accessoires personnalisés tels que des supports de tableau de bord ou des garnitures décoratives qui s'harmonisent parfaitement avec vos goûts personnels.

L'impression 3D n'est pas une simple technologie ; elle représente un moyen de libérer la créativité éducative. Les étudiants et les éducateurs peuvent exploiter cette technologie pour construire des modèles éducatifs qui élucident des concepts complexes, reproduisent des monuments historiques ou visualisent des molécules biologiques complexes, enrichissant ainsi l'expérience d'apprentissage. Elle favorise une approche pratique de l'éducation, encourage la créativité dans la résolution de problèmes et la réflexion sur la conception, et prépare les individus aux défis qui les attendent.

Le domaine de l'impression 3D permet aux individus d'offrir des cadeaux significatifs et personnalisés qui reflètent leurs inclinations uniques. Qu'il s'agisse de fabriquer des porte-clés sur mesure ou des figurines complexes, vous pouvez créer des cadeaux sincères qui reflètent votre attention et votre ingéniosité. En outre, l'impression 3D favorise le développement durable en facilitant la production à la demande, en réduisant la dépendance à l'égard de la fabrication de masse et en minimisant les déchets. Cette philosophie s'aligne harmonieusement sur les valeurs des consommateurs soucieux de l'environnement et favorise une approche plus durable de la fabrication d'objets adaptés aux goûts personnels.

c. Exemples de passionnés et d'artistes utilisant l'impression 3D pour créer des œuvres innovantes

Des sculpteurs et des artistes de renom ont adopté l'impression 3D comme moyen révolutionnaire pour leurs efforts créatifs. Un exemple de cette tendance est Bathsheba Grossman, qui a habilement exploité cette technologie pour façonner des sculptures complexes qui allient harmonieusement la précision mathématique à l'expression artistique. En utilisant des algorithmes en conjonction avec des techniques d'impression 3D, ces visionnaires créent des sculptures géométriques hypnotiques qui brouillent les démarcations traditionnelles entre l'art et la science. Ces sculptures jouent souvent avec l'ombre et la lumière de manière à produire des œuvres captivantes, repoussant les limites traditionnelles des techniques de sculpture vers de nouveaux horizons.

Dans le domaine où la mode converge avec la technologie, des designers pionniers sont à la pointe de l'utilisation de l'impression 3D pour créer des vêtements et des accessoires d'avant-garde. Iris van Herpen, célèbre pour ses pièces de mode avant-gardistes qui intègrent parfaitement l'impression 3D, est l'une des figures de proue de cette sphère. Ses créations bousculent les normes conventionnelles en présentant des formes complexes et organiques qui défient les idées reçues en matière d'art vestimentaire. Ce croisement de la mode et de la technologie souligne le potentiel de transformation de l'impression 3D en tant que vecteur innovation artistique.

Les architectes et les designers exploitent également les capacités de l'impression 3D pour donner vie à leurs visions architecturales. C'est le cas de MAD Architects, qui a habilement utilisé l'impression 3D pour fabriquer un modèle remarquable de son projet "Mars Case", un ambitieux habitat conceptuel conçu pour l'exploration de Mars. La complexité et la conception futuriste de ce modèle sont devenues tangibles grâce aux capacités de la technologie d'impression 3D, démontrant ainsi sa capacité à permettre aux architectes d'explorer et d'expérimenter des formes et des structures architecturales innovantes.

Parallèlement, les passionnés de cosplay et de fabrication de jouets ont adopté sans réserve l'impression 3D pour créer des figurines très détaillées, des accessoires de costumes et des objets de collection. Cette démocratisation de la production a permis aux fans non seulement de créer, mais aussi de partager leurs créations uniques. Les cosplayeurs, en particulier, ont profité des avantages de la précision de l'impression 3D, qui leur permet de reproduire fidèlement des armes, des armures et d'autres accessoires complexes avec une précision étonnante. Cette amélioration de l'artisanat renforce considérablement la qualité générale et l'authenticité de leurs costumes, enrichissant ainsi expérience des créateurs et du public.

3. Impression 3D dans le Domaine Médical

a. Fabrication de prothèses, implants, modèles anatomiques, dispositifs médicaux personnalisés

L'impression 3D a révolutionné la façon dont les patients vivent les soins de santé, en particulier dans le domaine des prothèses et des implants. Pour les personnes qui ont besoin de ces dispositifs médicaux, l'impression 3D offre un niveau de personnalisation remarquable. Contrairement aux prothèses ou implants traditionnels produits en série, l'impression 3D permet d'adapter méticuleusement chaque dispositif à l'anatomie unique du patient. Cette personnalisation permet d'atteindre des niveaux de confort et de fonctionnalité sans précédent. Par exemple, les prothèses peuvent désormais être conçues pour s'adapter parfaitement à la taille et à la forme du corps du patient, ce qui améliore considérablement la mobilité et minimise l'inconfort.

Les implants et les prothèses personnalisés fabriqués grâce à l'impression 3D ont apporté des améliorations tangibles aux résultats obtenus par les patients. Ces dispositifs sur mesure, conçus précisément pour s'adapter au corps du patient, ont le potentiel de réduire les complications, d'atténuer la douleur et de diminuer la nécessité d'ajustements chirurgicaux ultérieurs. En outre, les modèles anatomiques imprimés en 3D jouent un rôle essentiel dans l'éducation des patients. Les patients acquièrent une meilleure compréhension de leur état de santé et des traitements prévus, ce qui leur permet de prendre des décisions éclairées concernant leur parcours de santé.

Du point de vue des prestataires de soins de santé, la technologie de l'impression 3D est devenue un outil indispensable pour la planification chirurgicale. Les chirurgiens peuvent désormais utiliser des modèles anatomiques créés grâce à l'impression 3D pour étudier en profondeur leurs procédures et élaborer des stratégies. Ce niveau de préparation accru permet de réaliser des interventions chirurgicales non seulement plus précises, mais aussi plus courtes, ce qui réduit les risques pour les patients. La possibilité de pratiquer des procédures chirurgicales complexes sur des modèles réalistes imprimés en 3D renforce encore la confiance et l'expertise des chirurgiens, ce qui profite directement aux patients.

Traditionnellement, la fabrication d'implants médicaux et de prothèses est un processus qui prend du temps et qui soumet souvent les patients à de longues périodes d'attente. L'intégration de la technologie d'impression 3D a toutefois permis de réduire considérablement ces délais d'attente. Des dispositifs médicaux personnalisés peuvent désormais être produits avec une efficacité remarquable, ce qui réduit la durée pendant laquelle les patients doivent se passer de traitements essentiels. En outre, si les coûts initiaux d'installation de l'impression 3D dans les établissements de santé peuvent être considérables, ils sont souvent compensés par les économies réalisées à long terme. Moins de révisions, d'ajustements et d'interventions chirurgicales se traduisent par une réduction des dépenses de santé, ce qui profite à la fois aux patients et aux prestataires de soins.

Pour les personnes qui ont perdu un membre ou qui sont confrontées à des conditions médicales nécessitant des implants, l'impression 3D est une source d'autonomisation. Elle offre la possibilité de restaurer la mobilité et la fonctionnalité perdues, améliorant ainsi la qualité de vie et favorisant un sentiment d'indépendance chez les patients. En outre, l'impression 3D dans le domaine des soins de santé peut améliorer l'accès aux dispositifs médicaux. En particulier dans les régions mal desservies ou les pays aux ressources limitées, des installations d'impression 3D localisées peuvent fournir des solutions médicales essentielles, comblant ainsi les lacunes en matière d'accès aux soins de santé et d'équité.

b. Avantages de la personnalisation et de la réduction des temps d'attente pour les patients

La personnalisation joue un rôle central dans la création de dispositifs médicaux tels que les prothèses et les implants, en particulier avec l'avènement de l'impression 3D. Cette technologie permet de personnaliser ces dispositifs afin qu'ils correspondent précisément à l'anatomie unique du patient. Par conséquent, les patients bénéficient d'une meilleure qualité de vie, car ils peuvent mener leurs activités quotidiennes avec plus de confort et moins d'inconfort, grâce à un ajustement parfait et à une fonctionnalité améliorée.

Les dispositifs médicaux et les traitements personnalisés constituent une bouée de sauvetage pour les patients en répondant à leurs besoins spécifiques. Dans le cas d'implants ou de prothèses, cette approche réduit considérablement le risque de complications telles que l'inconfort, la douleur ou la défaillance de l'appareil. En adaptant les traitements à chaque patient, les prestataires de soins de santé peuvent optimiser les chances de réussite et accélérer le rétablissement, ce qui est bénéfique pour les patients, tant sur le plan physique qu'émotionnel.

On ne saurait trop insister sur l'importance de raccourcir les délais d'attente pour les interventions médicales. La période d'attente pour l'obtention d'appareils médicaux ou de procédures essentielles peut être éprouvante sur le plan émotionnel, laissant les patients dans l'incertitude quant à leur santé et à leur avenir. L'accès rapide à des solutions de santé personnalisées allège cette charge émotionnelle et contribue à améliorer le bien-être mental, ce qui favorise en fin de compte une expérience plus positive pour le patient.

En outre, la personnalisation permet aux patients de s'impliquer activement dans leurs décisions en matière de soins de santé. Lorsque les patients assistent à des traitements adaptés à leurs besoins uniques, ils sont plus enclins à s'impliquer et à se conformer à leurs plans de traitement. Cet engagement accru favorise l'observance des médicaments, des exercices de rééducation et des rendez-vous de suivi, garantissant ainsi que les patients reçoivent les soins dont ils ont besoin au moment où ils en ont besoin.

c. Cas d'études médicales et chirurgicales illustrant comment l'impression 3D améliore les soins de santé

Étude de cas 1 : *Implant crânio-facial personnalisé*

Dans un cas médical remarquable, un homme de 35 ans a été confronté au défi de restaurer à la fois la forme et la fonction après un traumatisme crânio-facial. Les méthodes traditionnelles de reconstruction crânio-faciale ont souvent donné des résultats insatisfaisants. Cependant, l'introduction de l'impression 3D a marqué un tournant décisif dans son parcours de santé.

Le processus a commencé par une procédure d'imagerie médicale complète, comprenant des tomographies et des IRM, générant un modèle numérique 3D détaillé du défaut crânio-facial. Ce modèle numérique a servi de pierre angulaire à la fabrication d'un implant sur mesure à l'aide d'un logiciel de modélisation 3D spécialisé. L'implant a fait l'objet d'une conception méticuleuse, finement adaptée à l'anatomie particulière du patient. Utilisant un matériau biocompatible tel que le titane, l'implant a ensuite été imprimé en 3D avec précision. Au cours de la procédure chirurgicale, l'implant imprimé en 3D s'est parfaitement intégré à la structure craniofaciale du patient. Le résultat n'est rien moins qu'exceptionnel, offrant non seulement une symétrie faciale améliorée mais aussi une fonctionnalité accrue, ce qui a considérablement amélioré la qualité de vie de la patiente.

***Étude de cas n° 2** : précision dans la planification préopératoire d'une opération complexe de la colonne vertébrale*

Dans un cas chirurgical complexe, une patiente de 45 ans souffrait d'une scoliose sévère, entraînant des douleurs atroces et des difficultés respiratoires. La prise en charge de cette pathologie complexe a nécessité une planification préopératoire méticuleuse afin d'optimiser le résultat d'une chirurgie de fusion vertébrale exigeante.

Le voyage vers la guérison a commencé par un scanner complet de la colonne vertébrale, qui a permis d'obtenir un modèle 3D complet de la colonne vertébrale qui mettait en évidence les déformations devant être corrigées. L'impression 3D a joué un rôle essentiel en traduisant de manière transparente les données en modèles anatomiques tangibles de la colonne vertébrale de la patiente. Ces modèles physiques ont permis aux chirurgiens de visualiser les déformations en trois dimensions, fournissant un point de référence tactile pour planifier méticuleusement la procédure complexe. En plus de ces modèles, des guides chirurgicaux personnalisés, imprimés en 3D avec précision, ont été utilisés pour aider l'équipe chirurgicale à placer les vis avec précision pendant l'opération de fusion de la colonne vertébrale. Cette approche holistique a considérablement rationalisé le processus chirurgical, ce qui a permis de réduire la durée de l'opération, de minimiser les pertes de sang et de raccourcir le séjour du patient à l'hôpital. Après l'opération, le patient a bénéficié d'un meilleur alignement de la colonne vertébrale, ce qui a permis de soulager la douleur et d'améliorer la fonction respiratoire.

Ces études de cas démontrent de manière éclatante l'impact profond de l'impression 3D sur les soins de santé, qu'il s'agisse de fabriquer des implants crânio-faciaux sur mesure ou d'obtenir une précision chirurgicale dans le cadre d'interventions complexes sur la colonne vertébrale. Dans les deux cas, l'impression 3D a révolutionné les soins aux patients, en offrant des solutions personnalisées et en améliorant la précision chirurgicale, ce qui a conduit à des améliorations remarquables des résultats pour les patients et à une meilleure qualité de vie en général.

4. Secteur Agroalimentaire et Alimentaire

a. Utilisation de l'impression 3D pour créer des formes complexes de nourriture

L'impression 3D a ouvert une nouvelle ère dans le domaine des arts culinaires, en donnant aux chefs la capacité d'exploiter la technologie pour créer des formes d'aliments qui dépassaient auparavant l'imagination. Cette technologie de pointe ouvre la voie à des créations complexes et uniques, repoussant les limites de la créativité culinaire. Qu'il s'agisse de structures en treillis visuellement captivantes ou de géométries complexes, l'impression 3D permet aux chefs d'amener leurs présentations à un niveau entièrement nouveau. La précision et la cohérence inhérentes à l'impression 3D garantissent l'uniformité de chaque élément d'un plat, ce qui se traduit par une expérience culinaire visuellement captivante et présentée de manière professionnelle.

Si l'impression 3D offre des possibilités de conception inégalées, il est primordial de trouver l'équilibre parfait entre l'esthétique et le goût. Le processus peut influencer la texture du produit final, ce qui oblige les chefs à expérimenter et à affiner leurs recettes pour s'assurer que le goût complète harmonieusement l'attrait visuel. La sélection des ingrédients apparaît également comme un facteur critique, car ils doivent se présenter sous une forme adaptée à l'extrusion ou à l'impression. Malgré ces difficultés, la possibilité de créer des aliments qui sont non seulement visuellement exquis, mais aussi un délice culinaire, fait de l'impression 3D une frontière passionnante dans le monde de la gastronomie.

Les applications de l'impression 3D dans le domaine de l'alimentation sont diverses et en constante expansion. Elles englobent la fabrication de décorations de desserts complexes, la mise en forme de pâtes, de chocolats et même la conception de plats entiers. Au-delà de l'esthétique, l'impression 3D contribue aux efforts de développement durable en réduisant le gaspillage alimentaire grâce à un contrôle précis des portions et à la possibilité de concevoir des emballages respectueux de l'environnement. À mesure que les progrès technologiques se poursuivent, on peut s'attendre à voir apparaître des applications encore plus innovantes de l'impression 3D dans l'industrie culinaire, ce qui pourrait transformer les méthodes par lesquelles nous préparons et savourons les aliments.

Si la promesse de l'impression 3D dans le domaine culinaire est incontestablement passionnante, elle n'est pas sans poser un certain nombre de problèmes. Ceux-ci comprennent le coût de l'équipement, la disponibilité limitée des matériaux d'impression de qualité alimentaire et la nécessité d'avoir des compétences culinaires spécialisées. Toutefois, à mesure que la technologie continue d'évoluer, il est fort probable que ces défis seront relevés de manière efficace. L'avenir de l'impression 3D dans la sphère culinaire offre des perspectives passionnantes, notamment le développement de nouveaux matériaux d'impression, l'amélioration des capacités des imprimantes et une intégration plus poussée de cette technologie dans les cuisines professionnelles et domestiques. À mesure qu'elle devient plus accessible, l'impression 3D a le potentiel de redéfinir notre perception et notre interaction avec la nourriture, offrant des possibilités illimitées d'innovation culinaire.

b. Impression de chocolat, de pâte, de sucre et de structures alimentaires uniques

Le chocolat d'impression, qui a été spécialement formulé pour être compatible avec la technologie d'impression 3D, représente une avancée significative dans le monde culinaire. Contrairement au chocolat traditionnel, qui peut poser des problèmes lorsqu'il s'agit de créer des motifs complexes, le chocolat d'impression offre la consistance idéale pour une impression précise. Ce support innovant permet aux chefs et aux chocolatiers de façonner de délicates sculptures en chocolat, des décorations complexes et des motifs élaborés qui confèrent aux desserts et aux pâtisseries une touche d'élégance et de flair artistique.

De même, la pâte d'impression est un compagnon polyvalent du chocolat d'impression dans le domaine de l'impression 3D de motifs comestibles. Elle est très utilisée dans les domaines de la décoration de gâteaux et de la pâtisserie, où elle excelle à façonner des éléments complexes tels que des fleurs, des motifs de dentelle et même des dessus de gâteaux personnalisés. La nature malléable de la pâte d'impression se prête favorablement à la création de structures fines et délicates qui peuvent être difficiles à reproduire à la main.

Parallèlement, le sucre d'impression, également connu sous le nom de pâte à sucre ou de pâte de gomme, apparaît comme une autre variante de matériau d'impression adapté aux applications d'impression 3D. Ce support comestible se distingue par sa capacité à créer des fleurs en sucre complexes, des figurines et diverses décorations destinées aux gâteaux et aux desserts. L'utilisation de la pâte à sucre dans l'impression 3D permet d'atteindre un niveau de précision et de cohérence qui échappe souvent aux techniques traditionnelles de modelage à la main.

L'intégration de matériaux d'impression dans la technologie d'impression 3D ouvre un champ de possibilités culinaires jusqu'alors inconcevables. Ces possibilités se manifestent sous la forme de délicats filigranes en chocolat, de sculptures en sucre complexes ou de centres de table multidimensionnels entièrement comestibles. Les chefs sont libres d'expérimenter avec une palette variée de textures, de formes et de tailles, repoussant ainsi les limites de la créativité culinaire vers de nouveaux sommets.

L'union de la technologie d'impression 3D et des matériaux d'impression transcende le domaine de l'esthétique et s'étend à celui de la personnalisation. Cette fusion permet aux chefs de créer des décorations comestibles personnalisées, d'adapter les designs à des événements spécifiques ou même de reproduire des détails architecturaux complexes dans les créations culinaires. La précision et la créativité sans limites qui en résultent transforment les présentations culinaires, les rendant non seulement visuellement frappantes, mais aussi véritablement uniques et mémorables.

c. Présentation d'exemples de chefs cuisiniers et d'innovations dans le domaine alimentaire

Le chef Jordi Roca d'El Celler de Can Roca élève l'art de la pâtisserie avec des desserts imprimés en 3D :

Au sein de l'établissement El Celler de Can Roca, en Espagne, le chef pâtissier Jordi Roca intègre parfaitement l'impression 3D dans ses créations de desserts. Cette technologie de pointe lui sert de toile pour créer méticuleusement des sculptures complexes en chocolat et en sucre qui ornent ses desserts exquis. Les bonbons de chocolat et les embellissements en sucre imprimés en 3D du chef Roca transcendent l'ordinaire, rehaussant l'attrait visuel de ses confiseries tout en mettant en évidence la précision et l'art que permet l'impression 3D dans le domaine de la pâtisserie.

Chef Dinara Kasko - Merveilles architecturales en pâtisserie grâce à l'impression 3D

La virtuose ukrainienne de la pâtisserie Dinara Kasko a été acclamée dans le monde entier pour sa fusion de l'art culinaire et de la précision architecturale, rendue possible grâce à la magie de l'impression 3D. S'appuyant sur sa formation en architecture, Mme Kasko conçoit méticuleusement des moules en silicone complexes à l'aide d'un logiciel de modélisation 3D, et ces dessins prennent ensuite vie grâce à des imprimantes 3D. Ses desserts sont de véritables merveilles architecturales, avec des formes géométriques précises et des compositions en couches qui remettent en question les notions conventionnelles de présentation des pâtisseries. L'utilisation innovante de l'impression 3D par Kasko a redéfini l'art du dessert, offrant aux convives une expérience qui captive les sens grâce à des créations visuellement captivantes et gastronomiquement délicieuses.

Ces chefs visionnaires ont exploité le potentiel de transformation de l'impression 3D pour redéfinir l'art culinaire, repoussant les limites de ce qui est réalisable dans le domaine de la gastronomie. Grâce à leurs créations complexes, à leur engagement en faveur du développement durable et à leur précision architecturale, ils ont rehaussé l'expérience gastronomique en présentant une fusion d'excellence visuelle et culinaire qui enchante et inspire.

5. Applications dans le Bâtiment et l'Architecture

a. Impression de maquettes architecturales, de modèles de conception, de pièces décoratives

Les maquettes d'architecture sont des instruments indispensables dans le domaine de l'architecture, car elles permettent de visualiser et de transmettre les concepts de conception. Avec l'avènement de l'impression 3D, une profonde transformation s'est opérée dans ce domaine. Les idées de conception ne sont plus confinées aux limites des dessins en 2D et des rendus informatiques, mais se transforment désormais de manière transparente en modèles 3D tangibles, caractérisés par une précision étonnante. Cette capacité remarquable est d'une grande valeur pour les architectes et leurs clients, car elle permet de mieux comprendre la dynamique spatiale et l'esthétique d'un projet.

Dans le domaine de la conception architecturale, la technologie de l'impression 3D agit comme un catalyseur, facilitant l'élaboration de modèles conceptuels complexes. Ces modèles incarnent physiquement les visions créatives des architectes, permettant aux clients et aux parties prenantes de s'engager et d'appréhender la conception sur un tout nouveau plan de compréhension. Qu'il s'agisse d'un gratte-ciel moderne et élégant, d'un complexe résidentiel respectueux de l'environnement ou d'une institution d'importance culturelle, les architectes exploitent la puissance de l'impression 3D pour transmettre leurs concepts de manière convaincante. Cela permet non seulement d'enrichir le processus de collaboration, mais aussi de favoriser une prise de décision éclairée, en donnant aux clients les moyens d'envisager le résultat final de manière plus efficace.

Au-delà des modèles conceptuels, l'importance de l'impression 3D s'étend à la création de modèles de sites dans le paysage architectural. Les modèles de site fournissent une perspective holistique du contexte d'un bâtiment dans son environnement, en détaillant méticuleusement la topographie, l'aménagement paysager, les structures voisines et les éléments contextuels. Ces modèles de site complets permettent aux architectes d'évaluer la façon dont leurs projets s'harmonisent avec le milieu existant. Ils constituent un atout inestimable pour prendre des décisions éclairées concernant l'aménagement du site, les choix paysagers et l'interaction complexe des relations spatiales.

Une autre dimension essentielle du rôle de l'impression 3D dans l'architecture est la fabrication de maquettes précises. Les architectes utilisent cette technologie pour fabriquer des rendus à échelle réduite des bâtiments, ce qui facilite un examen méticuleux des proportions, des dimensions et des configurations spatiales. Ces modèles s'avèrent particulièrement indispensables pour affiner les subtilités de la conception et s'assurer que la construction finale reste fidèle à la vision envisagée. En outre, ils servent d'outils puissants pour présenter les concepts de conception aux investisseurs potentiels, aux organismes gouvernementaux ou au public, favorisant ainsi une compréhension globale des projets architecturaux.

En allant plus loin, l'impression 3D trouve sa place dans la décoration d'intérieur, au-delà de la façade architecturale. Les architectes d'intérieur exploitent cette technologie pour fabriquer des répliques miniatures de meubles, d'accessoires et d'éléments de décoration. Ces prototypes tangibles donnent aux designers la latitude nécessaire pour expérimenter divers agencements, styles et matériaux, garantissant ainsi que les espaces intérieurs présentent non seulement un attrait esthétique, mais aussi des prouesses fonctionnelles et ergonomiques. En permettant aux clients d'interagir physiquement avec ces modèles, l'impression 3D facilite le processus de prise de décision, permettant aux individus de faire des choix de conception qui s'harmonisent parfaitement avec leurs préférences et leurs besoins pratiques.

b. Utilisation de l'impression 3D pour créer des éléments structuraux et des composants de construction

L'un des aspects les plus remarquables de l'impression 3D dans la construction est sa capacité à faciliter la personnalisation et la complexité des éléments structurels et des composants de construction. Contrairement aux méthodes de fabrication traditionnelles qui imposent souvent des limites aux formes, l'impression 3D permet aux architectes et aux ingénieurs de réaliser des conceptions complexes et uniques. Ce niveau de liberté de conception permet aux architectes de créer des structures qui sont non seulement esthétiques mais aussi structurellement efficaces. La possibilité d'adapter les éléments structurels à des spécifications précises ouvre une nouvelle ère d'innovation architecturale.

Outre son potentiel créatif, l'impression 3D contribue de manière significative à la durabilité dans l'industrie de la construction en réduisant les déchets de matériaux et en favorisant l'efficacité des matériaux. Dans la construction traditionnelle, la nécessité de couper et de façonner les matériaux pour les adapter à des dimensions spécifiques entraîne un gaspillage important. Avec l'impression 3D, les matériaux sont déposés couche par couche, ce qui minimise la production de déchets. Cette méthode s'inscrit non seulement dans le cadre des pratiques de construction durable, mais elle permet également de réaliser des économies, car moins de matériaux sont nécessaires et les coûts d'élimination sont réduits. En outre, certaines technologies d'impression 3D permettent même d'incorporer des matériaux recyclés dans le processus d'impression, ce qui renforce encore la durabilité.

Les capacités de prototypage rapide de l'impression 3D jouent un rôle essentiel dans la conception et l'amélioration des éléments structurels et des composants de construction. Les architectes et les ingénieurs peuvent rapidement produire des prototypes, ce qui leur permet de tester et d'adapter facilement leurs conceptions. Ce processus itératif favorise le développement de composants plus efficaces et structurellement solides. En outre, il accélère la phase de conception, ce qui permet de réduire les délais et les coûts de construction. Cette adaptabilité est particulièrement avantageuse lorsqu'il s'agit de relever des défis imprévus en matière de conception ou de modifier les exigences d'un projet.

Élargissant les horizons de l'innovation architecturale, la technologie de l'impression 3D offre une gamme variée de matériaux de construction compatibles, y compris divers types de béton, de polymères et même de métaux. Cette polyvalence permet aux architectes et aux ingénieurs de sélectionner des matériaux adaptés aux exigences uniques de chaque projet. En outre, la capacité de l'impression 3D à fabriquer des géométries complexes qui sont difficiles ou impossibles à réaliser avec des méthodes conventionnelles ouvre de nouvelles frontières pour des conceptions architecturales innovantes. Les architectes explorent de plus en plus des éléments de construction uniques et complexes qui étaient auparavant impossibles à réaliser, repoussant les limites de la conception structurelle et améliorant l'attrait visuel des projets architecturaux.

c. Avantages en termes de rapidité, de personnalisation et de durabilité des matériaux

L'un des avantages les plus convaincants de l'impression 3D dans le domaine de l'architecture et de la construction est sa rapidité remarquable. Les processus de construction traditionnels prennent souvent beaucoup de temps et nécessitent une main-d'œuvre importante, notamment pour l'assemblage des coffrages et la maçonnerie manuelle. En revanche, les imprimantes 3D peuvent déposer des matériaux de construction couche par couche, construisant ainsi rapidement des structures entières. Ce rythme de construction rapide réduit considérablement les délais des projets, permettant de terminer les bâtiments et les structures en une fraction du temps requis par les méthodes conventionnelles. Cet avantage est particulièrement précieux pour respecter des délais serrés et répondre à des besoins urgents en matière de logement ou de secours en cas de catastrophe.

Outre la rapidité, l'impression 3D offre aux architectes et aux constructeurs un degré inégalé de personnalisation et de liberté de conception. Des conceptions architecturales complexes et compliquées, autrefois difficiles à réaliser, peuvent aujourd'hui être concrétisées avec précision. Les architectes peuvent expérimenter de nouvelles formes et géométries, en adaptant les structures pour répondre à des exigences esthétiques et fonctionnelles spécifiques. Cette personnalisation s'étend également aux espaces intérieurs, ce qui permet de créer des éléments de design personnalisés et innovants. En fin de compte, l'impression 3D permet aux architectes et aux concepteurs de repousser les limites du possible en termes de créativité architecturale et de solutions personnalisées.

En outre, la technologie de l'impression 3D a progressé pour s'adapter à un large éventail de matériaux de construction, y compris le béton armé, les polymères et même les métaux. Ces matériaux sont souvent choisis pour leur durabilité et leur intégrité structurelle. En utilisant les bons matériaux et en optimisant le processus d'impression, les structures imprimées en 3D peuvent présenter une résistance et une longévité impressionnantes. En outre, le dépôt précis de matériaux par l'impression 3D minimise les déchets, ce qui améliore l'efficacité et la durabilité des matériaux. Les constructeurs peuvent également incorporer des additifs ou des renforts dans le processus d'impression afin d'améliorer encore la durabilité des matériaux, ce qui rend les structures imprimées en 3D adaptées à toute une série d'applications, notamment les logements, les infrastructures et les projets industriels.

Bien qu'il puisse y avoir des investissements initiaux dans l'équipement et la technologie d'impression 3D, la rentabilité à long terme de la construction imprimée en 3D est de plus en plus reconnue. La réduction des besoins en main-d'œuvre, l'accélération des délais de construction et la minimisation du gaspillage de matériaux sont autant d'éléments qui contribuent à la réduction des coûts. En outre, la possibilité de personnaliser et d'optimiser les conceptions à des fins spécifiques peut conduire à une utilisation plus efficace des ressources. Au fil du temps, à mesure que la technologie de l'impression 3D évolue et que son adoption se généralise, la rentabilité de cette méthode de construction devrait encore s'améliorer.

6. Impression 3D dans le Secteur Naval et Aéronautique

a. Création de pièces de haute performance pour les industries navales et aéronautiques

L'impression 3D joue un rôle central dans les domaines naval et aéronautique en raison de sa capacité à exploiter une gamme variée de matériaux avancés. Contrairement aux méthodes de fabrication traditionnelles, elle permet l'utilisation de polymères à haute résistance, de métaux et de matériaux composites, répondant ainsi aux exigences spécifiques de performance telles que la résistance aux températures extrêmes, à la corrosion et aux contraintes mécaniques. De plus, cette technologie offre une liberté de conception permettant d'améliorer les performances tout en réduisant le poids, ce qui est essentiel dans la quête de solutions innovantes.

Dans ces secteurs exigeants, le développement rapide de prototypes et la personnalisation sont cruciaux, et l'impression 3D répond à ces besoins en fournissant rapidement des prototypes pour des tests itératifs, réduisant ainsi les délais de développement et les coûts associés aux méthodes de prototypage classiques. De plus, elle facilite la création de solutions sur mesure, une nécessité fréquente dans ces domaines où chaque navire ou aéronef nécessite souvent un équipement unique. La capacité à produire efficacement des composants personnalisés en faible volume est particulièrement adaptée à l'entretien des flottes navales et aéronautiques vieillissantes.

La recherche constante de la réduction de poids dans l'aéronautique et la marine bénéficie grandement de l'impression 3D, car elle permet la conception de composants légers tout en maintenant leur intégrité structurelle. Grâce à des matériaux avancés et à des conceptions optimisées, les pièces peuvent être allégées, entraînant des avantages tangibles tels qu'une meilleure efficacité énergétique, une capacité de charge accrue dans l'aviation et une résistance accrue à la corrosion marine. En plus d'améliorer les performances, cette technologie renforce la résilience de la chaîne d'approvisionnement en permettant une production à la demande, réduisant les délais de livraison et diminuant les coûts d'inventaire. Bien que les investissements initiaux dans l'infrastructure d'impression 3D puissent être considérables, les économies à long terme, en particulier pour les composants complexes et en faible volume, en font une solution économiquement avantageuse.

b. Réduction des coûts et des délais de production dans des environnements complexes

L'impression 3D offre des avantages significatifs dans les environnements complexes, en optimisant à la fois la conception des composants et l'utilisation des matériaux. Contrairement aux méthodes de fabrication traditionnelles, elle permet une conception précise des composants, minimisant ainsi le gaspillage de matériaux et réduisant les coûts globaux des matières premières. En éliminant les étapes de fabrication multiples, cette technologie réduit considérablement les coûts de production, particulièrement bénéfique dans les environnements complexes où la complexité est courante.

Dans des secteurs tels que les opérations navales et aéronautiques complexes, la rapidité de prototypage et de production est cruciale. L'impression 3D excelle dans ce contexte, permettant la création rapide de prototypes et de pièces fonctionnelles, facilitant ainsi l'adaptation rapide des conceptions et la production à la demande. Cette agilité est inestimable dans des environnements exigeants, réduisant les risques opérationnels liés aux cycles de développement prolongés et garantissant un déploiement rapide des composants critiques.

De plus, dans des environnements complexes avec des chaînes d'approvisionnement compliquées, l'impression 3D se révèle être une solution qui améliore la résilience de la chaîne d'approvisionnement. En produisant des composants sur site ou à la demande, elle réduit la dépendance à l'égard de fournisseurs externes aux délais de livraison longs. De plus, cette technologie peut être déployée dans des endroits éloignés ou difficiles d'accès, simplifiant ainsi la logistique de transport des composants. Cette approche réduit les coûts tout en garantissant une meilleure gestion des environnements opérationnels complexes dans les industries navales et aéronautiques. En somme, l'impression 3D offre des avantages tangibles en réduisant les délais et les coûts de production, améliorant la flexibilité et la résilience des chaînes d'approvisionnement dans ces environnements exigeants.

7. Impression 3D dans l'Industrie Automobile

a. Fabrication de prototypes de pièces automobiles, de modèles conceptuels et de composants personnalisés

L'impression 3D a révolutionné le processus de prototypage dans l'industrie automobile. Auparavant, les méthodes traditionnelles de création de prototypes étaient connues pour leur lenteur et leur coût élevé. Cependant, avec l'avènement de l'impression 3D, les ingénieurs automobiles peuvent rapidement convertir les conceptions numériques en prototypes tangibles. Par conséquent, ce prototypage rapide accélère le cycle de développement des produits, permettant aux fabricants de tester et d'affiner leurs conceptions avec une efficacité exceptionnelle. Que l'on considère le développement d'un nouveau composant de moteur ou d'un châssis de véhicule complet, l'impression 3D facilite la création de prototypes fonctionnels qui reproduisent fidèlement le produit final, ce qui permet non seulement de réduire les erreurs coûteuses, mais aussi d'accélérer la mise sur le marché.

Dans le processus de conception automobile, les modèles conceptuels revêtent une grande importance. Ils permettent aux concepteurs et aux ingénieurs de visualiser leurs idées et de les communiquer efficacement. Grâce à l'impression 3D, il est désormais possible de créer des modèles conceptuels très complexes et réalistes, offrant une représentation tangible du produit final. Par conséquent, ces modèles sont utilisés pour la validation de la conception, les études de marché et même comme éléments de présentation. Qu'il s'agisse d'une maquette à l'échelle réelle de l'intérieur d'une voiture ou d'un rendu miniature de son extérieur, l'impression 3D offre une précision et une personnalisation inégalées. Cette avancée technique élève ainsi le processus créatif dans le domaine de la conception automobile.

La tendance à la personnalisation des automobiles est en hausse, les consommateurs souhaitant de plus en plus des caractéristiques et des composants personnalisés. Dans ce contexte, l'impression 3D répond efficacement à cette demande en permettant la production rentable de pièces automobiles personnalisées. Que l'on considère un tableau de bord distinctif, des composants intérieurs parfaitement adaptés ou des embellissements extérieurs personnalisés, l'impression 3D permet de fabriquer rapidement et économiquement des composants adaptés aux préférences individuelles. Par conséquent, ce niveau de personnalisation améliore non seulement l'expérience du consommateur, mais permet également aux fabricants d'offrir des produits et des services de niche, élargissant ainsi leur portée sur le marché.

b. Impression de pièces détachées, de moules et d'outils de production

L'un des principaux avantages de l'impression 3D dans le secteur automobile est sa capacité à produire des pièces de rechange à la demande. Au lieu de dépendre de stocks importants ou de longs délais pour commander des pièces, les constructeurs automobiles peuvent utiliser l'impression 3D pour créer des composants de rechange en fonction des besoins. Cela permet de réduire considérablement les temps d'arrêt pour les réparations et l'entretien, de maintenir les véhicules sur la route et de minimiser les interruptions de production. En outre, l'impression 3D est particulièrement utile pour les modèles de véhicules anciens ou rares, pour lesquels les pièces de rechange traditionnelles peuvent ne plus être disponibles.

L'impression 3D a révolutionné la production de moules utilisés dans les processus de fabrication. Les méthodes traditionnelles de fabrication de moules impliquent souvent des processus longs et coûteux. L'impression 3D permet de produire rapidement des moules aux géométries complexes, ce qui réduit les délais et les coûts. Les fabricants peuvent désormais créer des moules personnalisés pour divers composants automobiles, notamment des pièces d'habillage intérieur, des panneaux extérieurs et des composants de moteur. Cette flexibilité améliore l'efficacité du processus de production, ce qui permet de réduire les temps de préparation et d'accélérer les cycles de fabrication.

La construction automobile dépend fortement d'outils de production et de montages spécialisés. L'impression 3D offre une solution rentable et efficace pour produire ces outils. Qu'il s'agisse de gabarits, de fixations, d'aides à l'assemblage ou de dispositifs de contrôle de la qualité, l'impression 3D peut rapidement fournir des outils sur mesure pour améliorer l'efficacité et la précision sur la chaîne de production. Ces outils peuvent être conçus et imprimés en interne, ce qui permet de s'adapter rapidement à l'évolution des besoins de production, de réduire les coûts et d'améliorer la productivité globale de la fabrication.

c. Réduction des temps de développement et d'intégration de nouvelles technologies

L'accélération du développement de nouvelles technologies automobiles commence souvent par un prototypage et des essais rapides, comme nous l'avons vu précédemment. Dans cette phase critique, l'impression 3D joue un rôle central, permettant aux ingénieurs de fabriquer rapidement des prototypes de composants, de systèmes ou de conceptions émergents. Cette capacité facilite l'expérimentation et la validation agiles, ce qui permet aux constructeurs automobiles de surmonter rapidement les difficultés potentielles dès le début du processus de développement et, en fin de compte, d'accélérer leur mise sur le marché.

De plus, l'adoption de la simulation et la création de jumeaux numériques constituent une autre avancée technologique essentielle qui contribue à réduire les délais de développement. Grâce à la conception assistée par ordinateur (CAO) et à des logiciels de simulation sophistiqués, les constructeurs automobiles peuvent créer des doubles virtuels de véhicules, de composants et de systèmes. Ces jumeaux numériques permettent d'effectuer des essais et des validations exhaustifs dans un environnement virtuel, ce qui réduit la nécessité de recourir à des prototypes physiques et à des essais approfondis dans le monde réel. Les avantages qui en résultent sont doubles : des cycles de développement plus rapides et des réductions simultanées des coûts et des risques liés aux technologies pionnières.

En outre, les écosystèmes collaboratifs qui se développent dans le secteur automobile sont devenus des catalyseurs de l'intégration rapide des technologies. Les géants de l'automobile nouent des alliances stratégiques avec des entreprises technologiques, des startups et des instituts de recherche, tirant parti d'une expertise externe et accédant à des solutions de pointe. Ces partenariats synergiques facilitent l'assimilation transparente des technologies pionnières dans les véhicules, ainsi que le développement d'infrastructures complémentaires, comme l'illustre la mise en place de réseaux de recharge pour les véhicules électriques. La collaboration favorise non seulement une adaptation rapide à l'évolution des préférences des consommateurs et des mandats réglementaires, mais elle propulse également l'industrie vers un avenir défini par une innovation accélérée et des solutions réactives.

Chapitre 5 : Évolutions Récentes de l'Impression 3D

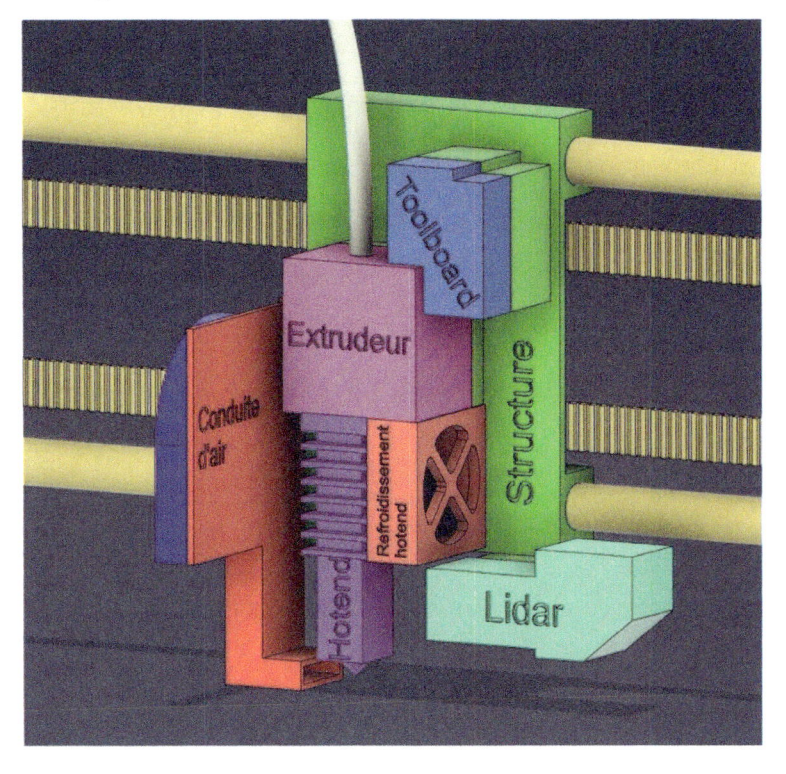

1. Intégration de l'Intelligence Artificielle

a. Exploration de l'intégration croissante de l'intelligence artificielle (IA) dans l'impression 3D

L'impact profond de l'IA sur l'impression 3D s'observe surtout dans son influence transformatrice sur les processus de conception. Grâce aux algorithmes de conception générative pilotés par l'IA, les concepteurs peuvent désormais explorer un vaste éventail de possibilités de conception, repoussant ainsi les limites de ce que les concepteurs humains peuvent réaliser de manière isolée. Ces algorithmes ont la capacité remarquable de créer des géométries complexes et très efficaces, dépassant souvent les limites de l'imagination humaine. Par conséquent, les résultats sont non seulement visuellement captivants, mais également supérieurs sur le plan fonctionnel. Cette synergie permet de créer des produits à la fois plus résistants, plus légers et intrinsèquement innovants. En outre, ces innovations de conception pilotées par l'IA s'inscrivent parfaitement dans les initiatives de développement durable en réduisant les déchets de matériaux et en accélérant le processus d'impression 3D, ce qui le rend plus respectueux de l'environnement.

Dans le domaine de l'impression 3D, l'IA joue un rôle essentiel dans l'amélioration de la précision et du contrôle de la qualité grâce à une surveillance en temps réel. Équipés d'une série de capteurs et de caméras, les systèmes d'IA supervisent méticuleusement l'ensemble du processus d'impression, détectant rapidement toute anomalie ou tout écart par rapport à la conception prévue. En réponse à ces problèmes, les systèmes d'IA procèdent à des ajustements instantanés afin de préserver l'intégrité et la qualité du produit final. Cette approche dynamique en temps réel permet non seulement d'améliorer la précision, mais aussi de réduire considérablement le gaspillage de matériaux, contribuant ainsi à la rentabilité et à l'adoption de pratiques de fabrication durables sur le plan environnemental.

L'impression 3D infusée par l'IA annonce une ère de personnalisation de masse, avec des industries telles que la santé et la mode à l'avant-garde de cette technologie transformatrice. Elle permet d'adapter chaque article imprimé en 3D aux spécifications uniques de chaque client. Par exemple, dans le secteur de la santé, l'impression 3D pilotée par l'IA facilite la création de prothèses personnalisées parfaitement adaptées à l'anatomie unique de chaque patient. De même, dans le domaine de la mode, des accessoires et des vêtements personnalisés sont fabriqués pour refléter les goûts et les préférences des consommateurs. Ce niveau élevé de personnalisation permet non seulement d'accroître la satisfaction des clients, mais aussi d'élargir les horizons créatifs des stylistes.

L'intégration de l'IA dans l'impression 3D redessine le paysage des chaînes d'approvisionnement traditionnelles. En permettant une fabrication décentralisée, les produits peuvent désormais être fabriqués plus près de leur destination finale, ce qui réduit considérablement la demande de réseaux de transport étendus. Cela permet non seulement de réduire les coûts de transport, mais aussi de raccourcir considérablement les délais de livraison, ce qui rend les produits plus facilement accessibles. En outre, cette évolution s'aligne parfaitement sur les objectifs de développement durable en réduisant l'empreinte carbone associée au transport maritime sur de longues distances. En outre, les capacités de maintenance prédictive de l'IA garantissent que les imprimantes 3D fonctionnent efficacement et avec un minimum de temps d'arrêt, ce qui contribue à rationaliser les flux de production et à améliorer la gestion de la chaîne d'approvisionnement. Par conséquent, l'IA ne révolutionne pas seulement la production de produits, mais aussi leurs paradigmes de distribution et de maintenance.

b. Utilisation de l'IA pour optimiser les paramètres d'impression, prédire les défaillances et améliorer la qualité

L'infusion de l'intelligence artificielle dans le domaine de l'impression 3D représente une transformation profonde pour l'industrie. Cette convergence de technologies avancées apporte une myriade d'avantages qui dépassent largement les frontières conventionnelles de la fabrication additive.

En premier lieu, l'implication de l'IA dans l'optimisation des paramètres d'impression peut être comparée à la présence d'un maître artisan virtuel qui supervise chaque facette d'un projet d'impression 3D. Les algorithmes d'IA examinent méticuleusement des facteurs tels que l'épaisseur des couches, la vitesse d'impression, la température et la densité de remplissage, et les affinent jusqu'à atteindre une précision absolue. Ce calibrage méticuleux améliore non seulement la qualité du produit imprimé, mais redéfinit également le paysage de la gestion des ressources. En parvenant à un équilibre parfait entre ces variables, l'IA réduit considérablement le gaspillage des matériaux, faisant ainsi de l'impression 3D une pratique plus durable et plus saine sur le plan économique.

L'IA excelle véritablement dans le domaine de l'analyse prédictive des défaillances. C'est comme si le système d'IA possédait une capacité presque prémonitoire à discerner les complications potentielles au cours du processus d'impression. Grâce à la surveillance continue des données des capteurs et à la détection de modèles indiquant des problèmes imminents tels que le gauchissement ou l'obstruction des buses, l'IA peut intervenir de manière proactive. En fait, lorsque l'IA anticipe des difficultés imminentes, elle peut rapidement mettre en œuvre des mesures correctives, évitant ainsi des échecs d'impression coûteux et le gaspillage de matériaux qui en découle. Cela permet non seulement de préserver les ressources, mais aussi de minimiser les temps d'arrêt de la production, garantissant ainsi un flux de travail fluide et efficace.

L'influence de l'IA sur l'assurance qualité la propulse vers des sommets sans précédent. Les modèles d'apprentissage automatique dissèquent méticuleusement les données en temps réel et les images capturées pendant les impressions en cours avec le discernement d'un inspecteur vigilant. Ils sont capables d'identifier les imperfections ou les irrégularités les plus subtiles qui pourraient échapper à l'œil humain. Ce qui distingue l'IA, c'est sa capacité à agir de manière décisive sur la base de ses observations. Lorsque des anomalies sont détectées, l'IA peut déclencher des alertes, interrompre le processus d'impression pour procéder aux ajustements nécessaires, voire procéder à des modifications spontanées afin de préserver des normes de qualité exceptionnelles tout au long de l'entreprise.

L'adaptabilité conférée par l'IA fait entrer l'impression 3D dans le domaine de la fabrication intelligente. Ces systèmes peuvent recalibrer de manière transparente les paramètres d'impression en réponse à des circonstances changeantes, telles qu'une bobine de filament proche de l'épuisement. Cette capacité d'adaptation innée garantit que l'impression 3D se déroule sans interruption et avec une efficacité optimale, sans pauses ou interruptions superflues. Il en résulte un processus de production plus rationalisé et plus efficace, dans lequel l'utilisation des ressources est maximisée à son plein potentiel.

L'apprentissage continu est la quintessence du rôle de l'IA dans l'impression 3D. Après l'achèvement de chaque tâche d'impression, ces systèmes accumulent des connaissances et de l'expérience. Ils s'appuient sur des données historiques et des connaissances pour affiner leurs prédictions et leurs recommandations pour les impressions à venir. Ce processus d'apprentissage itératif reflète la croissance d'un artisan chevronné, qui acquiert de l'expertise à chaque nouveau projet. Il en résulte une opération d'impression 3D fiable et en constante évolution, qui réduit la probabilité d'erreurs et améliore la productivité globale.

En outre, le rôle de l'IA dans le développement durable ne peut être surestimé. En optimisant la consommation d'énergie, en programmant les travaux d'impression en dehors des heures de pointe ou en ajustant les paramètres de l'imprimante pour minimiser l'utilisation de l'énergie sans compromettre la qualité, l'IA contribue à la réduction de l'empreinte carbone associée à l'impression 3D. Cela s'inscrit parfaitement dans les initiatives mondiales visant à atténuer l'impact sur l'environnement et à soutenir la pratique de méthodes de production responsables.

c. **Exemples de logiciels et de systèmes qui exploitent l'IA pour améliorer l'efficacité de l'impression**

Dans le monde dynamique de l'impression 3D, la fusion de l'intelligence artificielle (IA) avec les logiciels et les systèmes annonce une nouvelle ère caractérisée par une efficacité et une précision accrue. Ultimaker Cura est un exemple illustrant cette synergie technologique. Ce logiciel se distingue par son recours à des algorithmes pilotés par l'IA, qui vont au-delà de la simple optimisation des paramètres d'impression 3D. Ultimaker Cura démontre ses prouesses en disséquant les complexités des modèles 3D, en déterminant les orientations optimales et en élaborant des structures de soutien avec une grande intelligence. Cette approche à multiples facettes permet non seulement de limiter le gaspillage de matériaux et de gagner un temps précieux, mais aussi de renforcer le sentiment de fiabilité tout au long du processus d'impression. En outre, Ultimaker Cura rationalise l'expérience de l'utilisateur en suggérant des paramètres d'impression idéaux en fonction des matériaux sélectionnés.

Materialise Magics représente une autre facette convaincante de l'influence de l'IA sur l'efficacité de l'impression 3D. Elle se spécialise dans l'orientation automatisée des pièces et la génération de structures de support, le tout grâce à des algorithmes d'IA qui prennent des décisions fondées sur des données. Cela se traduit par des choix plus judicieux dans les orientations d'impression, la réduction de la dépendance à l'égard des matériaux de soutien et la diminution des temps de construction. Par conséquent, Materialise Magics fait plus que renforcer l'efficacité ; il contribue activement à la réduction des coûts et s'aligne sur les pratiques respectueuses de l'environnement.

L'intégration de l'IA atteint de nouveaux sommets avec HP SmartStream, en particulier dans les environnements industriels où le respect des délais est primordial. Ce logiciel sophistiqué analyse méticuleusement les paramètres des travaux, les capacités de l'imprimante et les calendriers de production pour chorégraphier dynamiquement la séquence des travaux d'impression. Le résultat est une file d'attente d'impression intelligemment orchestrée qui minimise le temps d'inactivité de l'imprimante et maximise l'efficacité globale de l'impression. La contribution de HP

SmartStream est particulièrement précieuse dans les contextes industriels, où l'optimisation de l'utilisation des ressources d'impression 3D peut avoir un impact significatif sur la productivité.

En ce qui concene Bambu Lab X1C, l'intégration de l'IA booste considérablement son efficacité. Les évolutions font que Bambu Lab X1 Carbon Combo est munie d'un Micro Lidar de haute précision, avec une résolution de 7 µm, qui réalise un nivellement au micromètre près pour une extrême précision. Ce système mesure la hauteur de la buse en utilisant deux capteurs indépendants et un algorithme, calibre le flux et analyse la première couche pour assurer une qualité d'impression optimale. De plus, la chambre de l'imprimante est dotée d'une caméra interne, offrant la possibilité de diffuser en direct à distance, de créer des timelapses et de capturer l'intégralité du processus d'impression pour diagnostiquer d'éventuels problèmes, y compris la détection d'erreurs telles que les "effets spaghetti".

Enfin, PrusaSlicer met l'intelligence de l'IA au service de l'impression 3D. Il introduit une fonction de nivellement automatique du lit alimenté par des algorithmes d'IA, garantissant que la première couche adhère parfaitement, même sur des surfaces irrégulières. Cette innovation améliore considérablement la qualité d'impression et réduit l'incidence des impressions ratées. En intégrant de manière transparente l'IA dans le processus d'impression, PrusaSlicer permet aux utilisateurs d'obtenir des résultats supérieurs avec une intervention manuelle minimale. Ce faisant, il élargit l'accessibilité et l'efficacité de l'impression 3D pour les passionnés comme pour les professionnels, marquant ainsi une avancée notable dans ce domaine.

2. Avancées dans la Vitesse d'Impression

a. Discussion sur les progrès significatifs réalisés dans la vitesse d'impression 3D

Ces dernières années, la recherche d'une impression 3D plus rapide a donné lieu à des innovations importantes dans de nombreux domaines de cette technologie. L'objectif premier était d'accélérer le processus d'impression tout en maintenant les normes les plus élevées en matière de qualité d'impression. L'introduction de têtes d'impression plus rapides, de mécanismes d'extrusion de matériaux plus efficaces et le perfectionnement des techniques de dépôt couche par couche ont notamment joué un rôle essentiel dans la réalisation de cet objectif. L'impression 3D en continu, qui permet la production simultanée de plusieurs pièces, réduisant ainsi les durées d'installation et d'étalonnage, a changé la donne. Cette avancée est particulièrement précieuse dans les industries qui exigent un prototypage et une production rapides.

Dans le domaine de l'impression 3D à base de résine, y compris SLA et DLP, des progrès considérables ont été réalisés pour améliorer la vitesse d'impression. Ces progrès sont dus à l'amélioration des projecteurs, à l'accélération des processus de durcissement et à l'optimisation de la composition des résines. Le secteur de l'impression 3D de métaux a également connu des progrès notables en matière de vitesse, en particulier dans des technologies telles que SLM et EBM. Ces innovations ont libéré le potentiel de fabrication rapide de composants métalliques complexes, révolutionnant ainsi des industries telles que l'aérospatiale et les soins de santé.

Les techniques d'impression parallèle, qui exploitent l'utilisation simultanée de plusieurs buses ou lasers, ont permis de réduire les temps d'impression pour les géométries complexes. Les algorithmes d'apprentissage automatique ont été utilisés efficacement pour affiner les trajectoires et les paramètres d'impression, ce qui a permis de renforcer l'efficacité. En outre, l'impression 3D à grande échelle a gagné en importance, facilitant la création d'objets colossaux et de structures architecturales avec des temps de production considérablement réduits. Bien que des progrès considérables aient déjà été réalisés, l'industrie de l'impression 3D reste dynamique, la recherche et le développement en cours repoussant sans cesse les limites de ce qui est réalisable en termes de vitesse et de performance. Cela promet des avancées encore plus exaltantes dans un avenir proche.

b. Utilisation de nouvelles technologies d'extrusion, de scan et de refroidissement pour accélérer les processus

Dans la quête incessante d'une impression 3D plus rapide, des avancées révolutionnaires dans les technologies d'extrusion, de numérisation et de refroidissement sont apparues comme des contributeurs essentiels, jouant un rôle de liaison crucial dans l'avènement d'une nouvelle ère de rapidité et d'efficacité dans le domaine de la fabrication additive.

Les technologies d'extrusion ont pris une place centrale dans l'évolution de l'impression 3D. Des têtes d'extrusion et des buses de pointe, jouant le rôle d'intermédiaires essentiels, ont été conçues pour fournir des matériaux à des taux sans précédent, accélérant ainsi le processus de construction couche par couche. En outre, de nouvelles formulations de matériaux, souvent composées de matériaux composites à haut débit, ont favorisé une extrusion plus fluide, réduisant considérablement les temps d'impression. Ces développements innovants ont non seulement accéléré la production, mais ont également élargi la gamme des matériaux imprimables, permettant la création d'objets plus divers et plus complexes.

Simultanément, les technologies de numérisation ont connu une renaissance, servant de canaux cruciaux qui ont repoussé les limites de la précision et de la vitesse dans l'impression 3D. Les scanners laser à grande vitesse et les systèmes optiques avancés, qui assurent la liaison avec le monde virtuel, capturent désormais les détails complexes rapidement et avec une précision remarquable. Les mécanismes de numérisation et de rétroaction en temps réel, qui agissent comme des intermédiaires transparents, garantissent l'adaptabilité pendant l'impression, minimisent les erreurs et rendent obsolètes les recalibrages qui prennent beaucoup de temps. Cette intégration transparente de la numérisation est devenue indispensable dans les applications d'impression 3D à grande vitesse où la précision et l'efficacité sont primordiales.

Parallèlement, les systèmes de refroidissement ont joué un rôle central en tant qu'intermédiaires, facilitant l'accélération de l'impression 3D. Un refroidissement efficace, agissant comme un médiateur critique, est essentiel pour atténuer le gauchissement et améliorer l'adhérence des couches. Les imprimantes 3D contemporaines utilisent des technologies de refroidissement avancées, notamment des flux d'air ciblés et des systèmes de ventilation sophistiqués, pour maintenir des températures d'impression optimales. Ces systèmes, qui font le lien entre la chaleur et la précision, accélèrent non seulement le refroidissement, mais favorisent également un processus d'impression cohérent et fiable. En outre, pour les matériaux nécessitant des conditions thermiques précises, tels que les thermoplastiques haute performance, les chambres chauffées, qui servent d'intermédiaires indispensables, garantissent un environnement contrôlé, ce qui accélère encore le processus de production.

Ces technologies transformatrices d'extrusion, de numérisation et de refroidissement, agissant comme des liaisons vitales, ont non seulement accéléré la production, mais aussi enrichi la diversité des matériaux et des applications de l'impression 3D. Les industries de l'aérospatiale, de l'automobile, des soins de santé et des biens de consommation récoltent aujourd'hui les fruits de solutions d'impression 3D plus rapides, plus polyvalentes et plus rentables. Alors que le rythme de l'innovation se poursuit sans relâche, l'avenir promet des transformations encore plus profondes dans les processus de fabrication, avec ces technologies de liaison à la pointe du progrès.

c. Impact sur la productivité et les délais de production dans diverses industries

L'intégration de technologies avancées d'extrusion, de numérisation et de refroidissement dans les processus d'impression 3D a entraîné une profonde transformation de la productivité et des délais dans un large éventail d'industries. Ces développements innovants ont redéfini les méthodologies de fabrication et apporté des avantages substantiels dans divers secteurs, de l'aérospatiale aux soins de santé et au-delà.

Dans l'industrie aérospatiale, où la précision est primordiale, l'infusion de technologies d'impression 3D à grande vitesse a permis de réduire considérablement les délais. Ces avancées ont rationalisé la production de composants complexes, accélérant ainsi la fabrication et la maintenance des avions. Les délais réduits qui en résultent ont également accéléré le prototypage et l'essai de nouvelles conceptions, renforçant ainsi l'innovation dans l'industrie.

Dans le secteur automobile, l'adoption de l'impression 3D rapide a considérablement réduit les délais pour diverses applications. Les prototypes, l'outillage et même les pièces d'utilisation finale sont produites plus rapidement, ce qui permet aux fabricants de mettre de nouveaux modèles sur le marché plus rapidement. En outre, la production de composants automobiles personnalisés se fait désormais en un temps record, ce qui facilite les processus de personnalisation et de réparation.

Dans le secteur des soins de santé et des dispositifs médicaux, une révolution s'est opérée grâce à l'accélération des processus d'impression 3D. Les technologies de numérisation avancées ont permis de scanner les patients avec précision, ce qui a conduit à la création d'implants et de prothèses personnalisés avec des délais chirurgicaux réduits. En outre, la promesse de la bio-impression permet de réduire considérablement les délais d'attente des donneurs, ce qui pourrait transformer les procédures de transplantation d'organes.

Dans le domaine des biens de consommation et autres, l'impression 3D a accéléré le prototypage rapide et la fabrication à petite échelle, ce qui a permis de réduire les délais de développement des produits et de leur mise sur le marché. La personnalisation des produits de consommation, tels que les lunettes ou les chaussures, est désormais possible grâce à des délais de production plus courts, ce qui permet de répondre plus efficacement aux préférences individuelles.

Ces innovations, qui s'appuient sur des technologies d'extrusion, de numérisation et de refroidissement améliorées, remodèlent les paradigmes de fabrication dans de nombreux secteurs d'activité. La possibilité de créer rapidement des prototypes, de personnaliser et de produire des composants complexes a non seulement renforcé la compétitivité, mais aussi favorisé l'innovation. À mesure que ces technologies continuent d'évoluer, leur impact sur la réduction des délais et l'augmentation de la productivité devrait être encore plus prononcé, ce qui promet un avenir de progrès et d'efficacité accélérés dans le domaine de la fabrication.

3. Impression 3D Multi-Matériaux et Multi-Couleurs

a. Présentation des développements dans l'impression 3D de plusieurs matériaux simultanément

Les récentes avancées dans le domaine de l'impression 3D ont marqué l'avènement d'une ère de transformation, où l'impression simultanée de plusieurs matériaux est en train de remodeler l'ensemble des secteurs d'activité. Cette capacité pionnière, souvent appelée impression 3D multi-matériaux ou multi-buses, témoigne des horizons toujours plus vastes de cette technologie.

Par essence, l'impression 3D multimatériaux offre une polyvalence extraordinaire, grâce à l'utilisation simultanée de divers matériaux dotés d'une série de propriétés, telles que la flexibilité, la conductivité ou la biocompatibilité. Les implications de cette polyvalence se répercutent dans divers secteurs, comme celui de la santé, où elle permet de créer des dispositifs médicaux et des implants complexes et multimatériaux, repoussant ainsi les limites des soins aux patients et des options de traitement.

Mais l'innovation ne s'arrête pas à la polyvalence ; elle s'étend à la création de matériaux gradients et composites. Dans ce paradigme, les objets peuvent passer d'un matériau à l'autre de manière fluide ou les mélanger pour obtenir des propriétés uniques. Cette avancée est particulièrement importante dans le domaine de l'aérospatiale, où il est essentiel de disposer de composants légers mais robustes. Elle a donné naissance à la capacité de fabriquer des pièces présentant des caractéristiques de résistance et de poids variables, le tout en un seul tirage.

De plus, l'impression 3D multi-matériaux permet des améliorations fonctionnelles. L'intégration de traces conductrices dans les composants imprimés en 3D marque des avancées significatives dans la fabrication électronique. Cela permet de réaliser des dispositifs intelligents, des capteurs et des circuits électroniques complexes au sein de structures complexes, ouvrant ainsi la voie à des possibilités sans précédent.

L'utilisation de matériaux de support dissolubles est une autre facette révolutionnaire. Cette innovation permet de relever les défis posés par les géométries complexes qui étaient auparavant difficiles à imprimer. Après l'impression, ces supports se dissolvent, laissant l'objet final intact et prêt à l'emploi.

Dans un paysage contemporain où le sur-mesure et la personnalisation prennent de plus en plus d'importance, l'impression 3D multi-matériaux offre des possibilités inégalées. Des domaines de la mode et du design aux intérieurs automobiles, cette technologie permet de créer des produits hautement personnalisés, ornés de variations complexes de couleurs, de textures et de matériaux. Elle s'impose fermement comme une pierre angulaire de l'innovation manufacturière moderne, prête à continuer à redéfinir les processus de production, à améliorer la fonctionnalité des produits et à ouvrir de nouvelles perspectives dans toute une série d'industries.

b. Avantages de l'impression multi-couleurs pour des modèles plus réalistes et des prototypes détaillés

L'impression 3D multicolore apparaît comme une force pionnière de l'innovation, offrant une myriade d'avantages dans le domaine de la fabrication de modèles réalistes et de prototypes complexes. Ces avantages, lorsqu'ils sont examinés collectivement, permettent de redéfinir le paysage de la conception et de la fabrication.

Au premier rang de ces avantages figure l'amélioration remarquable du réalisme obtenue grâce à l'impression multicolore. Cette technologie mélange de manière transparente un riche spectre de couleurs, ce qui permet de reproduire fidèlement des dessins complexes et d'incarner des textures réalistes. Ce réalisme accru est très utile dans des secteurs tels que l'architecture et les jeux, où la capacité à présenter des prototypes plus vrais que nature et des visualisations immersives est essentielle pour une communication efficace des idées.

En outre, l'impression polychrome introduit une nouvelle dimension esthétique, permettant aux concepteurs d'imprégner leurs prototypes de couleurs captivantes et vibrantes. Ceci est particulièrement important dans des domaines tels que le développement et le marketing de produits de consommation, où l'esthétique d'un produit exerce une influence significative sur les préférences des consommateurs. La technologie permet de créer sans effort des motifs et des dégradés de couleurs complexes, ce qui améliore considérablement l'attrait visuel global des prototypes.

Un avantage souvent négligé est la réduction substantielle des efforts de post-traitement facilitée par l'impression 3D multi-couleurs. Les méthodes traditionnelles d'ajout de couleurs aux prototypes, qui impliquent des tâches à forte intensité de main-d'œuvre telles que la peinture ou l'application de décalcomanies, consomment non seulement un temps précieux, mais exigent également des ressources supplémentaires. L'impression 3D multicolore élimine la nécessité d'un grand nombre de ces étapes de post-traitement, ce qui rationalise le processus de production et permet aux concepteurs de consacrer leur énergie à la créativité et à l'innovation.

En outre, l'impression multi-couleurs améliore la précision lorsqu'il s'agit de capturer les détails les plus fins. Les éléments complexes, notamment les étiquettes, les logos et les petits textes, peuvent être intégrés de manière transparente dans la conception avec une clarté et une précision sans précédent. Ce niveau de minutie s'avère indispensable, en particulier dans des domaines tels que la conception de produits et l'emballage, où il est essentiel de se concentrer sur les nuances.

4. Améliorations de la Qualité de Surface

a. Exploration des techniques et des technologies pour obtenir une meilleure qualité de surface

La hauteur des couches dans l'impression 3D joue un rôle important dans la détermination de la qualité de la surface. En optant pour des couches plus fines, souvent obtenues grâce à des paramètres d'impression plus fins, vous pouvez améliorer de manière significative la finition de la surface finale. Des couches plus petites signifient que les lignes des couches sont plus proches les unes des autres, ce qui réduit leur visibilité et crée une surface plus lisse. Cependant, il est important de noter que la réduction de la hauteur des couches peut augmenter considérablement le temps d'impression, il s'agit donc d'un compromis entre la qualité et la vitesse.

Le calibrage précis de votre imprimante 3D est essentiel pour obtenir une finition de surface de haute qualité. Il s'agit de niveler méticuleusement la plateforme de construction et d'assurer une extrusion précise du matériau. Un étalonnage correct permet non seulement d'améliorer la qualité de la surface, mais aussi d'éviter des problèmes tels qu'une impression irrégulière, un gauchissement ou un mauvais alignement des couches, qui peuvent tous avoir un impact négatif sur le résultat final.

Outre le calibrage, l'utilisation de structures de support est souvent nécessaire dans l'impression 3D pour éviter les surplombs et s'assurer que les géométries complexes sont imprimées correctement. Des supports bien conçus, associés au matériau de support approprié, peuvent minimiser les efforts de post-traitement et conduire à des surfaces plus lisses. Des paramètres de support bien réglés peuvent faire la différence entre une pièce qui nécessite un ponçage important et une autre qui est prête à être utilisée dès sa sortie de l'imprimante.

En outre, le choix du matériau est un facteur crucial qui influe sur la qualité de la surface. Les filaments ou les résines de haute qualité sont plus susceptibles de produire des surfaces plus lisses que les alternatives de faible qualité. Certains matériaux, comme le PLA, sont connus pour leur facilité d'impression et leur bonne finition de surface, tandis que d'autres, comme l'ABS, peuvent nécessiter une attention particulière pour minimiser le gauchissement et obtenir une surface lisse. Pour obtenir la qualité de surface souhaitée, il est essentiel d'expérimenter avec différents matériaux et de comprendre leurs caractéristiques uniques.

b. Utilisation de méthodes de post-traitement, de techniques de finition et de nouveaux matériaux

À l'issue du processus d'impression 3D, l'utilisation de diverses techniques de post-traitement apparaît comme un moyen essentiel d'améliorer sensiblement la qualité de la surface. Parmi ces techniques, le ponçage et le lissage chimique sont des méthodes efficaces. Le ponçage, particulièrement utile pour les impressions par modélisation par dépôt de matière fondue (FDM), facilite l'élimination des lignes de couche visibles, ce qui permet d'obtenir une surface nettement plus lisse et plus raffinée. Le lissage chimique, quant à lui, implique l'application précise de solvants spécifiques pour faire fondre délicatement les couches extérieures et effacer efficacement les imperfections. Toutefois, il exige un contrôle méticuleux pour éviter toute utilisation excessive, qui pourrait compromettre la complexité des détails et la précision.

Au-delà du ponçage et du lissage chimique, des techniques de finition avancées permettent d'améliorer encore la qualité de la surface. Des activités telles que la peinture ou l'application de revêtements ont un double objectif : améliorer l'esthétique et la fonctionnalité en dissimulant les défauts mineurs tout en améliorant la texture générale. Pour ceux qui recherchent un niveau de sophistication encore plus élevé, les techniques de polissage entrent en jeu. Réalisé à l'aide de composés abrasifs ou d'outils de polissage, le polissage confère à la surface une finition brillante et une sensation de douceur accrue. Pour les détails complexes, des options telles que la galvanoplastie ou la métallisation sous vide deviennent des choix viables, permettant l'incorporation de couches métalliques et aboutissant à une surface polie et réfléchissante.

Le choix des matériaux joue un rôle essentiel dans l'obtention d'une qualité de surface. Les progrès constants des matériaux d'impression 3D ont ouvert de nouvelles voies pour obtenir des surfaces de qualité supérieure. Les matériaux composites, enrichis de fibres intégrées telles que le carbone ou le verre, contribuent non seulement à améliorer la résistance, mais aussi à obtenir des surfaces plus lisses. En outre, les résines optimisées pour les imprimantes à stéréolithographie (SLA) et à traitement numérique de la lumière (DLP) sont souvent plus performantes que les matériaux FDM traditionnels, ce qui permet d'obtenir des résultats plus lisses. En outre, l'impression multimatériaux, qui consiste à combiner différents matériaux dans un même travail d'impression, est apparue comme une stratégie permettant d'améliorer encore la qualité de la surface. Cette approche comprend l'utilisation de matériaux de support flexibles et de supports dans des installations à double extrusion, ce qui réduit effectivement la nécessité d'un post-traitement approfondi et aboutit à une surface finale nettement plus propre et plus lisse.

5. Avancées dans les Matériaux Imprimables

a. ABS (Acrylonitrile Butadiène Styrène) :

Le filament ABS est un matériau d'impression 3D populaire, durable et rentable qui présente toute une série de caractéristiques attrayantes. Il offre une résistance aux chocs, une finition lisse et une bonne résistance à la chaleur. Toutefois, il a tendance à se rétracter pendant le refroidissement, ce qui peut poser des problèmes lors de l'impression d'objets présentant des tolérances serrées.

b. L'alumide :

L'alumide est un matériau composite composé d'aluminium et de nylon. Il présente des similitudes avec le nylon mais se caractérise par une finition durable et brillante. L'alumide est souvent utilisé dans les applications de prototypage et de fabrication, à l'aide de la technologie SLS, qui utilise la chaleur générée par laser pour compacter les particules de nylon et d'aluminium.

c. ASA (Acrylique Styrène Acrylonitrile) :

L'ASA est un plastique imprimable en 3D robuste et résistant aux UV, développé comme alternative à l'ABS pour les applications extérieures. Il est plus coûteux et nécessite des températures d'extrusion élevées. En outre, l'ASA émet des fumées dangereuses pendant l'impression et est principalement utilisé pour les pièces extérieures telles que les boîtiers électroniques, les enseignes et les garnitures automobiles.

d. Céramique :

Les matériaux d'impression 3D dérivés de l'argile et des minéraux permettent d'obtenir des impressions céramiques exquises. Comme les céramiques traditionnelles, ces impressions nécessitent une cuisson dans un four, suivie d'un glaçage et d'une dernière cuisson pour une finition brillante. Les céramiques trouvent des applications dans les implants dentaires et les créations artistiques, grâce aux technologies de stéréolithographie (SLA) et de modélisation par dépôt en fusion (FDM).

e. Filament conducteur :

Les matériaux d'impression 3D à filament conducteur, créés à partir d'un mélange d'acide polylactique (PLA) et de graphène, permettent la production de produits électroniques portables, de boutons tactiles et d'autres composants électroniques. Cependant, ces pièces ont tendance à être fragiles, ce qui nécessite une enveloppe en PLA autour des éléments conducteurs pour la plupart des constructions.

f. Résine phosphorescente :

Créer des jouets amusants et lumineux pour les enfants devient facile avec la résine phosphorescente à base de PLA, conçue pour les imprimantes SLA et DLP. Elle produit un effet lumineux puissant, activé par l'exposition à une source de lumière. Ce matériau est idéal pour les applications extérieures, émet peu d'odeurs pendant l'impression et peut briller jusqu'à 4 heures avec une seule charge.

g. HIPS (polystyrène à haut impact) :

Le polystyrène à haut impact (HIPS) est un matériau d'impression 3D rentable, apprécié pour ses propriétés de légèreté et de résistance aux chocs, ce qui le rend adapté aux objets portables et aux étuis de protection. Il est également connu sous le nom de polyéthylène haute densité (PEHD) et peut être dissous par des produits chimiques, ce qui en fait un excellent matériau de support temporaire pour l'impression ABS. Le HIPS est couramment utilisé dans les emballages recyclables, les bouteilles en plastique et les tuyaux.

h. Inconel :

L'inconel, un alliage de chrome et de nickel, est apprécié pour sa résistance exceptionnelle à la chaleur et trouve des applications dans la production de composants pour les boîtes noires des avions et les moteurs de fusée. Il nécessite une technologie de frittage laser direct des métaux pour une impression efficace, car il peut être difficile de travailler ce métal par d'autres moyens.

i. Filament métallique :

Aujourd'hui, vous pouvez utiliser des filaments métalliques comme le cuivre, le laiton, l'acier inoxydable et même l'aluminium ou le bronze pour l'impression 3D. La proportion de poudre métallique dans le matériau d'impression varie selon le fabricant. Les filaments métalliques à haute résistance à la traction peuvent être utilisés sans nécessiter de réglages à haute température, mais une buse résistante à l'usure est indispensable. Attention, les pièces métalliques imprimées ont tendance à être fragiles.

j. Nylon :

L'impression 3D avec du nylon nécessite généralement des températures d'extrusion d'environ 250 °C, bien que certaines marques proposent des filaments à basse température qui fonctionnent à 220 °C. Le nylon produit des impressions robustes et quelque peu flexibles, avec une bonne résistance à l'abrasion, une grande résistance aux chocs et une odeur minimale pendant l'impression. Toutefois, il est susceptible de se déformer pendant le refroidissement et peut ne pas convenir aux environnements humides en raison de ses propriétés d'absorption de l'eau.

k. PEEK (polyétheréthercétone) :

Le PEEK fait partie des matériaux avancés pour l'impression 3D, fonctionnant avec les technologies FDM ou de frittage sélectif par laser (SLS). Il est couramment utilisé dans les applications aérospatiales, médicales et automobiles pour créer des composants de haute performance, exigeant une impression à haute température (environ 400 °C).

l. PET (polyéthylène téréphtalate) :

Le PET, semblable au polyester, se solidifie en un matériau rigide proche du verre lorsqu'il refroidit. Également connu sous le nom de t-glase, il offre une large gamme d'options de couleurs et est approuvé pour une utilisation avec des produits alimentaires. Le PET peut être utilisé pour imprimer des gobelets, des ustensiles, des bouteilles d'eau et d'autres produits finis résistants.

m. PETG (polyéthylène téréphtalate modifié par le glycol) :

Le filament PETG produit des objets imprimés brillants et lisses qui conservent parfaitement leur forme pendant le refroidissement. Il offre une grande résistance aux chocs, bien qu'il puisse avoir tendance à s'enrouler pendant l'impression. Le PETG est bien adapté à la création d'applications étanches et de composants encliquetables et peut tolérer l'impression à basse température.

n. PLA (acide polylactique) :

L'acide polylactique (PLA) est depuis longtemps un filament d'impression 3D populaire en raison de son prix abordable et de sa facilité d'utilisation. Le PLA est respectueux de l'environnement et dérivé de cultures vivrières comme la canne à sucre et le maïs. Il fonctionne efficacement à basse température et peut être utilisé pour fabriquer une grande variété d'objets, y compris des accessoires, des décorations et des prototypes.

o. Résine végétale :

Matériau d'impression 3D écologique et non toxique, la résine végétale est un choix convivial pour les imprimantes SLA. Elle est abordable, biodégradable, peu odorante et compatible avec une large gamme d'imprimantes prenant en charge des matériaux tiers. En outre, elle offre des couleurs éclatantes et une grande durabilité.

p. PVA (alcool polyvinylique) :

L'alcool polyvinylique (PVA) est souvent utilisé pour fabriquer des pièces décoratives et des structures de support dissolvables ou amovibles pour d'autres impressions 3D. Il se dissout dans l'eau sans nécessiter de solvants spéciaux ou d'équipement supplémentaire et est biodégradable, ce qui en fait un choix approprié pour les prototypes rapides et jetables.

q. Le papier :

L'impression 3D de papier, qui s'appuie sur la technologie de stratification par dépôt sélectif (SDL), offre un autre moyen d'imprimer des matériaux à base de bois. Cette technique permet de créer des pièces en couleur. Dans l'impression SDL, l'imprimante dépose de la colle, applique de la chaleur, puis coupe, ce qui en fait un choix populaire pour la fabrication de modèles, en particulier dans le domaine de l'architecture.

r. Polycarbonate :

Le polycarbonate est un matériau d'impression 3D incroyablement solide, proche de l'acier en termes de résistance aux chocs et à la chaleur, tout en restant flexible et très transparent. Le polycarbonate nécessite des températures d'impression très élevées, ce qui peut entraîner un suintement pendant l'impression et un gauchissement pendant le refroidissement.

s. Polypropylène :

Le polypropylène, léger et semi-rigide, est utilisé pour créer des bracelets de montre, des conteneurs de stockage et des matériaux d'emballage. Il offre une bonne résistance à la chaleur, aux chocs et à la fatigue, ainsi qu'une finition de surface lisse grâce à sa structure semi-cristalline. Toutefois, il se déforme considérablement pendant le refroidissement, ce qui rend l'impression difficile.

t. Le grès :

Le grès est un matériau d'impression 3D idéal pour la fabrication de modèles et de figurines, bien qu'il manque de durabilité pour les objets fréquemment manipulés. Également connu sous le nom de "gypse", le grès est utilisé dans les modèles architecturaux et les projets artistiques. Pour plus de solidité, vous pouvez l'enduire d'une résine époxy.

u. Le titane :

Le titane est l'un des matériaux imprimés en 3D les plus solides, connu pour son rapport poids/résistance exceptionnel. S'il est difficile à travailler de manière traditionnelle, il présente moins de difficultés dans le cadre de l'impression 3D. Il est léger, résistant aux produits chimiques et à la chaleur, et sert à la production de pièces d'avion et d'autres articles robustes mais légers. L'impression 3D du titane 64 utilise les technologies SLM et DMLS (frittage laser direct de métaux).

v. TPU/TPE (polyuréthane thermoplastique/élastomère thermoplastique) :

Les imprimantes FDM peuvent utiliser le polyuréthane thermoplastique (TPU) pour produire des pièces flexibles en résine au toucher doux. Le TPU et l'élastomère thermoplastique (TPE) offrent une grande résistance aux chocs et une longue durée de vie. Toutefois, ils peuvent être difficiles à imprimer en raison du risque de formation de fils et de blobs.

w. Filament de bois :

L'impression avec du bois est une option fascinante parmi les matériaux les plus récents pour l'impression 3D. Cet ajout relativement récent à la famille des filaments pour imprimantes 3D comprend environ 30 % de bois, dont du liège, de la poussière de bois et diverses autres substances, combinés à de la résine et à des charges supplémentaires. Il en résulte des impressions exquises qui dégagent l'odeur du bois véritable. En outre, il ne nécessite pas de buses spécialisées, bien qu'il puisse provoquer des blocages dans les buses plus petites.

Chapitre 6 : Première Impression 3D

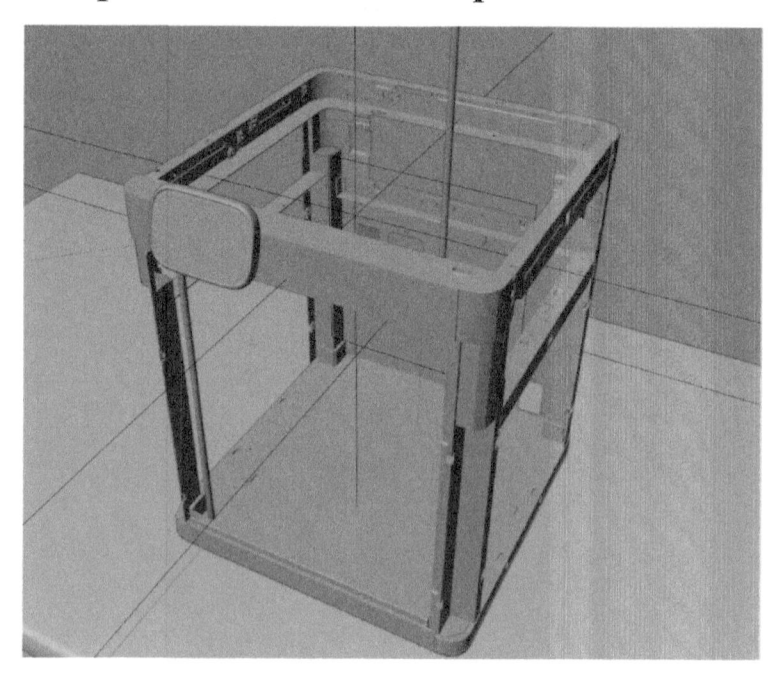

1. Préparation et Règles de Sécurité (HSE)

a. Importance de la sécurité dans le processus d'impression 3D

La sécurité est une considération primordiale dans le domaine de l'impression 3D, englobant diverses facettes qui protègent les individus, l'environnement et la qualité globale des créations imprimées. On ne saurait trop insister sur l'importance de la sécurité dans ce processus de fabrication novateur.

Tout d'abord, la sécurité est vitale pour le bien-être des personnes impliquées dans l'impression 3D. Le processus libère des particules ultrafines et des composés organiques volatils qui, s'ils sont excessivement inhalés, peuvent entraîner des problèmes respiratoires et des irritations cutanées. La mise en place de systèmes de ventilation et de filtration de l'air appropriés est essentielle pour atténuer ces risques. En outre, la manipulation de produits chimiques dans le post-traitement, tels que les adhésifs et les solvants, nécessite des mesures de sécurité rigoureuses pour éviter les risques potentiels pour la santé.

La sécurité incendie constitue un autre aspect essentiel de l'impression 3D. L'équipement d'impression lui-même peut surchauffer ou mal fonctionner, ce qui constitue un risque d'incendie s'il n'est pas correctement entretenu. En outre, certains matériaux d'impression 3D sont inflammables, ce qui exige de la prudence et l'adoption de mesures préventives appropriées. La garantie d'un environnement de travail sûr va au-delà de la protection des personnes ; elle joue également un rôle essentiel dans le maintien de la qualité des impressions, car les accidents inattendus ou les pannes d'équipement peuvent entraîner des impressions endommagées ou mal alignées.

Les préoccupations environnementales soulignent également l'importance de la sécurité. La gestion responsable des déchets et des produits chimiques est évidente dans l'impression 3D. Le processus peut générer des déchets matériels importants, en particulier lorsque les prototypes ou les impressions échouent. Il est indispensable d'adhérer à des pratiques d'élimination et de recyclage appropriées pour minimiser l'impact sur l'environnement. En outre, la manipulation et l'élimination des produits chimiques utilisés dans le post-traitement, tels que l'acétone pour le lissage des impressions, doivent être effectuées consciencieusement afin d'éviter la contamination de l'environnement.

Enfin, le respect des exigences réglementaires ne doit pas être sous-estimé. Selon le lieu et la nature des opérations d'impression 3D, qu'elles soient commerciales, industrielles ou axées sur la recherche, des réglementations spécifiques en matière de sécurité et d'émissions peuvent être en place et nécessiter un respect strict. Le non-respect de ces réglementations peut avoir des répercussions juridiques et financières.

> **b. Précautions de sécurité, tels que l'utilisation adéquate des équipements de protection individuelle et la ventilation appropriée**
>
> - **Équipement de protection individuelle (EPI)**

Les mesures de sécurité sont essentielles pour garantir le bien-être des personnes impliquées dans l'impression 3D et atténuer les risques potentiels associés au processus. Deux mesures de sécurité cruciales sont l'utilisation correcte de l'équipement de protection individuelle (EPI) et la garantie d'une ventilation adéquate.

Protection respiratoire : Étant donné que l'impression 3D peut libérer des particules ultrafines et des composés organiques volatils, une protection respiratoire est essentielle. Les respirateurs jetables N95 ou de qualité supérieure peuvent filtrer efficacement ces particules, empêchant ainsi l'inhalation et protégeant le système respiratoire.

Protection des yeux : Le port de lunettes de protection ou d'un écran facial complet est conseillé, en particulier lors des tâches de post-traitement qui impliquent l'utilisation de produits chimiques. Cela permet de protéger les yeux des éclaboussures potentielles ou de l'exposition aux produits chimiques.

Gants : Lorsque vous manipulez des matériaux d'impression 3D, des produits chimiques ou des objets imprimés, il est essentiel de porter des gants appropriés pour éviter tout contact avec la peau et toute exposition potentielle à des produits chimiques. Les gants en nitrile sont souvent recommandés en raison de leur résistance à de nombreux produits chimiques.

Vêtements de protection : selon les tâches d'impression 3D spécifiques, il peut être nécessaire de porter des vêtements de protection, tels que des blouses de laboratoire ou des combinaisons, afin de minimiser l'exposition de la peau à des matériaux potentiellement dangereux.

- **Ventilation adéquate :**

Une bonne ventilation générale, y compris l'utilisation de fenêtres ou de portes ouvertes, est essentielle pour maintenir un flux continu d'air frais dans l'espace de travail. Cela permet de diluer les contaminants en suspension dans l'air et d'éviter qu'ils n'atteignent des niveaux nocifs.

Des systèmes de ventilation locale, tels que des hottes ou des ventilateurs d'extraction, doivent être installés à proximité des imprimantes 3D et des zones de post-traitement. Ces systèmes permettent de capturer et d'éliminer les fumées et les particules nocives à la source, afin qu'elles ne s'accumulent pas dans l'espace de travail.

Pour les imprimantes fermées, il est essentiel de s'assurer qu'elles disposent d'une ventilation intégrée ou qu'elles sont placées dans une zone bien ventilée. Les imprimantes fermées peuvent piéger les fumées, c'est pourquoi une bonne ventilation est essentielle.

- **Autres considérations de sécurité :**

Formez correctement toutes les personnes travaillant avec des imprimantes 3D à l'utilisation des EPI et des systèmes de ventilation. Elles doivent être conscientes des risques potentiels et savoir comment réagir en cas d'urgence.

- Connaître les risques spécifiques associés aux matériaux utilisés dans l'impression 3D et choisir l'EPI en conséquence. Des matériaux différents peuvent nécessiter des niveaux de protection différents.

- Maintenez les systèmes de ventilation en bon état de fonctionnement en les entretenant régulièrement afin de garantir leur efficacité. Il s'agit notamment de nettoyer les filtres et de veiller à la bonne circulation de l'air.

- Disposer d'un plan d'intervention d'urgence en cas d'accident ou d'exposition à des produits chimiques. Ce plan doit prévoir l'accès à des douches oculaires, à des douches de sécurité et à des fournitures de premiers secours.

c. Filtration du local aux microparticules

La filtration locale des microparticules joue un rôle essentiel dans l'amélioration de la sécurité dans le domaine de l'impression 3D, en particulier lorsqu'il s'agit de matériaux qui émettent des particules ultrafines et des composés organiques volatils. Ce système de filtration sert de mécanisme de défense de première ligne, son objectif principal étant de capturer et d'éliminer ces minuscules particules directement à leur source. Ce faisant, il empêche la dispersion de ces particules dans le milieu environnant et atténue efficacement les risques potentiels pour la santé associés aux processus d'impression 3D.

En termes de mécanismes, les systèmes locaux de filtration des microparticules utilisent un large éventail de méthodes. Il s'agit notamment de filtres à particules à haute efficacité (HEPA), de filtres à charbon actif et de précipitateurs électrostatiques. Parmi ces méthodes, les filtres HEPA se distinguent par leur remarquable efficacité à piéger des particules d'une taille de 0,3 micron.

Placés stratégiquement à proximité des imprimantes 3D et des zones de post-traitement, ces systèmes de filtration locaux sont méticuleusement conçus pour cibler les particules en suspension dans l'air générées non seulement pendant le processus d'impression 3D lui-même, mais aussi lors de tâches ultérieures telles que le ponçage, le lissage ou l'application de produits chimiques sur les objets imprimés.

Les avantages de la filtration locale des microparticules sont multiples. Tout d'abord, elle offre une protection cruciale aux personnes travaillant dans l'impression 3D en réduisant considérablement le risque d'inhalation de contaminants nocifs. En outre, elle contribue au maintien d'un espace de travail propre et exempt de particules. Cette double fonction préserve non seulement la santé des utilisateurs, mais sert également de bouclier contre la contamination des surfaces et équipements voisins.

Comme pour tout système de filtration, un entretien régulier est impératif pour garantir l'efficacité continue de la filtration locale des microparticules. Cela implique un nettoyage de routine ou le remplacement des filtres si nécessaire, ainsi que l'inspection systématique de l'équipement afin d'identifier et de rectifier tout problème potentiel susceptible d'entraver ses performances. Lorsqu'elle est intégrée à d'autres mesures de sécurité, telles que l'utilisation correcte des équipements de protection individuelle (EPI), la ventilation générale et le respect strict des directives relatives à la sécurité des matériaux, la filtration locale des microparticules fait partie intégrante d'une stratégie de sécurité globale dans le domaine de l'impression 3D. Elle contribue à une approche holistique qui protège à la fois la santé des individus et l'environnement.

2. Préparation du Fichier dans un Slicer

a. Rôle des logiciels de tranchage (slicers) tels que Orca, Cura, PrusaSlicer, etc.

Le logiciel Slicer joue un rôle d'intermédiaire essentiel, faisant le lien entre le domaine numérique de votre modèle 3D et l'objet physique qui sort de votre imprimante 3D. Sa première étape consiste à faciliter l'importation de votre modèle 3D, généralement formaté en fichiers STL ou OBJ, dans son interface utilisateur intuitive. Une fois que votre modèle se trouve dans le logiciel, celui-ci vous offre la possibilité de manipuler et d'optimiser son orientation et ses dimensions, en veillant à ce qu'il s'insère parfaitement dans le lit d'impression de l'imprimante et réponde à vos besoins spécifiques.

Le rôle central d'un logiciel de découpe est évident dans sa fonction principale, qui correspond à son nom : la découpe. Ce processus complexe dissèque votre modèle 3D en une multitude de couches fines et horizontales, ce qui vous permet souvent de personnaliser la hauteur des couches en fonction de vos préférences. Ces couches constituent les éléments de base de votre objet imprimé, et le slicer trace de manière complexe la construction de chaque couche en fonction des paramètres d'impression que vous avez choisis.

En ce qui concerne les paramètres d'impression, le logiciel de découpe offre un large éventail d'options de personnalisation. Les utilisateurs peuvent régler avec précision des paramètres tels que la hauteur des couches, la densité de remplissage, la vitesse d'impression, la température, etc. Ces paramètres exercent une influence considérable sur la qualité, l'intégrité structurelle et l'aspect général de l'impression 3D finale, ce qui permet d'adapter la production à des spécifications précises et aux résultats souhaités.

En outre, le logiciel de slicer prend en charge de manière transparente la tâche complexe de génération du code G, un langage comprenant des commandes précises que l'imprimante 3D comprend. Ce code G fournit des instructions explicites régissant les mouvements de l'extrudeuse ou de la tête d'impression de l'imprimante, indiquant où le matériau doit être déposé et dictant la construction de chaque couche. Cette étape constitue un élément essentiel du processus d'impression 3D, le logiciel de slicer générant un code G en harmonie avec les paramètres d'impression choisis et adapté aux capacités de l'imprimante 3D utilisée.

En plus de ses fonctions de base, le logiciel de slicer améliore l'expérience de l'impression 3D en fournissant un aperçu visuel du travail d'impression à venir. Cette fonction vous permet d'inspecter chaque couche de près et d'identifier les problèmes et les erreurs potentiels avant de lancer l'impression. Cette prévisualisation inestimable permet de prendre des décisions éclairées et facilite les ajustements, contribuant ainsi à la réussite de votre projet d'impression 3D. Des programmes de slicer réputés comme Cura, PrusaSlicer et d'autres se sont imposés comme des outils indispensables au sein de la communauté de l'impression 3D, démocratisant le processus et augmentant l'efficacité en traduisant de manière transparente des conceptions 3D complexes en objets tangibles, avec précision et facilité.

b. Importation du modèle 3D, réglage des paramètres d'impression et génération du G-code

La transformation d'une conception numérique en 3D en un objet tangible grâce à l'impression 3D commence par l'importation d'un modèle 3D dans un logiciel de découpe spécialisé. Ces modèles 3D, généralement créés à l'aide d'un logiciel de conception assistée par ordinateur (CAO), constituent des plans essentiels qui décrivent tous les aspects de l'objet prévu. Les formats tels que STL ou OBJ sont largement acceptés par les programmes de découpe, ce qui garantit la compatibilité et la facilité d'utilisation. Au fur et à mesure que le modèle prend forme dans le domaine numérique du slicer, vous avez la possibilité de l'inspecter sous différents angles et perspectives. Cette étape cruciale vous permet d'évaluer l'alignement, l'orientation et la taille du modèle, en veillant à ce qu'il s'harmonise parfaitement avec les dimensions de la plate-forme de construction de l'imprimante.

Par la suite, le logiciel de découpe permet aux utilisateurs de disposer d'une gamme complète de paramètres d'impression, fonctionnant effectivement comme le centre de façonnage des caractéristiques de l'impression 3D. Ces paramètres jouent un rôle essentiel dans la détermination du résultat final et offrent un contrôle inégalé. Parmi les paramètres essentiels à votre disposition, vous trouverez la hauteur de couche, la densité de remplissage, la vitesse d'impression, la température et les structures de support. La hauteur de couche régit l'épaisseur de chaque couche horizontale dans l'impression ; si les petites hauteurs de couche permettent d'obtenir des détails plus fins, elles peuvent aussi allonger le temps d'impression. La densité de remplissage préside à la structure interne de l'objet, influençant sa résistance et sa consommation de matériaux. La vitesse d'impression affecte à la fois la qualité et le rythme, les vitesses plus élevées pouvant compromettre les détails complexes. Les réglages de température dépendent du matériau choisi et ont un impact sur des facteurs tels que l'adhérence et le collage des couches. En outre, des structures de soutien peuvent être générées pour faciliter l'impression de surplombs et de géométries complexes.

Au cœur de l'impression 3D se trouve le code G, un ensemble complexe d'instructions méticuleusement générées par le logiciel de découpe. Ce code G est le langage par lequel l'imprimante 3D comprend et exécute le processus d'impression. Ces instructions couvrent les moindres détails de l'impression, délimitant où et comment la tête d'impression ou l'extrudeuse doit se déplacer, quand et où déposer le matériau, ainsi que d'autres détails complexes pour chaque couche. Le slicer adapte minutieusement le G-code au modèle spécifique de l'imprimante 3D et aux paramètres d'impression sélectionnés, garantissant ainsi une compatibilité parfaite et une exécution précise.

Une fois le G-code en main, l'étape suivante consiste à le transmettre à l'imprimante 3D pour qu'elle l'exécute. Cela peut se faire de différentes manières, par exemple en sauvegardant le G-code sur une carte SD ou une clé USB, ou en le transmettant directement à l'imprimante par le biais d'un réseau ou d'une connexion USB. Une fois le G-code intégré dans le système de contrôle de l'imprimante, l'imprimante 3D entame son parcours méticuleux. Elle interprète fidèlement le code G, orchestrant les mouvements précis de la tête d'impression ou de l'extrudeuse, contrôlant la température et la vitesse, et construisant méthodiquement chaque couche. Couche après couche, l'objet commence à se matérialiser, en adhérant fidèlement à la conception et aux spécifications définies dans le code G.

c. Explication détaillée des paramètres essentiels, tels que la densité de remplissage, la hauteur de couche et les supports

La densité de remplissage joue un rôle essentiel dans l'élaboration de la structure interne d'un objet imprimé en 3D. Ce paramètre quantifie la proportion de matériau allouée au remplissage de l'intérieur de l'objet et offre un large éventail de possibilités. Des pourcentages de remplissage plus faibles permettent d'obtenir des objets non seulement plus légers, mais aussi plus creux et plus délicats. À l'inverse, un pourcentage de remplissage plus élevé confère à votre création une constitution plus dense et plus solide. Grâce à cette polyvalence, la densité de remplissage est un délicat exercice d'équilibre, naviguant entre l'optimisation de l'utilisation des matériaux et le renforcement de l'intégrité structurelle. Lors de la fabrication de prototypes ou de l'embellissement de pièces décoratives, un pourcentage de remplissage plus faible (par exemple, 10-20 %) peut suffire, tandis que les composants fonctionnels justifient souvent la force conférée par des paramètres de remplissage plus élevés (par exemple, 50-100 %).

La hauteur de couche a également un impact significatif sur le niveau de détail et la douceur de la surface de l'objet final. Les choix sont variés, allant de la finesse des petites hauteurs de couche, comme 0,1 mm, qui permettent d'obtenir des détails complexes mais allongent la durée de l'impression, à la rapidité des hauteurs de couche plus importantes, comme 0,3 mm ou 0,4 mm, qui permettent des impressions plus rapides, mais avec des finitions de surface plus grossières. Le choix de la hauteur de couche apparaît comme un point critique où la recherche de la qualité d'impression s'engage dans une danse délicate avec l'impératif de la vitesse d'impression, le tout dépendant de l'application spécifique à laquelle on a affaire.

Plus loin, le substrat ou la surface de construction apparaît comme la base sur laquelle la couche initiale de votre impression 3D adhère pendant le processus d'impression. Le choix judicieux du matériau du support revêt une importance capitale pour garantir une adhérence impeccable et l'exécution sans faille du processus d'impression. Une gamme de matériaux de surface de construction vous attend, comprenant le verre, les lits chauffants, les rubans adhésifs et les surfaces d'impression spécialisées comme le PEI (polyétherimide) ou le BuildTak. Chaque matériau de substrat présente des affinités distinctes avec des filaments spécifiques. Par exemple, le filament ABS trouve sa place dans un lit chauffé avec du ruban Kapton, tandis que le PLA peut trouver sa place sur du ruban adhésif pour peintres.

En poursuivant notre exploration, nous arrivons à la vitesse d'impression, un paramètre qui orchestre la vitesse de l'extrudeuse ou de la tête d'impression de votre imprimante 3D pendant le ballet d'impression. Ce paramètre exerce une influence profonde sur la dimension temporelle du voyage d'impression, en affectant directement le temps investi dans l'achèvement de votre impression, tout en ayant un impact perceptible sur la qualité de l'impression. La cadence rapide des vitesses d'impression plus élevées peut permettre des réalisations rapides, mais cette célérité peut se faire au prix d'une diminution de la qualité d'impression, notamment en ce qui concerne les détails complexes ou minimes. En revanche, une décélération mesurée de la vitesse d'impression ouvre la voie à des impressions de meilleure qualité avec des détails complexes, mais au prix de durées d'impression plus longues. C'est un paramètre qui incite à l'expérimentation, vous invitant à trouver un équilibre harmonieux entre vitesse et qualité, un équilibre propre à chaque projet d'impression.

Enfin, les paramètres de température se déploient dans le contexte de l'impression 3D, en tant que thermostat régissant le destin du filament. Ces paramètres sont inexorablement liés au matériau utilisé et sont associés à la température de la buse (extrudeuse) et, dans certains cas, à la température du lit chauffant. La température de la buse détermine le point de fusion du filament et laisse une empreinte indélébile sur l'adhérence de la couche et la qualité de l'impression. Par exemple, le PLA s'épanouit à des températures plus basses, généralement comprises entre 190 et 220 °C, tandis que l'ABS aime la caresse ardente des températures plus élevées, comprises entre 220 et 260 °C. En outre, la température du lit chauffé apparaît comme un allié indispensable pour les matériaux tels que l'ABS et le PETG. Son rôle ? Prévenir le gauchissement en préservant assidûment la température optimale des couches initiales de l'impression. Grâce à ces réglages de température, la précision et le respect des directives spécifiques aux matériaux deviennent les clés de voûte pour obtenir la qualité d'impression souhaitée, tout en évitant les inconvénients tels que la sous-extrusion et le bourrage de filament. La sous-extrusion et le bourrage de filament sont deux problèmes couramment rencontrés dans l'impression 3D, et ils peuvent avoir un impact significatif sur la qualité des impressions. La sous-extrusion se produit lorsque l'imprimante 3D ne parvient pas à extruder la quantité de filament nécessaire pour remplir correctement les couches du modèle. Cette situation peut résulter de divers facteurs, tels qu'un réglage incorrect de la température de la buse, un bouchon partiel dans la buse, des problèmes de tension du filament ou des paramètres de vitesse d'impression inappropriés. En revanche, le bourrage de filament survient lorsqu'une accumulation de filament obstrue la buse d'extrusion, entravant ainsi son écoulement régulier. Ce problème peut découler de causes telles qu'une buse partiellement obstruée, des réglages incorrects de température, une rétraction de filament inadéquate ou même l'utilisation d'un filament de qualité inférieure.

Afin de favoriser une meilleure adhérence du filament en fusion lors du processus d'impression, la vitrification des filaments pour le plateau est une solution propice. Cette meilleure adhérence se traduit par une réduction significative du risque de décollement de l'objet en cours d'impression, en particulier lors de l'application de la première couche. La vitrification des filaments pour le plateau , également connue sous le nom de traitement du plateau, est une technique couramment utilisée en impression 3D pour améliorer l'adhérence du filament au lit d'impression. Elle implique l'application d'un revêtement spécifique sur la surface du plateau chauffant ou du plateau d'impression. Cela

Outre l'amélioration de l'adhérence, la vitrification du filament pour le plateau offre d'autres avantages. Elle peut également contribuer à créer une surface de lit d'impression plus lisse, ce qui, à son tour, améliore la qualité de la finition des objets imprimés. De plus, grâce à l'utilisation de ce revêtement, il est souvent nécessaire de recourir moins fréquemment à d'autres méthodes d'adhérence, comme l'application de laque ou de ruban adhésif. Enfin, lorsqu'une impression est terminée, il est généralement plus aisé de retirer l'objet imprimé du lit en verre vitrifié par rapport à d'autres surfaces. Néanmoins, il est essentiel de suivre les recommandations du fabricant de l'imprimante 3D et du filament pour choisir le revêtement approprié et d'appliquer le traitement du plateau conformément aux instructions pour obtenir des résultats optimaux.

3. Lancement du Fichier G-code dans l'Imprimante

Le lancement d'un fichier G-code dans une imprimante 3D représente la phase cruciale et ultime du parcours qui mène de la conception numérique à la réalité physique tangible. Ce processus complexe commence par la préparation minutieuse du fichier G-code, une tâche généralement exécutée par un logiciel de slicer. Ce fichier G-code contient un script méticuleusement détaillé, une composition complexe de directives étape par étape orchestrant chaque action de l'imprimante 3D. Ces directives englobent un large éventail de commandes, régissant les mouvements, le dépôt de matériaux, la régulation de la température et bien plus encore, formant l'ADN essentiel du processus d'impression.

Après la tâche complexe de préparation du code G, l'étape suivante est l'art de charger ce script codé dans le système de contrôle de l'imprimante 3D. Cette étape présente plusieurs possibilités, en fonction des capacités de l'imprimante : enregistrer le fichier sur une carte SD ou une clé USB, ou le transmettre directement par le biais de connexions câblées ou sans fil. Une fois niché dans la mémoire de l'imprimante, le fichier G-code se transforme en un script de guidage faisant autorité qui guidera l'imprimante dans les méandres labyrinthiques du voyage d'impression.

Une fois le fichier G-code bien en place, l'imprimante 3D est prête à être initialisée. Cette phase comprend les étapes critiques de la mise sous tension de l'imprimante, de l'examen minutieux de l'état et de la planéité du lit d'impression ou de la surface de construction (le cas échéant), et de la prise en compte de toutes les exigences liées à l'étalonnage ou à la mise au point.

Maintenant, à l'aube de l'expédition d'impression, le moment est venu de sélectionner le fichier de code G spécifique à mettre en œuvre. Cette décision peut impliquer un choix parmi une série de fichiers préchargés dans la mémoire de l'imprimante. Le lancement du travail d'impression proprement dit consiste à activer la commande "Imprimer" ou "Démarrer" par l'intermédiaire de l'interface de l'imprimante.

Alors que l'imprimante 3D entame son voyage méticuleux, elle suit scrupuleusement les instructions du code G, couche par couche, sculptant méticuleusement l'objet tangible en succession graduelle. Une surveillance vigilante devient primordiale, en particulier pendant les premières couches, afin de s'assurer que l'adhésion reste solide et de détecter tout problème potentiel en cours de route. À la fin du voyage, l'objet fraîchement imprimé peut nécessiter une période de refroidissement avant de pouvoir être libéré en toute sécurité du lit d'impression ou de la surface de construction.

4. Vérification du Bon Démarrage

La phase initiale commence par la simple mise sous tension de l'imprimante 3D. Bien que cette opération puisse sembler routinière, elle revêt une importance cruciale car elle prépare le terrain pour toutes les opérations ultérieures. Pour garantir une expérience d'impression fluide, il est impératif de s'assurer que l'imprimante est fermement connectée à une source d'alimentation fiable et régulière. En outre, il est essentiel de procéder à une inspection minutieuse de tous les câbles et de toutes les connexions. Que l'imprimante soit connectée par USB, Ethernet ou Wi-Fi, il est essentiel de vérifier l'intégrité de ces canaux de communication. En cas de coupure de courant inattendue au cours d'un travail d'impression, il peut en résulter des problèmes fâcheux, ce qui fait de cette étape la pierre angulaire d'une expérience d'impression 3D sans faille.

La sécurité est une priorité absolue dans tous les aspects de l'impression 3D. C'est pourquoi, avant de s'atteler à toute autre tâche, il convient de vérifier la fonctionnalité des dispositifs de sécurité de l'imprimante. Il s'agit notamment de vérifier avec diligence la présence et l'efficacité des boutons d'arrêt d'urgence, des mécanismes d'arrêt thermique ou de toute autre mesure de sécurité intégrée. Ces précautions garantissent que vous disposez des moyens de réagir rapidement aux circonstances imprévues et de prévenir les risques potentiels.

Passant à l'aspect critique suivant, le processus méticuleux de nivellement manuel du lit est une condition préalable à l'obtention d'une qualité d'impression irréprochable dans de nombreuses imprimantes 3D. Un lit d'impression inégal peut entraîner des complications au niveau de l'adhérence et des couches mal alignées. Par conséquent, que l'on utilise un outil de mise à niveau ou que l'on suive les directives spécifiques de l'imprimante, la précision de la mise à niveau du lit revêt une importance capitale. L'objectif ultime est de s'assurer que le lit est parfaitement de niveau, établissant ainsi une base solide pour le dépôt ultérieur de couches initiales précises et uniformes.

Dans le prolongement du processus préparatoire, l'état du lit d'impression ou de la surface de construction exerce une influence directe sur l'adhérence et la qualité de l'impression. Une inspection minutieuse est nécessaire pour évaluer la propreté et la douceur de la surface. Tout débris ou résidu étranger doit être méticuleusement éliminé. Si cela s'avère nécessaire, il convient d'appliquer une méthode d'adhésion appropriée, telle que du Dimafix ou des surfaces d'impression spécialisées comme BuildTak.

Dimafix est un produit spécialement développé pour les imprimantes 3D Fused Deposition Modeling (FDM) dans le but d'améliorer l'adhérence entre le filament en plastique et le lit d'impression. Il se présente sous forme de spray ou de stick et doit être préalablement appliqué sur la surface du lit d'impression avant le lancement d'une impression. L'efficacité de Dimafix réside dans sa réaction à la chaleur, car une fois le lit d'impression chauffé à la température adéquate, il devient adhérent, facilitant ainsi le maintien du filament en plastique pendant toute la durée de l'impression. De ce fait, ce produit est souvent privilégié par les amateurs d'impression 3D pour améliorer la qualité des impressions, en particulier lorsque des matériaux exigeants tels que l'ABS ou le nylon sont utilisés, car ces derniers ont tendance à se décoller plus facilement du lit d'impression. Il convient de noter qu'il existe plusieurs marques et types d'adhésifs similaires sur le marché, mais leur objectif principal demeure de garantir une adhérence supérieure et des impressions de meilleure qualité.

Dans tous les cas, l'application d'une méthode d'adhésion appropriée revêt une importance particulière lorsque l'on travaille avec des matériaux tels que l'ABS, qui tirent des avantages substantiels d'un lit chauffé et d'une préparation méticuleuse de la surface.

Si votre imprimante intègre des mécanismes de chargement et de déchargement du filament, il est impératif d'en vérifier l'efficacité opérationnelle. Le chargement précis du filament est une étape cruciale, car il garantit un flux de matériau cohérent et ininterrompu pendant le processus d'impression. En respectant les directives du fabricant pour le chargement et le déchargement du filament, il faut s'assurer que le filament passe sans encombre dans l'extrudeuse et qu'il n'y a pas d'obstructions potentielles.

Enfin, l'examen prudent de la buse et de l'extrudeuse de l'imprimante revêt une importance cruciale pour éviter les blocages et garantir l'extrusion sans heurt du filament. Tout signe de blocage, d'endommagement ou d'usure doit faire l'objet d'un examen minutieux. En cas de nécessité, la buse peut avoir besoin d'être nettoyée ou certains composants peuvent devoir être remplacés pour maintenir un flux de filament optimal. Un entretien diligent à cet égard améliore considérablement la qualité et la fiabilité de l'impression.

En adhérant fidèlement à ce protocole complet de vérification au démarrage, vous établissez une base solide pour une impression 3D réussie et sans problème. Ces mesures préparatoires méticuleuses augmentent non seulement la probabilité de produire des impressions de haute qualité, mais contribuent également à la sécurité et à la longévité de votre imprimante 3D. L'intégration d'un contrôle de démarrage systématique dans votre routine d'impression régulière vous permettra d'obtenir des impressions 3D cohérentes et précises.

5. Vérification de la Pièce Imprimée

a. Inspection et évaluation de la pièce imprimée après la fin de l'impression

Pour entamer le processus d'évaluation, commencez par procéder à un examen visuel de la pièce imprimée. Examinez le composant à la recherche d'imperfections notables qui pourraient se manifester sous la forme d'un mauvais alignement des couches, d'un gauchissement ou d'irrégularités de surface. Examinez les contours extérieurs et les caractéristiques détaillées pour vous assurer qu'ils sont conformes à la conception prévue. Cette première évaluation visuelle permet de déceler rapidement les anomalies flagrantes.

Après l'inspection visuelle, mesurez les dimensions cruciales de la pièce imprimée à l'aide d'outils de mesure de précision tels que des pieds à coulisse. Ces mesures doivent être méticuleusement comparées aux spécifications définies à l'origine dans la conception. Insistez particulièrement sur les dimensions essentielles à la fonctionnalité et à l'ajustement de la pièce. Toute disparité détectée peut signifier des écarts d'étalonnage ou des problèmes de mise à l'échelle survenus au cours du processus d'impression.

Concentrez-vous sur l'examen de l'adhérence des couches dans la pièce. Appliquez une légère pression pour tester la cohésion des différentes couches. Une adhérence satisfaisante des couches est indispensable au maintien de l'intégrité structurelle du composant. Des couches qui se séparent sans effort peuvent être le signe d'une sous-extrusion ou d'un collage insuffisant pendant l'opération d'impression.

Évaluez maintenant l'état de surface de la pièce imprimée, en déterminant s'il correspond à vos critères esthétiques et à vos exigences fonctionnelles. En fonction de l'application spécifique, il peut s'avérer nécessaire de procéder à des activités de post-traitement telles que le ponçage, le polissage ou la mise en œuvre de techniques de finition afin d'obtenir la qualité de surface souhaitée.

Portez votre attention sur l'évaluation de la robustesse structurelle et de la durabilité de la pièce. Le cas échéant, effectuez des tests de contrainte physique ou des évaluations de la résistance à la charge pour vérifier la capacité du composant à supporter les contraintes ou les forces prévues dans le cadre de l'utilisation prévue.

Lorsque la pièce imprimée est conçue pour remplir une fonction spécifique, il convient de procéder à des essais fonctionnels pour valider ses performances. Par exemple, dans le cas d'un composant mécanique, évaluer méticuleusement son ajustement, son amplitude de mouvement et son interaction avec d'autres pièces. Assurez-vous que le composant fonctionne parfaitement comme prévu, sans rencontrer d'obstacles.

Envisager les éventuelles étapes de post-traitement, qui peuvent comprendre le retrait des structures de soutien ou l'application de touches de finition supplémentaires. Ces mesures de post-traitement peuvent avoir un impact profond sur la qualité finale et la fonctionnalité de la pièce.

Procéder à un examen approfondi pour identifier les défauts de surface qui peuvent se manifester par des problèmes tels que des fils, des taches ou des artefacts. Ces anomalies peuvent provenir de facteurs tels que les paramètres de rétraction, les fluctuations de température ou les mouvements de la tête d'impression. L'identification de ces défauts vous fournit des informations précieuses qui vous permettront d'affiner vos paramètres d'impression pour les prochains travaux d'impression.

Conservez des enregistrements méticuleux de vos résultats d'inspection, comprenant tous les problèmes rencontrés et les mesures correctives correspondantes prises. Cette documentation constitue un point de référence inestimable pour résoudre les problèmes et affiner vos processus d'impression 3D.

Si l'inspection révèle des lacunes ou des domaines qui méritent d'être améliorés, réfléchissez à la nécessité d'apporter les ajustements nécessaires aux paramètres de votre imprimante 3D, aux profils de découpage ou aux fichiers de conception. La nature itérative du processus d'impression 3D signifie que chaque cycle d'impression est l'occasion d'affiner et d'optimiser le processus.

b. Vérification de l'absence d'erreurs telles que les surplombs, le stringing, ou les déformations

Pour lancer le processus d'inspection, commencez par examiner la pièce à la recherche de surplombs et de sections de pontage. Les surplombs, caractérisés par des caractéristiques s'étendant vers l'extérieur à des angles dépassant les capacités de l'imprimante sans structures de soutien, doivent être votre principale préoccupation. Vérifiez si ces surplombs bénéficient d'un soutien adéquat ou s'ils présentent des signes d'affaissement et de chute. En outre, portez votre attention sur l'évaluation des sections de pontage, qui constituent des travées horizontales reliant deux surfaces verticales. Votre objectif est de veiller à ce que le pontage se fasse proprement, sans affaissement ni désalignement. Pour résoudre les problèmes de surplomb, vous pouvez envisager d'ajuster les paramètres du support ou de modifier l'orientation de l'impression. De même, l'ajustement des paramètres de refroidissement peut améliorer les performances des sections de pontage.

Poursuivez en évaluant la pièce pour détecter les défauts de filage et de suintement. Le filage implique le dépôt involontaire de brins de filament entre des parties distinctes de l'impression. Détectez ces fils ondulés qui relient les différents segments de l'objet. Le suintement, quant à lui, résulte d'une extrusion excessive de filament lors de mouvements non liés à l'impression, ce qui se traduit par la formation de gouttelettes ou de taches sur la surface de l'impression. Le remède au filage et au suintement consiste à affiner les réglages de rétraction, à ajuster la température de la buse et à optimiser la vitesse d'impression.

Examinez ensuite la pièce pour détecter d'éventuels gauchissements ou déformations, en vous concentrant plus particulièrement sur les surfaces planes ou de grande taille. Le gauchissement se matérialise lorsque les couches imprimées se contractent et se soulèvent sur les bords, ce qui entraîne des distorsions dans la forme de l'objet. Examinez méticuleusement ces zones pour détecter les signes de séparation ou de déformation. Pour atténuer le gauchissement, il convient d'envisager des ajustements de la température du lit, d'explorer d'autres méthodes d'adhésion ou d'envisager l'utilisation d'une enceinte chauffée, le cas échéant. Soyez attentif aux déformations, qui peuvent également se manifester dans des détails complexes ou fins.

Portez votre attention sur l'évaluation de la pièce imprimée pour détecter les problèmes d'adhérence des couches incohérentes. Ces problèmes sont identifiables par des lacunes ou des liaisons faibles entre les couches, ce qui peut compromettre l'intégrité structurelle de la pièce. Votre examen doit porter sur plusieurs sections de l'objet afin de repérer les zones caractérisées par une adhérence insuffisante des couches. Pour remédier à ce problème, il peut être nécessaire d'ajuster la température d'impression, d'optimiser la vitesse d'impression et d'affiner les réglages de la hauteur des couches.

Il faut ensuite vérifier la présence d'artefacts sur l'axe Z, c'est-à-dire d'irrégularités perceptibles dans le sens vertical de l'impression. Ces artefacts peuvent se manifester sous la forme de lignes ou de bandes de couches visibles qui perturbent la finition de la surface de l'objet. Étudier la présence et la gravité de ces artefacts. Les stratégies d'atténuation potentielles comprennent le réglage fin de la hauteur des couches, l'optimisation de l'accélération de l'impression et le réglage de la tension de la vis-mère.

Si des structures de support ont été utilisées pendant le processus d'impression, procédez à une inspection pour identifier les restes ou les marques laissés par les supports sur la pièce imprimée. Évaluez si ces zones nécessitent des étapes de post-traitement pour l'enlèvement du matériau de support ou si des ajustements des paramètres de support peuvent minimiser ces traces dans les impressions suivantes.

Enfin, terminez l'inspection en vérifiant la présence et l'exhaustivité de toutes les caractéristiques prévues dans la conception. Accordez une attention particulière aux détails fins, aux trous ou à d'autres aspects critiques, en veillant à ce qu'ils soient reproduits fidèlement dans la pièce imprimée. Si des caractéristiques sont manquantes ou incomplètes, profitez-en pour revoir les fichiers de conception, examiner minutieusement les paramètres d'impression et évaluer les réglages de mise à l'échelle afin de rectifier ces problèmes de manière efficace.

6. Apprivoisement des Tolérances de la Machine

a. Compréhension des limites et des tolérances de l'imprimante

Pour comprendre les capacités de votre imprimante 3D, il faut tenir compte de plusieurs facteurs. L'un des principaux aspects à évaluer est le volume d'impression, qui dicte les dimensions physiques maximales que votre imprimante peut prendre en charge. Prenez le temps de vous familiariser avec les dimensions maximales de votre imprimante en termes de longueur, de largeur et de hauteur. Le dépassement de ces limites peut entraîner des impressions incomplètes ou des erreurs, il est donc essentiel de les respecter.

En outre, la hauteur des couches est un autre paramètre essentiel à comprendre. Il s'agit de l'épaisseur de chaque couche horizontale dans une impression 3D. Les petites hauteurs de couche permettent de capturer des détails plus fins, mais au prix de temps d'impression plus longs. À l'inverse, une épaisseur de couche plus importante permet de gagner du temps, mais se traduit par une finition de surface plus grossière. Trouver le point idéal dans la plage de hauteur de couche optimale de votre imprimante vous permet de trouver un équilibre entre la qualité d'impression et la vitesse.

Prenez en compte la taille minimale des éléments de votre imprimante 3D, déterminée par la taille de la buse et la résolution. Si vous tentez d'imprimer des éléments plus petits que cette limite, vous risquez de rencontrer des problèmes tels qu'une mauvaise résolution des détails ou des pièces trop fragiles.

En outre, différentes imprimantes 3D sont conçues pour fonctionner avec des filaments spécifiques, notamment PLA, ABS, PETG, etc. Chaque matériau présente des caractéristiques uniques, telles que les exigences en matière de température et les propriétés d'adhérence. Assurez-vous que votre imprimante est compatible avec le type de filament que vous avez l'intention d'utiliser, et soyez conscient de ses contraintes de température pour éviter les complications d'impression.

La vitesse d'impression maximale de votre imprimante joue également un rôle dans la compréhension de ses capacités. Ce paramètre définit la vitesse à laquelle la tête d'impression ou l'extrudeuse peut se déplacer pendant l'impression. Des vitesses d'impression plus élevées peuvent réduire la durée totale de l'impression, mais peuvent compromettre la qualité, en particulier pour les dessins complexes. Inversement, des vitesses d'impression plus lentes améliorent la qualité mais prolongent la durée du processus d'impression.

Enfin, considérez le matériau du lit et de la méthode d'adhésion utilisés par votre imprimante 3D. Les matériaux du lit peuvent varier du verre aux feuilles de PEI, ou aux lits chauffés avec des surfaces spécialisées comme BuildTak. Comprendre comment ces matériaux interagissent avec les différents types de filaments et si des adhésifs supplémentaires tels que la colle ou le ruban adhésif sont nécessaires garantit une expérience d'impression fluide.

b. Ajustements et modifications pour obtenir des résultats optimaux

Un étalonnage régulier est la pierre angulaire du maintien d'impressions 3D précises et exactes. Ce processus complet englobe plusieurs aspects essentiels des performances de votre imprimante 3D. Il commence par la mise à niveau du lit d'impression afin de s'assurer que la surface est parfaitement alignée sur la trajectoire de la buse. Cette étape est essentielle pour garantir que l'imprimante dépose le filament à la bonne hauteur et aux endroits précis requis pour une impression exacte. En outre, l'étalonnage consiste à affiner les réglages de l'imprimante afin d'optimiser ses performances globales.

Le contrôle de la température joue un rôle essentiel dans l'impression 3D. Expérimenter les réglages de température de la buse d'impression et du lit chauffant peut avoir un impact profond sur la qualité de l'impression et l'adhérence. Chaque matériau de filament possède des exigences spécifiques en matière de température et il est essentiel d'adapter les réglages en conséquence. L'obtention d'un bon équilibre de température permet au filament de s'écouler en douceur, d'adhérer correctement et de produire des impressions de haute qualité.

La vitesse d'impression est un paramètre qui offre une certaine souplesse dans l'équilibre entre vitesse et qualité. Le réglage de la vitesse d'impression vous permet d'adapter votre processus d'impression aux besoins spécifiques de chaque projet. Les vitesses d'impression plus lentes permettent souvent d'obtenir des impressions de meilleure qualité avec des détails plus fins, tandis que les vitesses plus rapides réduisent le temps d'impression total. Trouver la vitesse idéale pour les besoins de votre projet est un élément important à prendre en compte au cours du processus d'impression.

Le filage et le suintement sont des problèmes courants dans l'impression 3D, mais il est possible de les atténuer efficacement en affinant les paramètres de rétraction. La rétraction contrôle la quantité de filament qui est retirée lorsque la buse se déplace entre les sections imprimées. Des paramètres de rétraction corrects réduisent la probabilité de formation de fils, c'est-à-dire de fils de filament involontaires entre les sections, et de taches qui peuvent entacher la surface de l'impression.

Les paramètres de refroidissement ne doivent pas être négligés, en particulier lorsqu'il s'agit de géométries complexes, de surplombs et de ponts. Le réglage de la vitesse et du positionnement du ventilateur peut avoir un impact considérable sur la qualité de l'impression finale. Un refroidissement adéquat permet d'éviter la surchauffe et garantit que chaque couche de filament se solidifie correctement, ce qui se traduit par une impression plus nette et plus précise.

Diversifier votre sélection de filaments peut vous permettre d'obtenir de meilleurs résultats. Chaque type et marque de filament possède ses propres caractéristiques, notamment les options de couleur, les propriétés du matériau et la facilité d'impression. Expérimenter différents filaments peut vous aider à trouver celui qui convient le mieux à votre projet spécifique, en optimisant à la fois l'apparence et la fonctionnalité.

Il est essentiel de mettre régulièrement à jour le micrologiciel de votre imprimante 3D. Les fabricants publient fréquemment des mises à jour du micrologiciel qui corrigent les bogues, apportent des améliorations et, parfois, de nouvelles fonctionnalités. La mise à jour du micrologiciel de votre imprimante est un moyen proactif de résoudre les problèmes et de garantir des performances optimales.

Enfin, les techniques de post-traitement ne doivent pas être sous-estimées. Après l'impression, des étapes supplémentaires telles que le ponçage, la peinture et d'autres finitions peuvent améliorer l'apparence et la fonctionnalité de vos objets imprimés en 3D, les transformant en créations polies et professionnelles.

7. Conseils pour les Premières Impressions Réussies

a. Conseils pratiques pour garantir le succès de la première impression

- Acquérir une compréhension approfondie des principaux composants d'une imprimante 3D.
- Recherchez et choisissez une imprimante 3D adaptée à votre budget et à votre niveau de compétence.
- Étudiez le manuel de l'utilisateur pour y trouver les instructions essentielles de configuration et d'utilisation.
- Améliorez l'adhérence en appliquant de l'adhésif ou en utilisant une surface d'impression appropriée.
- Ajustez les paramètres tels que la température de la buse, la vitesse d'impression et la hauteur de la couche en fonction de votre filament, faite différents profil et essais.
- Veillez à ce que le lit d'impression soit nivelé pour obtenir des fondations solides.
- Commencez avec du filament de haute qualité provenant d'une source réputée.
- Utilisez un logiciel de découpe pour des paramètres d'impression précis.

- Contrôlez les couches initiales pour s'assurer qu'elles adhèrent correctement.
- Résolvez des problèmes tels que le gauchissement ou le filage à l'aide de ressources en ligne.
- Soyez présent pendant l'impression, surtout au début.
- Veillez à ce que votre zone d'impression soit exempte de poussière et de courants d'air.
- Ne vous précipitez pas ; une vitesse d'impression plus lente permet souvent d'obtenir une meilleure qualité, cependant avec les dernières machines du marchés cela va bien plus vite !
- Commencez par un modèle 3D simple et bien validé.
- Envisagez des tâches de post-traitement telles que l'enlèvement des supports ou la peinture, personnellement je suis anti support donc prenez votre temps , votre imprimante est capable de beaucoup plus que ce que vous pensez.
- Conservez une trace de vos paramètres d'impression pour pouvoir vous y référer ultérieurement.(les profils d'impressions)
- Soyez patient ; l'impression 3D peut être lente.

- Considérez chaque impression comme une occasion d'apprentissage en vue d'une amélioration continue.

b. Gestion des problèmes courants tels que le warping, le décollement de la pièce, etc.

Lorsque l'on s'attaque aux problèmes courants de l'impression 3D, tels que le gauchissement et le décollement des pièces, il est essentiel de commencer par une étape fondamentale : assurer la mise à niveau et l'étalonnage corrects du lit de l'imprimante. Cette action initiale est la pierre angulaire de la promotion de l'adhésion et de la prévention des problèmes liés au gauchissement. En outre, si votre imprimante 3D dispose d'un lit chauffant, il est prudent d'en tirer parti. Les lits chauffants, particulièrement utiles pour les matériaux tels que l'ABS, exercent une influence considérable sur la réduction de la probabilité de gauchissement en maintenant une température uniforme sur toute la surface de construction.

Outre le nivellement et le chauffage du lit, la sélection de la surface du lit et des adhésifs appropriés revêt une importance capitale pour éviter les complications liées au gauchissement. L'application stratégique d'adhésifs appropriés, comprenant des options telles que des bâtons de colle, du ruban de peintre ou des surfaces de construction spécialisées, améliore considérablement les propriétés d'adhérence et réduit sensiblement la possibilité de déformation pendant l'impression. De plus, pour ceux qui ont le privilège de disposer d'imprimantes 3D fermées, opter pour une telle configuration fournit un environnement d'impression stable et tempéré qui réduit efficacement l'émergence de problèmes de déformation.

Une autre approche efficace dans la lutte contre le gauchissement consiste à configurer judicieusement les paramètres de refroidissement de votre imprimante 3D. Plus précisément, il est conseillé de réduire ou de désactiver le refroidissement des pièces pendant les premières couches de l'impression. Un refroidissement prématuré peut entraîner une baisse rapide de la température et la contraction qui en résulte, ce qui peut aboutir à un gauchissement. Un contrôle méticuleux du processus de refroidissement constitue une mesure d'atténuation pour éviter ce problème.

En outre, lorsque l'on est confronté à des défis liés au décollement des pièces ou à la séparation des couches, l'optimisation de l'adhérence des couches revêt une importance capitale. Il est possible d'y parvenir en augmentant progressivement la température de la buse dans les limites de la plage de température prescrite pour le matériau. Toutefois, il est impératif de faire preuve de prudence pour éviter de dépasser le seuil de température du matériau, ce qui pourrait entraîner d'autres complications.

En outre, parallèlement au réglage de la température de la buse, l'amélioration rapide du collage des couches peut être facilitée par une décélération de la vitesse d'impression, en particulier dans les scénarios impliquant des composants complexes ou de petite taille. Cette réduction de la vitesse facilite la fusion des couches entre elles. En outre, la qualité du filament utilisé exerce une influence perceptible sur l'adhérence des couches. Il vous incombe de veiller à l'utilisation d'un filament de qualité supérieure, car un filament irrégulier peut entraîner des problèmes d'adhérence.

Enfin, les techniques de post-traitement méritent une attention particulière pour renforcer les composants susceptibles de se décoller. Par exemple, l'application d'un lissage à la vapeur d'acétone, particulièrement efficace pour les impressions en ABS, engendre une cohésion des couches, augmentant ainsi l'intégrité structurelle globale du produit final.

En appliquant judicieusement ces stratégies et en adaptant méthodiquement votre régime d'impression 3D, vous pouvez vous attaquer efficacement à des problèmes courants tels que le gauchissement et le décollement des pièces, et obtenir au final un résultat d'impression plus cohérent et plus fiable.

Chapitre 7 : Réglages Avancés de l'Imprimante

1. Réglages de l'Imprimante sous Marlin

a. Présentation du firmware Marlin, largement utilisé dans les imprimantes 3D

Le micrologiciel Marlin agit comme le système nerveux central des imprimantes 3D et des machines à commande numérique, jouant un rôle essentiel dans la gestion et le contrôle de leurs composants matériels complexes. Il fonctionne notamment selon un paradigme de code source ouvert, une caractéristique qui encourage l'amélioration continue par une communauté dévouée d'utilisateurs et de développeurs. Cette qualité, associée à sa flexibilité et à sa nature personnalisable, en fait un choix de prédilection pour les passionnés comme pour les professionnels chevronnés.

Essentiellement, Marlin se distingue dans le domaine du contrôle des mouvements, facilitant l'orchestration précise des composants mécaniques de l'imprimante. Il orchestre les manœuvres nuancées des moteurs pas à pas régissant les axes X, Y et Z. Les utilisateurs peuvent ainsi adapter des paramètres tels que le nombre de pas par millimètre, l'accélération et les réglages des secousses, ce qui permet à l'imprimante d'exécuter des mouvements avec une précision et une fluidité irréprochable. Cette précision fait partie intégrante de la traduction des conceptions numériques en objets tangibles avec une fidélité exceptionnelle.

La régulation de la température représente une autre facette critique de l'impression 3D, en particulier lorsqu'il s'agit de divers matériaux de filament. Le micrologiciel Marlin offre une suite complète d'outils de gestion de la température. Les utilisateurs peuvent établir et affiner les profils thermiques du lit d'impression et de l'extrudeuse (hotend). Ce niveau de contrôle s'avère essentiel pour atteindre des conditions d'impression optimales, garantissant une bonne adhésion du filament au lit d'impression.

Marlin préside également aux arrêts de fin de course et aux procédures d'autoguidage, où les interrupteurs d'arrêt de fin de course servent de points de référence critiques pour l'imprimante. Le micrologiciel permet aux utilisateurs de configurer le comportement de ces interrupteurs pendant les routines de retour à la maison. Cela permet de définir avec précision la position d'origine de l'imprimante et de s'assurer qu'elle commence toujours à imprimer à partir d'un point de départ connu et méticuleusement calibré.

Un contrôle précis de l'extrusion constitue une exigence fondamentale pour le dépôt de filament. Marlin permet aux utilisateurs de régler avec précision les paramètres d'extrusion, notamment les pas par millimètre, les débits et les paramètres de rétraction. Ces réglages garantissent que le filament est déposé à la bonne vitesse, tout en gérant efficacement les rétractions afin de minimiser les problèmes courants tels que le filage et le suintement.

Les capacités de Marlin s'étendent à l'interprétation des commandes de code G générées par le logiciel de tranchage. Ces commandes articulent les actions de l'imprimante couche par couche, en façonnant l'objet 3D souhaité. Les utilisateurs ont la possibilité de personnaliser la manière dont Marlin interprète et exécute ces instructions de code G, afin que l'imprimante fonctionne conformément à leurs spécifications précises.

En outre, de nombreuses imprimantes 3D sont dotées d'écrans LCD qui utilisent le micrologiciel Marlin pour fournir une interface conviviale permettant de contrôler l'imprimante. Cette interface peut être personnalisée pour inclure des éléments tels que des indicateurs de progression de l'impression, la surveillance de la température et des options de contrôle manuel. Cette personnalisation améliore l'expérience globale de l'utilisateur.

Au-delà de ces fonctionnalités de base, Marlin est dotée de fonctions avancées, notamment le nivellement automatique et le nivellement du lit de maille, qui garantissent une surface d'impression plane. Elle offre une récupération en cas de coupure de courant pour reprendre en douceur les impressions interrompues, et elle est équipée de capteurs de sortie de filament pour prévenir les échecs d'impression. En outre, le micrologiciel intègre des mécanismes de sécurité tels que la protection contre l'emballement thermique, qui permet de détecter et d'atténuer les fluctuations de température dangereuses susceptibles d'endommager le matériel ou de provoquer un incendie.

En résumé, l'adaptabilité du micrologiciel Marlin, renforcée par le soutien important de la communauté et le développement continu, en fait un choix solide pour la gestion des imprimantes 3D et des machines à commande numérique. Il fournit aux utilisateurs une suite robuste d'outils et de fonctionnalités, leur permettant d'atteindre une qualité d'impression et une efficacité opérationnelle supérieures.

2. Calibration de l'Extrudeur

a. Importance de la calibration de l'extrudeur pour un flux de filament précis

L'étalonnage de l'extrudeuse est une pierre angulaire essentielle dans le domaine de l'impression 3D, jouant un rôle intégral dans la quête de précision et de cohérence dans le dépôt de filament. Par essence, ce processus s'articule autour de l'affinement méticuleux d'une série de paramètres associés aux performances de l'extrudeuse. L'objectif ultime est d'obtenir un flux de filament non seulement exact mais aussi inébranlable, ce qui permet d'obtenir des impressions 3D de la plus haute qualité.

L'un des principaux aspects de l'étalonnage de l'extrudeuse consiste à déterminer le nombre précis de "pas par millimètre", souvent appelé "pas E", pour le moteur de l'extrudeuse. Cette valeur particulière définit la quantité de filament que l'extrudeuse doit faire avancer pour un mouvement donné. L'étalonnage de ce paramètre implique une approche simple mais systématique : marquer une longueur spécifique de filament et procéder à l'extrusion d'une quantité prédéfinie (par exemple, 100 mm). Ensuite, la longueur de filament restante est méticuleusement mesurée, ce qui facilite le calcul de la valeur ajustée des pas par millimètre. Cette valeur recalibrée peut ensuite être intégrée de manière transparente dans le micrologiciel de l'imprimante.

Outre les pas par millimètre, l'étalonnage comprend le réglage fin du débit ou du multiplicateur d'extrusion. Ce paramètre joue un rôle essentiel dans l'adaptation de la quantité de filament extrudé au cours du processus d'impression complexe. Son utilité devient particulièrement évidente lorsqu'il s'agit de compenser les variations de diamètre du filament. En règle générale, cet étalonnage s'effectue par la création d'un objet test - souvent un cube à simple paroi - fabriqué selon les paramètres par défaut. La clé réside dans la mesure méticuleuse de l'épaisseur réelle de la paroi. Ensuite, le multiplicateur de débit est obtenu en divisant l'épaisseur de paroi souhaitée par l'épaisseur mesurée. Ce chiffre peut ensuite être judicieusement ajusté dans les paramètres de la trancheuse.

L'étalonnage de la température, un autre aspect critique, exerce une influence substantielle sur l'écoulement du filament et son adhérence au lit d'impression. Il s'agit de déterminer le réglage optimal de la température en fonction du matériau filamentaire utilisé, afin d'obtenir des impressions réussies. Habituellement, le processus d'étalonnage prend la forme de l'impression d'une tour de température ou d'un objet d'étalonnage, qui présente une gamme de réglages de température pour chaque couche. L'examen minutieux de l'objet imprimé qui en résulte permet aux utilisateurs de déterminer avec précision le régime de température auquel les couches adhèrent le plus efficacement tout en manifestant la qualité d'impression souhaitée.

En outre, le calibrage de l'extrudeuse s'étend à la configuration des paramètres de rétraction. La rétraction consiste à rétracter légèrement le filament lorsque la buse passe d'une région à l'autre de l'impression, ce qui permet d'éviter les problèmes de filage et de suintement. Le processus d'étalonnage implique une expérimentation systématique de la distance et de la vitesse de rétraction afin de déterminer les valeurs optimales qui s'harmonisent avec l'imprimante particulière et la combinaison de filaments utilisée.

L'odyssée de l'étalonnage s'accompagne de tests d'impression qui ponctuent le parcours itératif. Ces tirages d'essai jouent le rôle de repères pratiques, offrant des mesures tangibles pour évaluer l'efficacité des ajustements de paramètres. Les cubes d'étalonnage, les ponts et les essais d'enfilage figurent souvent sur la liste des essais les plus courants. La réussite de l'étalonnage d'une extrudeuse repose sur une approche méticuleuse et patiente, marquée par des ajustements progressifs et un souci constant du détail. L'ensemble de ces pratiques aboutit à l'obtention d'une qualité d'impression optimale et d'une constance inébranlable.

b. Étapes détaillées pour ajuster le nombre de pas de l'extrudeur

Étape 1 : Commencez par rassembler les outils et les matériaux nécessaires. Vous aurez besoin de

- Votre imprimante 3D
- Un ordinateur avec accès à la configuration du micrologiciel de l'imprimante
- Un pied à coulisse ou une règle
- Un marqueur ou un morceau de ruban adhésif
- Une balance précise (facultatif)
- Une calculatrice

Étape 2 : Marquez une longueur spécifique de filament, généralement entre 120 et 200 mm. Utilisez un marqueur pour faire un point de référence clair sur le filament ou fixez simplement un morceau de ruban adhésif autour de celui-ci. Cette longueur marquée servira de référence cruciale pour mesurer avec précision le filament extrudé.

Étape 3 : Lancez l'extrusion d'une quantité précise de filament, par exemple 100 mm, à l'aide du panneau de commande ou du logiciel de votre imprimante 3D. Veillez à ce que l'extrusion soit effectuée lentement et avec un contrôle précis afin de minimiser toute marge d'erreur.

Étape 4 : Une fois le processus d'extrusion terminé, mesurez méticuleusement la longueur de filament restante à partir du marqueur ou du ruban de référence. Utilisez un pied à coulisse ou une règle pour cette mesure afin d'obtenir le résultat le plus précis possible.

Étape 5 : Calculez la nouvelle valeur des pas E à l'aide de la formule suivante :

Nouveaux pas E = (Anciens pas E * Longueur marquée) / Longueur restante

Anciens pas E : Cela correspond à la valeur actuelle des pas par millimètre configurée pour votre extrudeuse dans le micrologiciel de l'imprimante.
Longueur marquée : Fait référence à la longueur de filament marquée à l'étape 2 (par exemple, 120 mm).

Longueur restante : Désigne la longueur de filament qui reste après le processus d'extrusion, telle que mesurée avec précision à l'étape 4.

Étape 6 : Accédez à la configuration du micrologiciel de votre imprimante 3D. Cette opération peut généralement être réalisée à l'aide d'un ordinateur et du logiciel d'interface de l'imprimante, tel que le micrologiciel Marlin. Localisez le réglage des pas E et saisissez la nouvelle valeur calculée. N'oubliez pas d'enregistrer ces modifications dans le micrologiciel de l'imprimante.

Étape 7 : Pour valider la précision de votre étalonnage, lancez une impression test. Idéalement, choisissez une forme géométrique simple ou une impression de calibrage qui peut révéler efficacement tout problème lié à la sur-extrusion ou à la sous-extrusion.

Étape 8 : Examinez attentivement l'impression test. Si vous identifiez des cas de sous-extrusion, caractérisée par des espaces entre les lignes imprimées, ou de sur-extrusion, qui peut se traduire par des couches bombées ou écrasées, d'autres ajustements des étapes E peuvent s'avérer nécessaires. Revenez aux étapes 2 à 7 si nécessaire jusqu'à ce que vous obteniez la qualité d'impression souhaitée.

Étape 9 : Lorsque vous êtes satisfait de l'étalonnage et de la qualité de vos impressions, veillez à enregistrer la nouvelle valeur des pas E dans la configuration du micrologiciel de votre imprimante. Il est également conseillé de documenter cette valeur pour référence ultérieure.

En suivant assidûment ces étapes, vous pouvez vous assurer que votre extrudeuse distribue le filament avec précision, ce qui se traduit par une meilleure qualité d'impression et une expérience d'impression 3D cohérente. Bien que le processus d'étalonnage puisse impliquer quelques essais et erreurs, l'investissement en temps et en efforts en vaut la peine pour obtenir une extrusion précise et fiable.

c. Tests de calibration et méthodes pour atteindre le meilleur résultat

L'étalonnage dans le domaine de l'impression 3D est un processus nuancé et à multiples facettes qui englobe une série de tests et de méthodologies, tous orientés vers l'objectif singulier d'atteindre le summum de l'excellence en matière d'impression. Une facette indispensable de cet effort de calibrage tourne autour du calibrage méticuleux de l'extrudeuse. Cela implique des ajustements précis des pas E, qui délimitent méticuleusement la quantité de filament extrudé par pas de moteur individuel. Le nivellement du lit, qui constitue une étape fondamentale du processus de calibrage, peut être effectué soit manuellement, à l'aide de boutons, soit de manière automatisée grâce à des capteurs conçus pour le nivellement automatique, capables de détecter et de compenser les surfaces marquées par des irrégularités. L'étalonnage de la température s'effectue par la création de tours de température, qui révèlent la température d'extrusion optimale adaptée à des matériaux de filaments spécifiques.

En outre, l'étalonnage de la rétraction entre dans le cadre de l'étalonnage, abordant les questions complexes du filage et du suintement, tandis que l'étalonnage du débit est un exercice essentiel pour contrer les variations du diamètre du filament. En approfondissant l'étalonnage, les réglages de la vitesse d'impression, des secousses et de l'accélération occupent le devant de la scène pour minimiser les vibrations et favoriser des résultats d'impression plus fluides. L'étalonnage critique du diamètre du filament garantit la précision de l'extrusion, tandis que l'étalonnage de la première couche vise à garantir une adhérence impeccable. Le test de surplomb, quant à lui, offre une fenêtre sur les capacités de l'imprimante, et l'inclusion de divers objets de calibrage dans le processus permet de rationaliser et d'améliorer les efforts de calibrage.

Par essence, l'étalonnage s'engage dans un voyage qui évolue par itérations, chaque cycle d'ajustement se rapprochant de l'obtention de l'étalonnage ultime. Ce processus d'étalonnage est un effort sur mesure, adapté méticuleusement aux attributs uniques de l'imprimante en question, au filament sélectionné et aux exigences spécifiques des applications d'impression prévues.

3. Réglage du Jerk et des Accélérations

a. Explication des termes "jerk" (secousse) et "accélérations" dans le contexte de l'impression 3D

Dans le domaine de l'impression 3D, les termes "secousses" et "accélérations" jouent un rôle essentiel dans la détermination des résultats en termes de qualité, de vitesse et de précision d'impression.

Dans ce contexte, le terme "saccade" désigne la vitesse à laquelle l'accélération change dans le mouvement d'une imprimante 3D. Il détermine la douceur ou la brutalité de l'accélération et de la décélération de l'imprimante lorsqu'elle modifie sa vitesse ou sa direction au cours du processus d'impression.

Un réglage de jerk plus faible favorise les transitions progressives dans le mouvement, ce qui permet d'obtenir des mouvements d'impression plus fluides et d'améliorer potentiellement la qualité d'impression en réduisant les artefacts indésirables tels que le ringing ou le ghosting (ces ondulations gênantes que l'on peut voir sur les objets imprimés).

À l'inverse, des paramètres de saccade plus élevés permettent des vitesses d'impression plus rapides, mais peuvent entraîner des compromis en termes de qualité d'impression, car ils facilitent des changements de mouvement plus soudains.

D'autre part, les "accélérations" font référence à la rapidité avec laquelle la tête d'impression ou la plate-forme de construction de l'imprimante modifie sa vitesse, un aspect essentiel à différents stades de l'impression 3D. Ces modifications de la vitesse deviennent évidentes lorsque l'imprimante commence ou termine un mouvement, change de direction ou ajuste sa vitesse en traversant différents chemins.

Il existe généralement trois catégories principales d'accélérations à prendre en compte dans l'impression 3D : L'accélération de l'impression, l'accélération du déplacement et les à-coups (comme mentionné précédemment). Chaque type exerce une influence sur différentes facettes du processus d'impression et sur les performances globales de l'impression.

L'optimisation de ces paramètres d'accélération constitue une étape fondamentale dans la recherche d'un juste équilibre entre vitesse et qualité d'impression. Des paramètres d'accélération plus élevés peuvent propulser la vitesse d'impression mais peuvent introduire des vibrations et des artefacts indésirables, tels que l'effet d'anneau. Des paramètres d'accélération plus faibles permettent généralement d'obtenir des impressions plus fluides et plus précises, mais allongent le temps d'impression.

Dans l'univers de l'impression 3D, la détermination des paramètres d'accélération et de secousse idéaux nécessite généralement un processus d'essai et d'affinement. Ces paramètres peuvent varier considérablement en fonction du modèle d'imprimante, des matériaux utilisés et des subtilités de l'objet à fabriquer. Les fabricants et les passionnés d'impression 3D fournissent souvent des points de départ recommandés pour ces réglages, mais des ajustements méticuleux s'avèrent souvent indispensables pour obtenir des résultats optimaux dans le cadre d'un projet particulier.

b. Influence des paramètres de jerk et d'accélération sur la qualité et la vitesse d'impression

L'impact des paramètres de saccade et d'accélération sur l'impression 3D est considérable, car ces paramètres influencent directement la qualité et la vitesse du processus d'impression.

En ce qui concerne la qualité d'impression, le paramètre de saccade joue un rôle essentiel. Des valeurs de saccade plus faibles facilitent des transitions de mouvement plus douces et mieux contrôlées, réduisant ainsi l'apparition d'artefacts indésirables tels que le ringing, le ghosting et l'overshooting. Ces imperfections, caractérisées par des motifs ondulés, des ombres ou des taches sur l'objet imprimé, peuvent réduire considérablement la qualité finale de l'impression. En atténuant ces problèmes, des paramètres d'accélération plus faibles contribuent généralement à améliorer la qualité de l'impression.

Les paramètres d'accélération ont également une influence significative sur la qualité d'impression. Des valeurs d'accélération élevées peuvent introduire des vibrations et des contraintes mécaniques dans l'imprimante 3D, ce qui risque d'exacerber l'apparition d'artefacts. À l'inverse, des paramètres d'accélération plus faibles favorisent un mouvement plus précis et plus cohérent, réduisant ainsi la probabilité d'erreurs d'impression et de défauts.

Dans le contexte de la vitesse d'impression, le réglage de l'impulsion devient à nouveau un facteur crucial. Des valeurs de jerk plus élevées permettent des changements de mouvement plus rapides, ce qui raccourcit les temps d'impression. Toutefois, la recherche d'une vitesse accrue grâce à des valeurs de jerk plus élevées se fait souvent au détriment de la qualité d'impression, car les changements brusques de mouvement peuvent entraîner des effets de sonnerie et d'autres artefacts indésirables. Par conséquent, la décision d'augmenter l'effet de saccade pour améliorer la vitesse doit être prise avec prudence, en trouvant un équilibre entre la vitesse et le maintien de la qualité.

Les paramètres d'accélération jouent également un rôle dans la détermination de la vitesse d'impression. Des valeurs d'accélération plus élevées facilitent une accélération et une décélération plus rapides de la tête d'impression ou de la plate-forme de construction, ce qui contribue à accélérer la vitesse d'impression. Néanmoins, comme pour les secousses, des accélérations plus élevées peuvent introduire des contraintes mécaniques et des vibrations. Trouver le bon équilibre entre vitesse et qualité reste une considération primordiale dans l'impression 3D.

Dans la pratique, la détermination des paramètres optimaux de saccade et d'accélération nécessite une approche nuancée. Des tests et des ajustements itératifs sont souvent nécessaires pour obtenir les résultats souhaités dans le cadre d'un projet d'impression 3D spécifique. Les variations de matériaux, de modèles d'imprimantes et de géométries d'objets peuvent nécessiter différentes valeurs de paramètres pour atteindre l'équilibre idéal.

Bien que les fabricants et les utilisateurs expérimentés fournissent généralement des réglages recommandés comme points de départ, l'affinage de ces paramètres reste une pratique courante pour garantir les meilleurs résultats possibles pour chaque projet d'impression unique. En fin de compte, il est essentiel de comprendre l'impact des paramètres de saccade et d'accélération sur la qualité et la vitesse d'impression pour produire efficacement des impressions 3D de haute qualité.

c. Méthodes pour optimiser ces réglages pour différents types d'impression

L'optimisation des paramètres de saccade et d'accélération pour différents types d'impressions 3D est un aspect essentiel pour atteindre l'équilibre souhaité entre la qualité et la vitesse d'impression. La configuration idéale de ces paramètres peut varier considérablement en fonction de facteurs tels que la complexité de l'impression, le matériau sélectionné et les exigences spécifiques du projet. Pour optimiser efficacement ces paramètres, il est impératif de prendre en compte plusieurs facteurs clés.

En premier lieu, la hauteur de couche et la résolution de l'impression jouent un rôle essentiel. Pour les impressions très détaillées où la précision est primordiale, il est conseillé d'utiliser des valeurs d'impulsion et d'accélération plus faibles. Ces paramètres facilitent des changements de mouvement plus doux et plus progressifs, réduisant ainsi la probabilité d'artefacts et augmentant la qualité globale de l'impression. Inversement, pour les tirages qui privilégient la rapidité et pour lesquels la finesse des détails a moins d'importance, l'augmentation des paramètres de saccade et d'accélération peut accélérer le processus d'impression, même si la qualité de l'impression risque d'être légèrement compromise.

La complexité de l'impression est un autre facteur déterminant dans le choix des paramètres d'impulsion et d'accélération. Les formes géométriques simples comportant peu de détails complexes peuvent généralement supporter des valeurs d'impulsion et d'accélération plus élevées, ce qui accélère le processus d'impression sans compromettre la qualité de manière significative. À l'inverse, les modèles complexes caractérisés par des caractéristiques complexes ou des surplombs bénéficient de paramètres d'impulsion et d'accélération plus faibles pour garantir la précision de l'impression et réduire le risque d'erreurs.

En outre, le choix du matériau doit être pris en considération. Les filaments flexibles comme le TPU ou le TPE ont tendance à être plus réactifs aux changements rapides de mouvement, ce qui rend les paramètres d'accélération et d'à-coups plus faibles. Ces paramètres favorisent des mouvements plus doux et plus lents, ce qui est particulièrement important pour préserver l'intégrité structurelle des impressions souples. En revanche, les matériaux rigides tels que le PLA ou l'ABS sont moins sensibles aux changements de mouvement, ce qui permet d'utiliser des valeurs d'impulsion et d'accélération plus élevées pour améliorer la vitesse d'impression, en particulier pour les impressions moins complexes.

En outre, les dimensions et la taille de l'objet à imprimer sont des variables qui méritent d'être prises en compte. Les tirages de grande taille bénéficient souvent de valeurs d'impulsion et d'accélération plus faibles pour éviter les vibrations excessives qui peuvent compromettre la précision de l'impression. À l'inverse, les impressions plus petites peuvent s'accommoder de valeurs d'impulsion et d'accélération plus élevées, ce qui permet d'accélérer le processus d'impression, à condition de maintenir un équilibre prudent entre la vitesse et la qualité.

En outre, il est indispensable de tenir compte des exigences spécifiques de l'impression. Les prototypes fonctionnels, par exemple, exigent souvent des dimensions et des fonctionnalités précises, ce qui souligne l'importance de réglages de secousses et d'accélérations plus faibles pour privilégier la précision. En revanche, pour les tirages destinés principalement à l'affichage ou à des fins artistiques, où les imperfections mineures peuvent être moins visibles, il est possible d'expérimenter des réglages plus élevés pour obtenir des résultats plus rapides.

Quel que soit le type d'impression, l'approche habituelle consiste à procéder à des essais itératifs. En commençant par les paramètres recommandés par le fabricant ou les points de départ établis, des ajustements progressifs des paramètres d'impulsion et d'accélération sont effectués, avec un contrôle vigilant de la qualité de l'impression. Toute apparition d'artefacts ou de défauts sert de guide pour affiner ces paramètres. L'objectif ultime est de trouver un équilibre entre vitesse et qualité tout en tenant compte des caractéristiques uniques de l'imprimante 3D utilisée. En outre, la documentation de ces paramètres optimisés pour divers types d'impression peut rationaliser les futurs projets d'impression 3D et garantir des résultats cohérents.

4. Contrôle du PID (Proportionnel-Intégral-Dérivé)

a. Compréhension du contrôle PID pour réguler la température de la buse et du plateau

La compréhension du contrôle PID (Proportionnel-Intégral-Dérivé) est essentielle pour la régulation des températures des buses et des plaques de fabrication dans le contexte de l'impression 3D. Le contrôle PID est un système de contrôle à rétroaction largement utilisé qui joue un rôle essentiel dans le maintien de températures stables et cohérentes, un aspect critique du processus d'impression 3D. Je vais expliquer ci-dessous le fonctionnement du contrôle PID et son importance dans la régulation de la température :

- Proportionnel (P) : L'élément proportionnel du système de contrôle PID calcule la disparité entre la température souhaitée (appelée point de consigne) et la température actuelle (appelée variable du processus). Cette disparité est ensuite multipliée par un facteur constant appelé Kp pour déterminer la sortie du régulateur. Le terme proportionnel mesure essentiellement l'écart entre la température actuelle et la valeur souhaitée et ajuste ensuite l'apport de chaleur en conséquence. Une valeur Kp plus élevée entraîne une réponse plus prononcée aux écarts de température, mais peut également conduire à un dépassement.

- Intégrale (I) : La composante intégrale de la régulation PID prend en compte la somme cumulative des erreurs passées entre le point de consigne et la variable du processus. Elle permet d'augmenter ou de diminuer progressivement la sortie du régulateur au fil du temps afin d'éliminer les erreurs d'équilibre à long terme. Le terme intégral est particulièrement efficace pour traiter les variations de température qui persistent sur de longues périodes, telles que les dérives graduelles de la température. Il est mis à l'échelle par une autre constante, Ki.

- Dérivée (D) : L'élément dérivé calcule le taux de variation de l'erreur entre le point de consigne et la variable du processus. En anticipant les changements de température à venir et en contrant les fluctuations rapides, il affine la sortie du régulateur. Comme pour les autres composantes, le terme dérivé est mis à l'échelle par une constante, Kd. L'utilisation d'une valeur Kd plus élevée améliore la réactivité du contrôleur aux changements de température soudains, mais peut entraîner une instabilité si elle est trop élevée.

Dans le domaine de l'impression 3D, le contrôle PID est utilisé pour maintenir des températures constantes à la fois pour la buse d'impression et la plaque de construction. Voici un aperçu de son fonctionnement pratique :

- Le contrôle PID garantit que la buse d'impression maintient une température constante tout au long du processus d'impression. Lorsque la température de la buse s'écarte de la valeur souhaitée, le contrôleur PID calcule les termes proportionnel, intégral et dérivé et ajuste la puissance fournie à l'élément chauffant en conséquence. Cette précision permet d'éviter les problèmes tels que les bourrages de filament et l'adhérence sous-optimale des couches en raison des fluctuations de température.

- La température de la plaque de fabrication est d'une importance capitale dans l'impression 3D, car elle influence l'adhérence et atténue le gauchissement des objets imprimés. La régulation PID permet de maintenir la plaque de construction à la température spécifiée. Si la température de la plaque de construction s'écarte du point de consigne, le contrôleur PID utilise son algorithme pour procéder à des ajustements subtils de l'alimentation électrique du lit chauffé, afin de garantir que la température reste stable.

Il est essentiel de reconnaître que le contrôle PID dans l'impression 3D n'est pas une solution unique. Pour obtenir une régulation optimale de la température, il est nécessaire d'ajuster avec précision les constantes PID (Kp, Ki et Kd) en fonction de l'imprimante, du matériau et des conditions environnementales. Ces constantes peuvent varier d'une imprimante à l'autre et d'un matériau à l'autre, ce qui incite les utilisateurs à expérimenter pour trouver les paramètres PID idéaux pour leur installation spécifique

b. Étapes pour ajuster les valeurs PID et maintenir une température stable

L'ajustement des valeurs PID pour maintenir des températures stables dans l'impression 3D implique un processus d'essais et d'erreurs. Pour ajuster efficacement vos paramètres PID, vous devrez suivre une série d'étapes et surveiller de près le comportement de la température tout au long du processus.

Tout d'abord, il est essentiel d'identifier les valeurs initiales du PID. Il peut s'agir des paramètres par défaut du fabricant, le cas échéant, qui servent de point de départ, ou de valeurs communes reconnues dans la communauté de l'impression

3D, telles que Kp = 10, Ki = 0,1 et Kd = 30, que vous pouvez utiliser comme paramètres initiaux et affiner par la suite en fonction de vos observations.

Lorsque vous commencez le processus de réglage, surveillez de près le comportement de la température pendant un travail d'impression 3D ou un test d'étalonnage de la température, le cas échéant. Soyez particulièrement attentif à toute oscillation ou dépassement de température, car il s'agit d'indicateurs clairs que les valeurs PID doivent être affinées.

Une fois que vous avez observé le comportement de la température, il est essentiel de déterminer la direction appropriée de l'ajustement. Si la température oscille au-dessus et au-dessous de la température cible, vous pouvez envisager d'augmenter la valeur proportionnelle (Kp) pour renforcer la réponse du régulateur. Inversement, si vous constatez que la température s'éloigne lentement de la valeur souhaitée, il peut être nécessaire d'ajuster la valeur intégrale (Ki) pour corriger les erreurs à long terme. En cas de fluctuations rapides ou de dépassement, la modification de la valeur de la dérivée (Kd) peut aider à atténuer la réponse du régulateur.

Le processus de réglage doit être entrepris méthodiquement, en se concentrant sur un paramètre à la fois. Apportez des modifications petites et progressives à un paramètre PID tout en surveillant de près la réponse de la température après chaque ajustement. En commençant par Kp, vous pouvez effectuer des modifications subtiles, telles qu'une augmentation ou une diminution de 5 à 10 %. Cette approche permet d'isoler l'impact de chaque modification et d'éviter toute confusion au cours du processus de réglage.

Tout au long de ce processus itératif, l'objectif est d'obtenir une réponse de la température qui se stabilise rapidement autour du point de consigne, avec un minimum d'oscillation ou de dépassement. Une fois que Kp a été réglé avec précision, vous pouvez procéder aux ajustements de Ki et Kd si nécessaire.

Le réglage fin des paramètres intégral (Ki) et dérivé (Kd) doit être abordé de manière réfléchie. Si vous observez une légère dérive de la température au fil du temps, l'ajustement de la valeur Ki peut contribuer à éliminer ces erreurs à long terme. Toutefois, il est essentiel de faire preuve de prudence lors des ajustements de Ki afin d'éviter tout dépassement et toute instabilité. De même, en cas de fluctuations rapides ou de dépassement, la modification de la valeur Kd peut aider à atténuer la réaction du régulateur aux changements de température soudains. Comme pour Ki, le réglage de Kd doit être effectué de manière prudente pour éviter d'introduire de l'instabilité.

Il est essentiel de continuer à tester et à documenter vos paramètres tout au long du processus de réglage. La répétition des étapes itératives et l'observation attentive de la réponse de la température garantissent la stabilité de votre contrôle de température. En outre, il est essentiel de documenter vos paramètres PID finaux pour la buse et la plaque de construction afin de pouvoir vous y référer ultérieurement, car ces paramètres peuvent différer.

Pour valider l'efficacité de vos paramètres PID, envisagez de les tester sur différents projets d'impression 3D afin de garantir un contrôle de la température cohérent et stable, en particulier lorsque vous utilisez différents matériaux et types d'impression. En outre, n'oubliez pas de réévaluer régulièrement vos paramètres PID au fil du temps, en tenant compte de facteurs tels que l'usure de l'élément chauffant ou les changements dans l'environnement d'impression, qui peuvent nécessiter un réajustement pour maintenir un contrôle optimal de la température.

5. Gestion des Courroies et du Mécanisme

a. Importance des courroies tendues et bien alignées pour le bon fonctionnement de l'imprimante

Des courroies serrées et bien alignées jouent un rôle essentiel dans le fonctionnement fiable des imprimantes 3D. Généralement composées de caoutchouc ou de plastique renforcé, ces courroies facilitent le mouvement de la tête d'impression et de la plateforme de fabrication le long des axes X, Y, et parfois Z. La tension et l'alignement corrects de ces courroies sont essentiels pour plusieurs raisons.

La précision et l'exactitude de l'impression 3D dépendent directement de la tension de ces courroies. Lorsque ces courroies sont correctement tendues, elles permettent des mouvements précis et exacts de la tête d'impression et de la plateforme de construction. Cette précision est essentielle pour réaliser des impressions 3D complexes et précises sur le plan dimensionnel.

Des courroies lâches ou mal alignées peuvent entraîner des imperfections dans les impressions 3D, souvent appelées artefacts "ringing" ou "ghosting". Ces imperfections se manifestent par des ondulations sur la surface de l'objet imprimé. Le maintien des courroies au bon niveau de tension minimise ces imperfections, ce qui améliore la qualité de l'impression.

Une expérience d'impression cohérente est un autre avantage important des courroies bien alignées et tendues. Des courroies lâches peuvent introduire des incohérences dans l'alignement des couches, ce qui peut entraîner des défauts dans l'objet imprimé final. Une tension de courroie adéquate permet de déposer chaque couche avec précision, garantissant ainsi une impression de haute qualité du début à la fin. Une astuce couramment utilisée pour ajuster la tension des courroies est d'utiliser un accordeur de guitare, ce qui permet de maintenir la tension dans la plage souhaitée.

Des courroies bien réglées permettent également d'atteindre des vitesses d'impression plus élevées sans sacrifier la qualité d'impression. Des courroies lâches peuvent nécessiter des vitesses d'impression plus lentes pour réduire le risque de défauts d'impression. Les courroies serrées offrent la stabilité nécessaire à une impression 3D efficace et rapide, ce qui permet de gagner du temps tout en préservant la qualité.

Au-delà des avantages en termes de performances, le maintien des courroies dans un état optimal prolonge leur durée de vie, réduit le bruit généré pendant l'impression et contribue à l'efficacité énergétique globale. Une tension et un alignement corrects minimisent l'usure, réduisant ainsi les coûts de maintenance et de remplacement. En outre, ils contribuent à atténuer les vibrations et le bruit des courroies, créant ainsi un environnement de travail plus silencieux et plus agréable. Le résultat est une expérience d'impression 3D plus efficace et plus rentable. Pour garantir des impressions de qualité constante, il est essentiel de procéder à un entretien et à des réglages réguliers en suivant les directives du fabricant afin de maintenir les courroies tendues et bien alignées.

b. Procédures pour vérifier et ajuster les courroies

L'entretien des courroies d'une imprimante 3D est essentiel pour garantir une impression cohérente, précise et fiable. Les courroies, souvent fabriquées en caoutchouc ou en plastique renforcé, sont responsables du déplacement de la tête d'impression et de la plateforme de construction le long des axes X, Y et parfois Z. Avec le temps, ces courroies peuvent se desserrer ou se désaligner en raison de l'usure, des fluctuations de température ou des vibrations, ce qui peut entraîner une diminution de la qualité et de la précision de l'impression. Il est donc essentiel de vérifier et d'ajuster régulièrement les courroies pour que votre imprimante 3D fonctionne de manière optimale.

Pour commencer, assurez-vous que votre imprimante 3D est éteinte et débranchée. Ensuite, accédez aux courroies en ouvrant les panneaux d'accès, les couvercles ou les boîtiers de l'imprimante. Pour ce faire, vous devrez peut-être retirer des vis ou des clips en fonction de la conception de votre imprimante. Une fois que vous y avez accès, inspectez visuellement les courroies pour vérifier qu'elles ne présentent pas de signes d'usure, de dommages ou de jeu. Recherchez les courroies desserrées ou mal alignées, l'effilochage ou l'usure visible. Si des courroies semblent endommagées, elles doivent être remplacées rapidement pour maintenir la qualité d'impression.

La vérification de la tension de la courroie est une étape essentielle de ce processus. Appuyez doucement sur la courroie avec votre doigt pour évaluer sa tension. La tension doit être légère, mais pas excessive. Si vous disposez d'un appareil de mesure de la tension de la courroie, vous pouvez également l'utiliser pour mesurer la tension et vous assurer qu'elle se situe dans la plage recommandée. Consultez le manuel de votre imprimante pour connaître la valeur de tension spécifiée par le fabricant.

La plupart des imprimantes 3D ont des vis ou des mécanismes de réglage près des points d'attache des courroies qui vous permettent de serrer ou de desserrer les courroies. À l'aide de la clé hexagonale ou de la clé Allen appropriée, réglez ces vis pour obtenir la tension de courroie souhaitée. L'objectif est de tendre la courroie jusqu'à la valeur de tension recommandée par le fabricant. Le réglage de la tension varie en fonction de votre imprimante. Veillez donc à suivre les instructions figurant dans le manuel de votre imprimante.

L'alignement des courroies est un autre aspect crucial de ce processus. Les courroies doivent être parallèles aux rails de guidage ou aux tiges linéaires pour assurer un mouvement fluide et précis. Si vous remarquez que les courroies ne sont pas alignées correctement, ajustez les points de fixation des courroies ou les poulies si nécessaire pour garantir un alignement correct. Cela garantit que la tête d'impression et la plate-forme de construction se déplacent en douceur et de manière cohérente pendant l'impression.

Après avoir réglé la tension et l'alignement, déplacez manuellement la tête d'impression et la plate-forme de construction le long de tous les axes pour vérifier les changements. Le mouvement doit être fluide, cohérent et précis, ce qui garantit que les courroies sont correctement réglées. Si un problème persiste, vérifiez à nouveau la tension et l'alignement et procédez aux ajustements nécessaires.

Une fois que vous êtes satisfait de la tension et de l'alignement des courroies, veillez à serrer toutes les vis, tous les écrous et toutes les attaches associées aux courroies. Cette étape est cruciale pour éviter tout glissement en cours de fonctionnement, ce qui peut entraîner des défauts d'impression.

Après avoir fixé les courroies et les composants, mettez l'imprimante 3D sous tension et effectuez un test d'impression pour vérifier que les ajustements ont permis d'obtenir des impressions précises et de haute qualité. L'impression test doit montrer que les courroies sont maintenant correctement tendues et alignées, et qu'elles produisent les résultats escomptés.

Un entretien régulier est essentiel pour maintenir votre imprimante 3D en parfait état de fonctionnement. La tension et l'alignement des courroies peuvent changer au fil du temps en raison de facteurs tels que l'usure et les fluctuations de température. Il est donc essentiel de vérifier et d'ajuster périodiquement les courroies, en suivant les recommandations du fabricant figurant dans le manuel de votre imprimante, afin de maintenir des performances optimales. En prenant ces mesures, vous pouvez vous assurer que votre imprimante 3D produira toujours des impressions de haute qualité, avec précision et exactitude, tout au long de sa durée de vie.

c. Maintenance des mécanismes de mouvement pour assurer un fonctionnement fluide

Assurer la performance optimale des mécanismes de mouvement de votre imprimante 3D est un aspect fondamental du maintien de son fonctionnement fluide et fiable. Ces mécanismes de mouvement comprennent des composants tels que des rails linéaires, des tiges, des roulements et divers autres éléments responsables du mouvement précis de la tête d'impression et de la plateforme de construction. L'entretien régulier de ces composants est essentiel pour prévenir l'usure, maintenir la qualité d'impression et prolonger la durée de vie globale de votre imprimante 3D.

L'une des tâches d'entretien fondamentales est le nettoyage, qui permet d'éliminer la poussière, les débris et les particules qui peuvent s'accumuler sur les rails linéaires et les tiges, ce qui risque de nuire aux performances. Pour ce faire, utilisez un chiffon doux et non pelucheux ou de l'air comprimé pour nettoyer délicatement ces composants. Un nettoyage en profondeur mais en douceur permet de s'assurer que la saleté et les particules n'entravent pas la fluidité du mouvement, ce qui améliore en fin de compte le fonctionnement de l'imprimante.

La lubrification est tout aussi essentielle. Il est essentiel de lubrifier correctement les rails et les tiges linéaires afin de réduire les frottements et d'assurer un mouvement fluide. Consultez le manuel de votre imprimante 3D pour obtenir des recommandations spécifiques concernant le type de lubrifiant à utiliser et les intervalles de lubrification. Cependant, veillez à ne pas trop lubrifier, car l'excès de lubrifiant peut attirer des saletés et des débris supplémentaires.

Le maintien d'une tension et d'un alignement corrects des courroies est essentiel au bon fonctionnement des mécanismes de mouvement. Des courroies lâches ou mal alignées peuvent entraîner des imprécisions dans le positionnement et la qualité de l'impression. Il est donc indispensable de vérifier et d'ajuster régulièrement la tension et l'alignement des courroies, en suivant les procédures décrites dans le manuel de l'imprimante.

L'inspection des roulements est une autre étape importante. Examinez régulièrement les roulements pour détecter tout signe d'usure, de détérioration ou de désalignement. Les roulements présentant des signes d'usure ou de détérioration doivent être remplacés sans délai. En outre, il convient d'envisager la possibilité de remplacer les roulements par des roulements de haute qualité afin d'améliorer les performances et la longévité.

Il est essentiel de veiller à l'alignement des rails de guidage ou des tiges linéaires. Des rails de guidage mal alignés peuvent entraîner des mouvements irréguliers ou saccadés. Examinez et ajustez constamment ces rails pour garantir qu'ils sont alignés parallèlement et perpendiculairement au châssis de l'imprimante.

Les fixations, y compris les vis et les boulons, doivent être régulièrement inspectées et serrées. Les vibrations et les mouvements inhérents à l'impression 3D peuvent entraîner le desserrement de ces fixations au fil du temps. Il est donc essentiel de s'assurer de leur sécurité pour maintenir la stabilité et la précision des mouvements.

L'étalonnage est un élément essentiel du maintien des mécanismes de mouvement. Il implique des procédures telles que la mise à niveau du lit et l'ajustement des butées pour garantir un mouvement et un positionnement précis. Une imprimante 3D bien calibrée garantit le bon fonctionnement des mécanismes de mouvement.

En outre, il convient de vérifier la propreté et la fonctionnalité du parcours du filament, qui est étroitement lié aux mécanismes de mouvement. Examinez l'engrenage de l'extrudeuse pour vérifier qu'il n'y a pas d'accumulation de filament et que le chemin du filament n'est pas obstrué. Les problèmes dans ce domaine peuvent avoir un impact négatif sur le flux de filament et, par extension, sur le mouvement global.

Enfin, il est essentiel de maintenir à jour le micrologiciel et le logiciel de commande de votre imprimante. Les mises à jour logicielles comprennent souvent des améliorations liées au contrôle du mouvement, ce qui contribue aux performances et à la fiabilité globales de l'imprimante.

Le respect de ces procédures de maintenance est essentiel pour prolonger la durée de vie des mécanismes de mouvement de votre imprimante 3D et garantir ainsi une impression régulière et précise. Les exigences spécifiques en matière d'entretien peuvent varier en fonction de la marque et du modèle de votre imprimante ; veillez donc à consulter le manuel de votre imprimante pour connaître les recommandations et les directives propres au fabricant. Un entretien régulier permet non seulement de prévenir les problèmes, mais aussi d'améliorer la fiabilité et la durabilité globales de l'imprimante.

6. Entretien et Maintenance Réguliers

a. Remplacement des buses et des pièces d'usure, nettoyage des ventilateurs et des composants

L'entretien de votre imprimante 3D va au-delà de l'essentiel et consiste à prendre soin de composants spécifiques pour garantir la constance et la fiabilité des performances de l'imprimante. Cela implique des procédures telles que le remplacement des buses et des pièces d'usure, ainsi que le nettoyage des ventilateurs et de divers composants de l'imprimante. Approfondissons ces processus de maintenance cruciaux :

- **Remplacement des buses :**

La buse d'une imprimante 3D est un composant essentiel chargé de déposer le filament en fusion sur la surface de fabrication. Au fil du temps, les buses peuvent être confrontées à des problèmes tels que le colmatage ou l'usure, ce qui compromet la qualité d'impression. Le remplacement d'une buse bouchée ou endommagée est essentiel pour maintenir des impressions de haute qualité. Pour remplacer une buse, reportez-vous au manuel de votre imprimante pour obtenir des instructions précises. En règle générale, le processus consiste à chauffer le hotend à la bonne température, à retirer soigneusement l'ancienne buse à l'aide d'une clé ou d'une pince, puis à installer une nouvelle buse. Il est important de s'assurer que la nouvelle buse est solidement fixée sans trop serrer, ce qui pourrait endommager le hotend.

- **Remplacement des pièces d'usure :**

Les pièces d'usure comprennent des composants tels que l'engrenage d'entraînement de l'extrudeuse, le tube Bowden et le revêtement PTFE. Ces composants sont soumis à l'usure en raison du mouvement et de l'alimentation constants du filament. Il est essentiel de les remplacer dès que les signes d'usure deviennent évidents afin d'éviter tout problème. Pour remplacer les pièces d'usure, il faut suivre les instructions figurant dans le manuel de l'imprimante. En général, ce processus nécessite le démontage de l'extrudeuse pour accéder aux composants usés et les remplacer. Il est essentiel de s'assurer que les pièces d'usure sont en bon état pour garantir une alimentation régulière et fiable du filament pendant l'impression.

- **Nettoyage des ventilateurs :**

Les ventilateurs d'une imprimante 3D ont diverses fonctions, notamment le refroidissement du hotend, du lit d'impression et de l'électronique. Cependant, les pales de ces ventilateurs peuvent accumuler de la poussière et des débris au fil du temps, ce qui nuit à leur efficacité et peut entraîner des problèmes de surchauffe. L'inspection et le nettoyage réguliers des pales de ventilateur font partie intégrante de la maintenance. Utilisez une brosse, de l'air comprimé ou un chiffon non pelucheux pour nettoyer délicatement les pales du ventilateur. Veillez toujours à ce que les ventilateurs soient débranchés ou éteints pendant cette opération. Si les ventilateurs ne fonctionnent plus correctement, il est conseillé d'envisager leur remplacement, car des ventilateurs défectueux peuvent entraîner des problèmes de contrôle de la température qui peuvent avoir une incidence sur la qualité de l'impression.

- **Nettoyage des composants :**

La poussière et les débris peuvent s'accumuler sur divers composants de l'imprimante, notamment les cartes électroniques, les moteurs pas à pas et le châssis de l'imprimante. Pour maintenir les performances optimales de l'imprimante, utilisez de l'air comprimé pour souffler doucement la poussière et les particules. Lors de cette opération, il est important d'éviter d'utiliser une force excessive afin de ne pas endommager l'appareil. Le démontage des composants pour le nettoyage doit être réservé aux cas où il est nécessaire et doit être exécuté avec soin. Le nettoyage des connexions et des cartes électroniques à l'aide d'un produit de nettoyage sans danger pour l'électronique est une autre mesure de protection contre les problèmes causés par la poussière et la corrosion.

- **Programme d'entretien :**

Pour que votre imprimante 3D fonctionne toujours de manière optimale, il est recommandé d'établir un calendrier d'entretien régulier. La fréquence des tâches telles que le remplacement des buses, le remplacement des pièces d'usure et le nettoyage des ventilateurs et des composants dépend de l'utilisation de l'imprimante et du modèle spécifique. En règle générale, un nettoyage régulier des ventilateurs et des composants toutes les deux semaines permet de maintenir un environnement de travail propre et efficace. Quant au remplacement des buses et des pièces d'usure, il est conseillé d'effectuer ces tâches tous les deux mois afin de garantir une impression précise et d'éviter d'éventuels problèmes d'alimentation en filament. Toutefois, il est impératif de consulter le manuel de votre imprimante et de respecter les intervalles de maintenance suggérés par le fabricant pour votre modèle spécifique.

En respectant scrupuleusement ces procédures d'entretien et en maintenant un calendrier cohérent, vous pouvez être sûr que votre imprimante 3D fonctionne sans problème et continue à produire des impressions de haute qualité. Un entretien régulier permet non seulement de prévenir les problèmes, mais aussi d'améliorer la fiabilité et la durée de vie globales de l'imprimante 3D, pour une expérience d'impression fluide et satisfaisante.

b. Importance de la lubrification, des réglages réguliers et des inspections visuelles

Dans le domaine de la maintenance des imprimantes 3D, plusieurs pratiques critiques sont essentielles pour garantir la longévité, la fiabilité et la production constante d'impressions de haute qualité. Ces pratiques englobent la lubrification, les réglages réguliers et les inspections visuelles, et leur exécution cohérente est fondamentale pour les performances optimales de l'imprimante.

La lubrification est la pierre angulaire de la maintenance. En réduisant le frottement des composants mobiles, tels que les rails linéaires, les tiges et les roulements, la lubrification facilite des mouvements plus fluides et plus précis. Ce qui, à son tour, est impératif pour obtenir des impressions 3D précises et exactes. Au-delà de la réduction des frottements, la lubrification joue un rôle essentiel dans la prévention de l'usure des pièces essentielles de l'imprimante. Cette usure, si elle n'est pas contrôlée, peut entraîner des imprécisions dans le positionnement et la qualité de l'impression. En outre, pour les imprimantes équipées de ventilateurs, une lubrification correcte de ces systèmes de refroidissement est vitale pour un contrôle efficace de la température, ce qui est primordial pour les performances globales de l'imprimante.

Parallèlement à la lubrification, il est essentiel de procéder à des ajustements réguliers pour maintenir la précision de l'imprimante. Ces réglages concernent la tension et l'alignement des courroies, en veillant à ce qu'elles soient correctement tendues et alignées pour assurer des mouvements précis. Des courroies mal alignées ou lâches peuvent introduire des imperfections dans les objets imprimés. Les réglages d'étalonnage, y compris la mise à niveau du lit et les réglages de la butée, sont également essentiels pour assurer des mouvements précis et exacts de la tête d'impression et de la plate-forme de construction. Un étalonnage précis est la pierre angulaire qui permet d'obtenir des impressions exactes tout en évitant les problèmes de déformation ou d'adhérence. Plus loin, les réglages de l'extrudeuse doivent être affinés périodiquement pour contrôler l'alimentation et le flux du filament. S'assurer que l'engrenage d'entraînement de l'extrudeuse est correctement réglé permet de garantir une alimentation constante et fiable en filament, réduisant ainsi la probabilité de défauts d'impression. De même, les réglages de la température sont indispensables pour les différents types de filaments, afin de garantir une qualité d'impression optimale en évitant des problèmes tels que la brûlure du filament ou une fusion incomplète.

Parallèlement, les inspections visuelles font partie intégrante de la détection précoce des problèmes et de la maintenance. Ces inspections permettent aux utilisateurs d'identifier rapidement l'usure, les dommages ou les défauts d'alignement des composants de l'imprimante, afin d'éviter des problèmes plus importants et des réparations coûteuses à l'avenir. Les inspections visuelles s'étendent aux problèmes potentiels liés à la trajectoire du filament ou aux blocages des buses, une trajectoire claire du filament étant essentielle pour une extrusion et une qualité d'impression constantes. En outre, ces inspections permettent de s'assurer que les ventilateurs de refroidissement fonctionnent efficacement, ce qui évite la surchauffe et maintient les performances constantes de l'imprimante. Elles comprennent également des vérifications générales de l'état de l'imprimante, notamment le serrage des fixations, la vérification des connexions de câbles et l'intégrité générale des composants.

En intégrant ces pratiques - lubrification, ajustements réguliers et inspections visuelles - dans le régime de maintenance de l'imprimante 3D, les utilisateurs préservent de manière proactive la longévité et la qualité d'impression de l'imprimante. Bien que les spécificités puissent varier en fonction du modèle de l'imprimante, le respect des directives de maintenance spécifiées par le fabricant reste crucial. Ces pratiques d'entretien permettent de prévenir les problèmes, de réduire le risque de défauts d'impression et de contribuer à une expérience d'impression 3D fluide et gratifiante. Les imprimantes 3D correctement entretenues ont non seulement une durée de vie plus longue, mais elles continuent également à produire des impressions de haute qualité de manière constante.

7. Optimisation des Paramètres de Slicer

a. Exploration approfondie des paramètres avancés dans le slicer

Les paramètres avancés du slicer offrent un large éventail de possibilités pour affiner vos impressions 3D. Des hauteurs de couche plus faibles permettent d'obtenir des impressions plus fluides et plus détaillées, mais elles augmentent également le temps d'impression. Il est essentiel de trouver l'équilibre parfait entre la hauteur des couches, la vitesse d'impression et le niveau de détail souhaité pour obtenir des impressions de haute qualité. Le réglage de la vitesse d'impression et des paramètres d'accélération peut avoir un impact significatif sur la qualité de l'impression, en atténuant les problèmes tels que le "ringing" ou les images fantômes. Les slicers avancés offrent une gamme d'options pour générer des structures de support, et l'ajustement des paramètres de support est crucial pour les impressions complexes.

Les paramètres de remplissage contrôlent la densité de l'intérieur d'une impression. Les slicers avancés offrent un éventail de modèles de remplissage, permettant aux utilisateurs de trouver le bon équilibre entre la force de l'impression et l'utilisation du matériau. Les paramètres de rétraction influent sur la rétraction du filament pendant les mouvements hors impression, ce qui permet d'obtenir des impressions plus propres et de réduire le besoin de post-traitement. Ces paramètres permettent d'atténuer les problèmes liés à la surchauffe et d'améliorer les ponts et les surplombs, contribuant ainsi à une meilleure qualité d'impression.

Au-delà des supports de base, les trancheurs avancés offrent des fonctions telles que les supports en arbre, qui réduisent l'utilisation de matériaux et les efforts de post-traitement. Les réglages personnalisables des radeaux facilitent l'adhérence optimale au lit d'impression. Les trancheurs avancés sont essentiels pour les imprimantes équipées de plusieurs extrudeuses ou capables de traiter différents matériaux. La personnalisation de la séquence d'impression est une fonction précieuse pour les assemblages en plusieurs parties, les changements de couleur ou les modèles qui nécessitent une séquence de couches spécifique. Les paramètres du filament dans les slicers avancés sont essentiels pour garantir que l'imprimante répond avec précision aux caractéristiques uniques du matériau.

L'exploration de ces paramètres de slicer avancés est un voyage d'apprentissage et d'optimisation continus pour les passionnés et les professionnels de l'impression 3D. Comprendre comment les manipuler efficacement est essentiel pour atteindre des objectifs d'impression spécifiques. L'expérimentation et l'itération sont essentielles pour affiner ces paramètres afin d'obtenir les résultats souhaités, ce qui permet aux utilisateurs de repousser les limites de leurs capacités d'impression 3D.

b. Réglages tels que la rétraction, le coasting, les supports avancés, etc.

Explorer les paramètres avancés du slicer, c'est entrer dans un monde de réglages complexes, chacun ayant une influence distinctive sur l'impression 3D. Ces paramètres permettent aux utilisateurs d'affiner leurs impressions avec précision, en fonction d'objectifs spécifiques :

La réduction de la hauteur des couches, par exemple, permet d'obtenir des impressions exceptionnellement lisses et détaillées, mais au prix d'une augmentation du temps d'impression. L'équilibre idéal entre la hauteur des couches, la vitesse d'impression et le niveau de détail souhaité est essentiel pour obtenir des impressions de haute qualité.

Les paramètres régissant la vitesse d'impression et l'accélération permettent aux utilisateurs de contrôler minutieusement le rythme de leur imprimante 3D. L'ajustement de ces paramètres a un impact profond sur la qualité de l'impression, notamment en atténuant les problèmes tels que le "ringing" ou l'image fantôme. Ces réglages sont particulièrement utiles lors de la manipulation de modèles ou de structures complexes pour lesquels l'uniformité de l'impression est primordiale.

Les paramètres de rétraction représentent une facette cruciale, influençant la rétraction du filament pendant les mouvements hors impression afin d'éviter les problèmes vexants tels que le filage et le suintement. Les trancheurs avancés permettent aux utilisateurs de calibrer avec précision la vitesse de rétraction, la distance et d'autres paramètres d'amorçage ou de désamorçage, ce qui permet d'obtenir des impressions plus nettes et de réduire la nécessité d'un affinage après l'impression.

Les structures de support avancées des trancheuses vont au-delà des offres conventionnelles en introduisant des caractéristiques innovantes telles que les supports arborescents. Ces supports sophistiqués optimisent l'utilisation des matériaux et réduisent les efforts de post-traitement, ce qui s'avère particulièrement utile pour les impressions complexes.

Les paramètres de remplissage permettent de déterminer la densité de l'intérieur d'une impression. Les trancheurs avancés proposent un assortiment de motifs de remplissage, allant du nid d'abeille au gyroïde ou au cubique, pour répondre à diverses exigences. En ajustant la densité du remplissage, les utilisateurs peuvent trouver l'équilibre idéal entre la résistance de l'impression et la conservation du matériau.

La fonction "Coasting" est un autre paramètre sophistiqué qui optimise l'extrusion du filament. Cette technique implique un arrêt précis du flux de filament juste avant la fin d'un segment imprimé, ce qui atténue la pression dans la buse et contribue à des impressions plus nettes et plus précises. Elle s'avère précieuse pour lutter contre des problèmes tels que le filage ou les taches.

Les trancheuses avancées sont également équipées de paramètres de contrôle du suintement, qui sont essentiels pour gérer le suintement du filament pendant les mouvements hors impression. Ces paramètres offrent des options pour minimiser le suintement et la rétraction, évitant ainsi un dépôt excessif de filament sur l'impression, ce qui permet d'obtenir des résultats plus propres et plus raffinés.

La personnalisation de la séquence d'impression est une fonction précieuse, en particulier pour les assemblages en plusieurs parties, les transitions de couleur ou les modèles nécessitant un ordre de couche spécifique pour une qualité d'impression optimale. Cette fonction avancée permet de mieux contrôler le processus d'impression et d'améliorer la qualité des impressions complexes et en plusieurs parties.

Enfin, le réglage précis des stratégies de refroidissement est d'une importance capitale, en particulier pour les impressions présentant des surplombs ou des géométries complexes. Les trancheurs avancés permettent de personnaliser la vitesse du ventilateur, le refroidissement des pièces et les réglages du ventilateur en fonction de la couche, ce qui permet de résoudre les problèmes de surchauffe et d'améliorer la qualité d'impression pour les géométries difficiles.

En fait, ces paramètres de tranchage avancés offrent aux utilisateurs une boîte à outils complète pour améliorer la qualité d'impression et atteindre les objectifs fixés. Qu'il s'agisse de modèles complexes ou d'assemblages en plusieurs parties, ces paramètres facilitent les ajustements de précision qui ont un impact profond sur les résultats de l'impression 3D. La clé réside dans l'expérimentation, l'itération et une compréhension approfondie des effets uniques de chaque paramètre pour maximiser le potentiel de votre imprimante 3D.

c. Comment expérimenter avec ces paramètres pour améliorer la qualité d'impression

Le processus d'expérimentation est un aspect fondamental de l'impression 3D qui permet aux utilisateurs d'affiner et d'améliorer la qualité de leurs impressions. Pour s'engager efficacement dans cette voie, il convient de prendre en compte plusieurs étapes essentielles.

Tout d'abord, déterminez les paramètres spécifiques avec lesquels vous souhaitez expérimenter. Cette décision doit correspondre à vos objectifs et aux problèmes spécifiques que vous souhaitez résoudre. Les paramètres d'intérêt peuvent comprendre la hauteur des couches, la vitesse d'impression, la densité de remplissage, les paramètres de rétraction, les stratégies de refroidissement et les structures de soutien. En identifiant clairement ces domaines, vous pouvez concentrer vos efforts et tenir un registre systématique de vos progrès.

Une tenue méticuleuse des dossiers est essentielle. Créez un journal ou une feuille de calcul pour documenter vos expériences. Notez les paramètres initiaux et les modifications apportées à chaque impression. Cet enregistrement méticuleux est une ressource précieuse qui vous aide à suivre les ajustements que vous avez effectués et les résultats correspondants.

Avant de vous lancer dans l'expérimentation, il est judicieux d'établir une base de référence. Il s'agit d'imprimer un objet à l'aide de vos paramètres existants, qui servira de référence pour comparer les résultats de vos expériences. Ce point de référence permet d'évaluer clairement l'impact de vos ajustements.

Pour que vos expériences produisent des résultats significatifs, vous devez adopter une stratégie d'isolation des changements. Cela signifie que lorsque vous modifiez des paramètres, vous ne devez modifier qu'un seul paramètre à la fois, en maintenant toutes les autres variables constantes. Par exemple, si vous réglez la vitesse d'impression, tous les autres paramètres doivent rester inchangés. Cette approche ciblée vous permet d'attribuer toute altération de la qualité d'impression au paramètre que vous avez modifié.

Pour évaluer efficacement les effets de vos expériences, il est essentiel d'utiliser des objets de test spécialement conçus à cet effet. Ces objets de test sont généralement conçus pour présenter diverses formes géométriques et des caractéristiques complexes qui peuvent révéler les conséquences de différents paramètres. Vous pouvez vous procurer ces fichiers de test en ligne ou en créer de nouveaux, adaptés à vos objectifs particuliers.

Après chaque impression, il est impératif de procéder à un examen approfondi des résultats. Accordez une attention particulière à des aspects tels que l'enfilage, l'adhérence des couches, la qualité des surplombs et la finition de la surface. Vos observations judicieuses seront la pierre angulaire de l'évaluation de l'impact des ajustements de paramètres. À la suite de ces observations, procédez à d'autres modifications si nécessaire. Si vous observez une amélioration de la qualité d'impression, continuez à affiner dans cette direction. Dans le cas contraire, envisagez d'autres approches. Le processus itératif est essentiel pour trouver les paramètres optimaux pour vos besoins spécifiques.

Tirer parti du savoir collectif de la communauté de l'impression 3D peut s'avérer un atout inestimable. Les forums en ligne, les groupes de médias sociaux et les communautés dédiées à l'impression 3D regorgent d'idées et d'expériences. Partagez vos expériences et sollicitez l'avis de praticiens chevronnés. Leurs conseils et recommandations peuvent jouer un rôle essentiel dans l'amélioration de votre approche de l'expérimentation.

Un aspect important à prendre en compte est l'influence des différents matériaux. Les différents filaments présentent des comportements uniques et les expériences menées avec différents matériaux peuvent conduire à des améliorations substantielles de la qualité d'impression. Ne sous-estimez pas l'influence potentielle de facteurs tels que le type de matériau et la marque sur vos expériences.

Pour exploiter tout le potentiel de vos efforts, documentez vos résultats et les paramètres optimaux pour différents scénarios. Cette documentation devient une référence précieuse, qui permet de rationaliser les projets d'impression futurs et de gagner du temps lorsqu'il s'agit de paramètres similaires.

Enfin, faites preuve de patience et de persévérance. L'expérimentation peut être un processus de longue haleine, qui nécessite souvent de nombreuses itérations pour obtenir les résultats souhaités. Ne vous laissez pas décourager par les tentatives infructueuses ; considérez-les comme des expériences d'apprentissage précieuses qui contribuent à l'enrichissement de votre expertise.

En fin de compte, l'art de l'expérimentation dans l'impression 3D est un voyage continu. Chaque itération vous permet de mieux comprendre comment les paramètres interagissent et comment obtenir une qualité d'impression optimale adaptée à vos besoins spécifiques. Vos expériences vous permettent non seulement d'affiner votre qualité d'impression, mais aussi de contribuer au savoir collectif de la communauté de l'impression 3D. Le partage de vos connaissances a le pouvoir d'aider les autres dans leur propre quête d'amélioration et d'innovation.

8. Profils d'Impression Personnalisés

a. Création et gestion de profils d'impression personnalisés pour différentes applications

La personnalisation et la gestion des profils d'impression constituent la pierre angulaire de l'optimisation du processus d'impression 3D. Ces profils vous permettent de régler avec précision une multitude de paramètres, notamment la vitesse d'impression, la hauteur des couches, la température, la rétraction et le remplissage. Ils sont conçus pour répondre aux exigences spécifiques de chaque travail d'impression, en tenant compte du matériau, de l'application et des subtilités de l'objet que vous créez.

Votre parcours vers la personnalisation commence par la reconnaissance de son besoin. Toutes les impressions 3D ne se ressemblent pas et la reconnaissance du caractère unique de chaque projet est la première étape vers une gestion efficace des profils. Commencez par vous référer aux profils par défaut généralement fournis par les imprimantes 3D. Ils constituent un bon point de départ, en particulier pour les matériaux courants tels que le PLA ou l'ABS.

Le choix du matériau est essentiel dans le processus de personnalisation. Les différents filaments ont leurs propres caractéristiques, telles que les exigences de température, les débits et les préférences en matière de refroidissement. Il est donc primordial de créer des profils spécifiquement adaptés à ces nuances de matériaux.

La hauteur de couche et la vitesse d'impression sont d'autres paramètres essentiels que vous pouvez adapter aux besoins de votre travail d'impression. Des hauteurs de couche plus petites et des vitesses d'impression plus lentes permettent d'obtenir des résultats détaillés et de haute qualité, tandis que des hauteurs de couche plus importantes et des vitesses plus rapides conviennent aux prototypes rapides et aux objets de plus grande taille.

Les réglages de température jouent un rôle essentiel dans l'adhérence et l'écoulement des matériaux. Il est essentiel de consulter les directives du fabricant et de procéder à des ajustements précis pour répondre à vos besoins spécifiques. Les réglages de rétraction et les stratégies de refroidissement sont tout aussi importants. Une bonne rétraction permet d'éviter le filage et le suintement, tandis que des réglages de refroidissement optimaux sont essentiels pour maintenir la qualité d'impression, en particulier dans le cas de surplombs et de détails complexes.

La densité de remplissage et l'épaisseur de la coque doivent également faire partie de vos profils personnalisés. Ces paramètres doivent s'aligner sur les objectifs de résistance et de conservation des matériaux de votre projet. Les densités de remplissage élevées conviennent aux éléments structurels, tandis que les densités de remplissage plus faibles sont plus adaptées aux objets décoratifs ou légers.

Les structures de soutien relèvent également de la personnalisation. Ces paramètres doivent être méticuleusement adaptés à la géométrie de votre modèle. L'expérimentation de différentes densités et motifs de support minimise le besoin de post-traitement et garantit une qualité d'impression élevée.

Une fois que vous avez élaboré ces profils à la perfection, il est judicieux de les sauvegarder pour une utilisation ultérieure. Attribuez des noms significatifs à ces profils afin de pouvoir vous y référer facilement lors de projets ultérieurs. Il est important de ne pas considérer vos profils personnalisés comme statiques. Votre parcours dans l'impression 3D est une expérience d'apprentissage continu, et vos profils doivent évoluer au fur et à mesure que vous gagnez en expérience et que vous rencontrez de nouveaux défis. L'esprit d'amélioration continue reste la clé pour obtenir la meilleure qualité d'impression possible en fonction de vos besoins spécifiques.

Conservez des archives complètes de vos profils personnalisés. Ces documents doivent détailler les paramètres spécifiques, les observations uniques et les résultats de chaque profil. Ce dossier constitue une ressource précieuse et peut être partagé avec l'ensemble de la communauté de l'impression 3D afin d'encourager la collaboration et l'innovation.

En résumé, l'art de créer et de gérer des profils d'impression personnalisés vous permet d'adapter votre processus d'impression 3D aux exigences exactes de chaque projet, que vous produisiez des prototypes, des créations artistiques ou des composants fonctionnels.

b. Explication de l'importance de la sauvegarde des profils pour des projets spécifiques

L'enregistrement de profils d'impression personnalisés pour des projets spécifiques offre des avantages significatifs qui rationalisent le processus d'impression 3D et améliorent la qualité du résultat final. Voici pourquoi il est essentiel d'enregistrer des profils pour des projets particuliers :

Tout d'abord, les profils personnalisés garantissent la cohérence de vos projets d'impression 3D. En conservant les paramètres exacts qui ont donné de bons résultats dans le passé, vous éliminez la nécessité de procéder à des ajustements répétitifs. Cette cohérence minimise le risque de problèmes inattendus ou d'échecs d'impression, en particulier lorsque vous travaillez sur plusieurs itérations d'un même projet.

Outre la cohérence, les profils enregistrés permettent de gagner du temps. Recréer des paramètres à partir de zéro pour chaque projet peut prendre beaucoup de temps. L'enregistrement des profils évite de devoir recommencer à zéro à chaque impression, ce qui constitue un avantage particulièrement précieux lorsque l'on gère une série de projets similaires. Cela permet non seulement de gagner du temps, mais aussi d'augmenter la productivité.

L'assurance qualité est un autre aspect essentiel des profils enregistrés. Les profils personnalisés, affinés par l'expérimentation et l'optimisation, constituent une garantie de qualité. Lorsque vous chargez un profil enregistré pour un projet spécifique, vous appliquez essentiellement des paramètres qui ont été testés et éprouvés pour produire des impressions fiables et de haute qualité.

Les profils personnalisés peuvent être affinés pour répondre aux exigences spécifiques des différents matériaux. C'est d'autant plus important que les différents matériaux ont des caractéristiques uniques, telles que des plages de température, des débits et des besoins d'adhérence variables. En enregistrant des profils pour des matériaux spécifiques, vous pouvez garantir une adéquation parfaite entre le matériau et les paramètres de l'imprimante.

En outre, certains projets peuvent présenter des exigences particulières, telles que des détails complexes, des surplombs difficiles ou la nécessité d'une précision mécanique. En enregistrant des profils adaptés à ces exigences spécifiques, vous pouvez garantir que votre imprimante 3D est optimisée pour gérer les complexités du travail à effectuer.

L'enregistrement de profils personnalisés simplifie le processus d'impression et améliore la facilité d'utilisation. Au lieu de configurer manuellement les paramètres pour chaque impression, vous pouvez rapidement charger le profil associé au projet, ce qui réduit la marge d'erreur de l'utilisateur et élimine la nécessité de procéder à des ajustements importants.

La documentation est un autre aspect précieux des profils enregistrés. Elle permet d'enregistrer les paramètres utilisés pour chaque projet, ce qui facilite les références et le dépannage. Cette documentation peut s'avérer particulièrement utile lorsque vous devez revoir ou reproduire un projet au fil du temps.

Dans un contexte de collaboration ou de partage des connaissances, les profils enregistrés facilitent une communication efficace. Le partage d'un profil personnalisé permet de s'assurer que d'autres personnes peuvent reproduire vos résultats avec précision. Il favorise la collaboration et l'échange d'informations précieuses au sein de la communauté de l'impression 3D.

Enfin, les profils enregistrés peuvent être un outil pédagogique pour s'améliorer. L'examen des paramètres et des résultats antérieurs vous permet d'acquérir des connaissances, de tirer des leçons de vos expériences et d'affiner en permanence vos compétences en matière d'impression 3D.

Pour faire court, l'enregistrement de profils personnalisés pour des projets spécifiques permet de maintenir la cohérence, de gagner du temps, d'assurer la qualité, de s'adapter aux variations de matériaux, de répondre aux besoins spécifiques d'un projet, de simplifier le processus d'impression et de fournir de la documentation. Que vous travailliez sur des projets personnels, que vous collaboriez avec d'autres personnes ou que vous contribuiez à la communauté de l'impression 3D, les profils enregistrés améliorent considérablement l'expérience de l'impression 3D.

c. Comment adapter les profils pour différentes tailles d'impression et matériaux

Ce processus commence par une analyse approfondie du projet, qui comprend une compréhension de la taille de l'objet spécifique et du matériau à utiliser. Ces facteurs clés sont essentiels pour déterminer les ajustements nécessaires dans les paramètres d'impression.

Une bonne stratégie consiste à établir un profil de base bien optimisé pour les impressions de taille standard à l'aide de matériaux courants comme le PLA. Ce profil de base sert de point de référence fiable, ce qui permet d'effectuer des modifications en connaissance de cause lors de la transition vers d'autres scénarios.

L'un des paramètres essentiels à prendre en compte lorsque l'on travaille avec différentes tailles d'impression est la hauteur de la couche. Les petites hauteurs de couche sont idéales pour obtenir une précision dans les impressions complexes et de petite taille, tandis que les grandes hauteurs de couche peuvent accélérer le processus et sont plus adaptées aux objets de grande taille ou au prototypage rapide.

La vitesse d'impression est un autre aspect à adapter en fonction des différentes tailles. Les vitesses d'impression plus lentes sont généralement préférées pour les impressions plus petites, axées sur les détails, afin de garantir la précision et l'exactitude. Inversement, les objets plus grands peuvent bénéficier de vitesses d'impression plus rapides, ce qui réduit le temps d'impression total.

Les réglages de la température sont d'une importance capitale, en particulier pour les différents matériaux. Il est essentiel de consulter les directives du fabricant pour connaître les températures recommandées pour les têtes de chauffe et les lits chauffants. De légers ajustements peuvent être nécessaires pour les impressions de grande taille afin de garantir une bonne adhésion et un bon écoulement du matériau.

La densité de remplissage et l'épaisseur de l'enveloppe sont des éléments du profil qui doivent être ajustés en fonction de la taille et de l'objectif de l'impression. Les petits objets peuvent nécessiter des densités de remplissage plus élevées pour un meilleur soutien structurel, tandis que l'utilisation de densités de remplissage plus faibles peut s'avérer plus appropriée pour les objets plus grands.

Une gestion efficace des paramètres de rétraction est essentielle pour atténuer les problèmes tels que le filage et le suintement, et ces paramètres doivent être personnalisés en fonction du matériau et de la taille de l'impression. Le réglage précis de la rétraction est particulièrement important pour éviter le filage dans les impressions plus petites et complexes, et les paramètres de refroidissement doivent également être optimisés pour résoudre les problèmes liés aux surplombs et aux détails complexes, quelle que soit la taille de l'impression.

Lors du passage d'un matériau à un autre, il est impératif de mettre à jour le profil de manière approfondie afin de tenir compte des propriétés uniques du nouveau matériau. Cela implique de procéder aux ajustements nécessaires des réglages de température, des débits et des paramètres de rétraction. En outre, il est essentiel de nettoyer correctement le dispositif de chauffage afin d'éviter toute contamination du matériau.

L'expérimentation et l'itération font partie intégrante du processus d'adaptation des profils aux différentes tailles et aux différents matériaux. Saisissez l'occasion d'expérimenter les paramètres et de les affiner en fonction des exigences spécifiques du projet. L'impression d'objets tests est une pratique précieuse pour évaluer l'impact des ajustements et affiner le profil en conséquence.

Une documentation complète des profils adaptés est une pratique essentielle. L'enregistrement de ces profils avec des noms descriptifs facilite l'accès aux projets futurs et constitue une ressource précieuse pour maintenir la cohérence et faire référence aux travaux antérieurs.

Enfin, pensez à contribuer à la communauté de l'impression 3D en partageant vos profils adaptés et les connaissances que vous avez acquises. Le partage des idées et des profils peut apporter une aide précieuse à d'autres personnes confrontées à des défis similaires liés à la taille d'impression et aux variations de matériaux, ce qui favorise la collaboration et l'échange de connaissances au sein de la communauté.

Chapitre 8 : Focus sur le Slicer Orca

1. **Introduction à Orca Slicer**

   a. **Présentation du logiciel Orca Slicer en tant qu'outil de tranchage pour l'impression 3D**

Orca Slicer est un outil influent, spécialement conçu pour rationaliser l'art complexe du découpage pour les passionnés et les professionnels de l'impression 3D. Son interface utilisateur intuitive et son ensemble de fonctionnalités fonctionnent harmonieusement pour simplifier le processus complexe de génération de code G à partir de vos modèles 3D. Que vous soyez un amateur fabriquant méticuleusement des figurines ou un ingénieur se lançant dans la création de prototypes complexes, Orca Slicer a le potentiel d'améliorer considérablement vos projets d'impression 3D.

Ce qui distingue Orca Slicer, c'est sa présence remarquable parmi le large éventail de logiciels de découpage en tranches disponibles sur le marché. Dans ce livre, nous allons nous embarquer dans un voyage complet pour découvrir ses diverses caractéristiques, ses capacités et la manière dont il peut vous permettre de réaliser des impressions 3D extraordinaires. Dans les prochains chapitres, nous ferons un voyage historique à travers le développement d'Orca Slicer, en explorant ses attributs uniques qui en font un choix exceptionnel pour répondre à vos besoins en matière d'impression 3D.

b. Historique et développement du logiciel, mettant en évidence ses fonctionnalités uniques

À l'origine, un groupe de passionnés et de développeurs de l'impression 3D avait une vision. Ils souhaitaient créer un outil de découpage en tranches qui serait accessible aux nouveaux venus tout en offrant la sophistication exigée par les experts chevronnés de l'impression 3D. Cette vision, qui a pris forme autour de [insérer l'année de création], a marqué le début du voyage d'Orca Slicer.

Au fil du temps, Orca Slicer a subi une métamorphose remarquable, évoluant de ses origines modestes à la solution complète qu'elle représente aujourd'hui. Cette transformation n'a pas été une entreprise solitaire. Il s'agissait plutôt d'un voyage collectif marqué par les contributions d'ingénieurs en logiciel, d'experts en impression 3D et d'une communauté fervente. Ces efforts de collaboration ont conduit à de nombreuses itérations et mises à jour, élargissant les fonctionnalités du logiciel et améliorant ses performances.

Ce qui distingue vraiment Orca Slicer, ce sont ses caractéristiques uniques. Son interface utilisateur témoigne de son attachement à la convivialité. Elle offre une plateforme intuitive, accueillant les nouveaux arrivants et fournissant la profondeur nécessaire aux utilisateurs avancés pour affiner leurs paramètres. La possibilité de créer et d'enregistrer des profils personnalisables rationalise le processus d'impression 3D, favorisant l'expérimentation et la facilité d'utilisation.

Les capacités de génération de support d'Orca Slicer sont robustes et garantissent l'impression précise des modèles les plus complexes et des porte-à-faux les plus difficiles. Le logiciel est compatible avec une large gamme de matériaux d'impression 3D, ce qui en fait un choix polyvalent pour divers projets. Sa particularité réside dans son excellence en matière d'impression multi-matériaux et multi-couleurs.

Cette capacité élargit les possibilités créatives en permettant la production d'impressions 3D complexes et multicolores.

La force d'Orca Slicer va au-delà de son ensemble de fonctionnalités. Elle prospère grâce à une communauté d'utilisateurs dynamique et engagée. Les utilisateurs contribuent activement au retour d'information, offrent une assistance mutuelle et favorisent un environnement collaboratif qui maintient le logiciel à la pointe de la technologie de l'impression 3D.

L'histoire de l'innovation et du développement mené par la communauté a fermement établi Orca Slicer comme un outil de tranchage puissant et adaptable. Son évolution et ses caractéristiques uniques lui ont valu une réputation bien méritée de solution fiable et polyvalente pour une gamme variée d'applications d'impression 3D. Dans les prochains chapitres, nous explorerons ses fonctionnalités plus en détail, en découvrant comment Orca Slicer peut améliorer votre expérience de l'impression 3D.

2. Fonctions et Caractéristiques de Base

a. Exploration des fonctionnalités essentielles d'Orca Slicer

Orca Slicer se distingue par une interface utilisateur intuitive qui s'adresse à tous les utilisateurs, quelle que soit leur expertise en matière d'impression 3D. Cette interface bien conçue garantit que la navigation dans le logiciel est un jeu d'enfant, que vous fassiez vos premiers pas dans le monde de l'impression 3D ou que vous soyez un expert chevronné. C'est une fonction essentielle qui guide les utilisateurs tout au long du processus de découpage, en offrant une clarté visuelle et des commandes facilement accessibles.

Une autre caractéristique remarquable est la possibilité de créer et d'enregistrer des profils de tranchage personnalisables. Ces profils vous permettent d'enregistrer des paramètres spécifiques, éliminant ainsi le besoin de recalibrer à plusieurs reprises. Que vous ajustiez les paramètres pour différents matériaux, modèles ou exigences d'impression, cette fonction vous fait gagner du temps et vous permet d'affiner vos paramètres efficacement sans avoir à repartir de zéro.

La génération de support est souvent la clé de voûte d'une impression 3D réussie, en particulier lorsqu'il s'agit de modèles complexes ou de surplombs compliqués. Orca Slicer relève le défi grâce à des options avancées de génération de support. Cela signifie que vous pouvez personnaliser les supports pour répondre aux besoins uniques de votre impression. Que vous ayez besoin d'un support minimal pour un retrait facile ou de structures substantielles pour des conceptions complexes, Orca Slicer vous donne la liberté de choisir.

La polyvalence d'Orca Slicer s'étend à sa compatibilité avec une large gamme de matériaux d'impression 3D. Que vous travailliez avec du PLA, de l'ABS, du PETG ou des filaments spéciaux, ce logiciel est prêt à s'adapter à vos choix de matériaux. Cette adaptabilité ouvre la voie à divers projets, des prototypes fonctionnels aux créations artistiques, vous permettant d'explorer un large éventail de possibilités.

L'une des caractéristiques les plus remarquables est peut-être l'excellence d'Orca Slicer en matière d'impression multi-matériaux et multi-couleurs. Cette capacité libère un monde de potentiel créatif, vous permettant de créer des impressions 3D complexes et multicolores. Que vous conceviez des modèles à composants multiples ou que vous fabriquiez des pièces artistiques, Orca Slicer vous fournit les outils nécessaires pour donner vie à vos visions avec précision et éclat.

Au-delà de son ensemble de fonctionnalités, Orca Slicer prospère grâce à la force de sa communauté. Une communauté d'utilisateurs active et engagée fournit des commentaires essentiels, partage des conseils et des astuces, et offre un soutien aux autres utilisateurs. Ce développement axé sur la communauté garantit que le logiciel reste à la pointe de la technologie de l'impression 3D, en restant constamment à l'écoute des besoins des utilisateurs et des tendances émergentes.

Ces caractéristiques essentielles se combinent pour faire d'Orca Slicer un outil polyvalent et convivial qui permet aux passionnés et aux professionnels de l'impression 3D d'atteindre la précision et le contrôle dans leurs projets, quel que soit leur niveau d'expertise.

b. Importation de modèles 3D, paramètres de tranchage de base et création de fichiers G-code

L'importation de modèles 3D dans Orca Slicer est un processus transparent. Que vous ayez conçu votre modèle à l'aide d'un logiciel de CAO ou que vous l'ayez téléchargé à partir d'un dépôt de modèles 3D, le logiciel s'adapte facilement à une variété de formats de fichiers, tels que STL et OBJ. Cette flexibilité vous permet de travailler sans effort avec les modèles 3D les mieux adaptés à votre projet. Une fois votre modèle importé, l'interface conviviale offre des options de manipulation faciles, vous permettant de faire pivoter, de mettre à l'échelle ou d'aligner votre modèle selon vos besoins afin d'obtenir l'orientation parfaite pour l'impression. Cette adaptabilité garantit que vos impressions 3D correspondent exactement à votre vision créative.

Lorsqu'il s'agit de configurer les paramètres de base du tranchage, Orca Slicer rationalise le processus. Le logiciel propose une série de paramètres faciles à ajuster, notamment la hauteur des couches, la vitesse d'impression et la densité de remplissage. Ces paramètres sont essentiels pour obtenir la qualité d'impression souhaitée. Bien qu'Orca Slicer fournisse souvent des paramètres par défaut adaptés aux scénarios d'impression 3D courants, ils sont entièrement personnalisables. Cela signifie que vous pouvez adapter le processus d'impression à vos besoins spécifiques. Que vous souhaitiez une impression plus rapide avec une qualité légèrement inférieure ou une impression plus lente et de haute qualité, Orca Slicer vous donne la liberté d'ajuster ces paramètres essentiels à votre convenance.

Une fois que votre modèle 3D est correctement positionné et que les paramètres de découpage sont réglés à votre satisfaction, l'étape suivante consiste à générer le fichier G-code. Le G-code est l'ensemble des instructions essentielles sur lesquelles s'appuie votre imprimante 3D pour produire l'objet couche par couche. Le processus de génération du code G d'Orca Slicer est simple et efficace. Le logiciel analyse votre modèle 3D et les paramètres que vous avez réglés. Il calcule la trajectoire que la tête d'impression doit suivre, la vitesse d'impression qu'elle doit maintenir et le taux d'extrusion requis pour chaque couche. Une fois cette analyse terminée, Orca Slicer génère un fichier G-code adapté à votre imprimante 3D spécifique.

Ce fichier G-code est un pont essentiel entre votre conception numérique et l'impression 3D physique. Il contient toutes les informations dont votre imprimante 3D a besoin pour fabriquer l'objet avec précision. Armé de ce G-code, vous êtes prêt à lancer le processus d'impression et à transformer vos créations numériques en réalité tangible. Comprendre comment importer des modèles 3D de manière transparente, affiner les paramètres de découpage de base et créer des fichiers G-code est une compétence essentielle pour tout projet d'impression 3D. L'interface conviviale d'Orca Slicer et ses options de personnalisation adaptables vous permettent de donner vie à vos conceptions numériques avec confiance et précision.

c. Interface utilisateur, navigation et menues clés

L'interface utilisateur d'Orca Slicer sert de porte d'entrée dans le monde de l'impression 3D. Elle a été conçue pour être intuitive et accessible, et s'adresse aussi bien aux débutants qu'aux utilisateurs chevronnés. L'interface offre un espace de travail propre et épuré, ce qui permet aux utilisateurs d'en saisir rapidement les principaux éléments. Cette simplicité encourage l'exploration et l'apprentissage, ce qui permet aux nouveaux venus dans l'impression 3D de trouver facilement leurs marques sans se sentir dépassés.

La navigation dans Orca Slicer est une expérience simple. Le logiciel propose des menus et des outils organisés, ce qui permet de localiser facilement les fonctions dont vous avez besoin. Que vous ajustiez les paramètres de découpage, manipuliez votre modèle 3D ou prévisualisiez le code G, vous trouverez la disposition logique et conviviale. Vous pouvez ainsi passer efficacement d'une tâche à l'autre et explorer les différentes fonctions sans vous perdre dans le processus.

En plus de son interface intuitive, Orca Slicer offre un ensemble de fonctionnalités clés, petites mais très efficaces, qui améliorent l'expérience globale de l'utilisateur. Par exemple, il offre des options permettant de disposer automatiquement plusieurs modèles sur le lit d'impression afin de maximiser l'utilisation de l'espace. Il comprend également des fonctions telles que l'affichage des couches, qui vous permet d'inspecter chaque couche de votre modèle avant l'impression. Ces fonctions sont précieuses pour affiner vos impressions et identifier les problèmes potentiels, afin de garantir que vos impressions 3D répondent à vos attentes.

De plus, Orca Slicer inclut souvent des infobulles et des conseils dans l'interface. Ces petites fenêtres d'information ou ces explications au survol fournissent des informations précieuses, ce qui permet aux utilisateurs de comprendre et d'utiliser plus facilement les fonctionnalités du logiciel. Ces fonctions peuvent être particulièrement utiles aux novices de l'impression 3D, car elles les guident et les aident à se familiariser avec le logiciel.

La maîtrise de l'interface utilisateur d'Orca Slicer, la navigation dans ses outils et ses menus, et l'utilisation de ces fonctions, petites mais efficaces, sont essentielles pour une expérience d'impression 3D transparente et efficace. Cette compréhension permet aux utilisateurs de créer leurs impressions 3D avec confiance et compétence, quel que soit leur niveau d'expertise.

3. Réglages Avancés dans Orca Slicer

    a. Réglages avancés de supports, de surplombs, de rétraction, etc.

Les paramètres avancés d'Orca Slicer offrent un niveau de contrôle élevé sur le processus d'impression 3D. Ces paramètres sont inestimables pour les utilisateurs expérimentés et les passionnés qui cherchent à affiner les aspects critiques de leurs impressions. Parmi ces fonctions avancées, les paramètres de support sont particulièrement importants. Ils vous permettent de personnaliser la densité, le motif et l'emplacement des supports, afin que vos modèles reçoivent la quantité exacte de matériau de support. Ce degré de contrôle est très utile lorsque vous souhaitez minimiser l'utilisation du matériau de support tout en conservant la qualité d'impression souhaitée. Il s'agit d'un outil puissant qui permet d'aborder les impressions complexes en toute confiance.

Le contrôle des débords est un autre aspect où Orca Slicer excelle. Les paramètres avancés de surplomb vous permettent de spécifier à quel angle le logiciel doit considérer un élément comme un surplomb. Ce niveau de précision vous permet d'atténuer les problèmes potentiels tels que l'affaissement et la déformation des éléments. Que vous ayez affaire à des géométries complexes ou à des conceptions difficiles, ces paramètres vous permettent d'obtenir des impressions nettes et précises, même dans des situations difficiles.

Le filage et le suintement sont des problèmes courants dans l'impression 3D, mais les paramètres de rétraction avancés de l'Orca Slicer offrent une solution. Ces réglages vous permettent d'affiner des paramètres tels que la distance et la vitesse de rétraction afin d'éviter des problèmes tels que le filage. Cette fonction est particulièrement utile lorsque vous travaillez avec des filaments qui ont tendance à s'entortiller, car elle garantit que vos impressions conservent un aspect professionnel et propre.

Outre les paramètres de support, de surplomb et de rétraction, Orca Slicer propose une série d'autres paramètres avancés. Il s'agit notamment d'options pour le refroidissement de l'impression, le collage des couches et les motifs de remplissage. Ces paramètres vous permettent d'adapter le processus d'impression 3D aux exigences spécifiques de votre projet. Que vous ayez besoin d'une intégrité structurelle maximale, de temps d'impression plus courts ou d'une combinaison de facteurs, ces paramètres avancés vous donnent le contrôle.

La maîtrise de ces paramètres avancés est une étape importante pour devenir un expert de l'impression 3D. Avec Orca Slicer, vous pouvez affiner et optimiser votre processus d'impression 3D pour obtenir des impressions de haute qualité qui correspondent précisément aux spécifications de votre projet. Ces fonctions avancées vous permettent d'améliorer la qualité et la précision de vos créations, que vous soyez un professionnel ou un passionné.

b. Comment optimiser ces paramètres pour des impressions de haute qualité ?

Pour optimiser les supports, envisagez d'ajuster la densité, le modèle et l'emplacement. Une densité de support plus élevée offre une meilleure stabilité, mais consomme plus de matériau. Le choix du modèle de support dépend de votre modèle ; les grilles offrent une excellente stabilité, tandis que les structures arborescentes sont plus faciles à retirer. Un placement précis du support minimise les interférences avec l'impression, ce qui garantit une finition propre.

La gestion des débords joue un rôle essentiel dans l'optimisation de la qualité d'impression. Il est essentiel de définir l'angle de surplomb dans les limites des capacités de votre imprimante 3D. Pour la plupart des imprimantes, un angle de surplomb de 45 degrés est le maximum sans nécessiter de support supplémentaire. L'augmentation de la vitesse du ventilateur est un moyen efficace de refroidir rapidement les couches, ce qui empêche les surplombs de s'affaisser ou de se déformer.

Le filage et le suintement peuvent être des problèmes gênants dans l'impression 3D, mais les paramètres de rétraction avancés de l'Orca Slicer offrent des solutions. Réglez avec précision la distance de rétraction pour éviter les fuites de filament pendant les déplacements. Une distance de 1 à 2 mm est un point de départ courant, mais les exigences de votre imprimante peuvent varier. Le réglage de la vitesse de rétraction est un exercice d'équilibre, visant à obtenir des rétractions rapides sans risquer d'obstruer le filament.

L'optimisation de ces paramètres est un processus d'expérimentation et d'ajustement. Il est utile de garder une trace de vos modifications et de leur impact sur vos impressions. Au fil du temps, vous apprendrez à mieux connaître votre imprimante 3D et votre Orca Slicer, ce qui vous permettra d'obtenir des impressions 3D régulières et de haute qualité répondant à vos spécifications exactes.

4. Optimisation des Supports

a. Guide sur la configuration et l'optimisation des supports dans Orca Slicer

Le voyage commence par la sélection du filament approprié pour votre projet. L'Orca Slicer prend en charge une variété de types de filaments, chacun ayant des propriétés uniques. Qu'il s'agisse de PLA, d'ABS, de PETG ou d'un autre matériau, assurez-vous que votre choix s'aligne sur les spécifications de votre projet pour garantir une qualité d'impression optimale.

La température d'impression est un paramètre critique qui nécessite une attention particulière. Il est essentiel de suivre les recommandations du fabricant, mais un réglage fin peut être nécessaire en fonction du comportement de votre imprimante 3D. Commencez par la température recommandée et ajustez-la progressivement pour obtenir les meilleurs résultats. De petits changements de température peuvent avoir un impact significatif sur la qualité de vos impressions, c'est pourquoi il convient de procéder à ces ajustements avec précaution.

Une bonne adhérence du lit est essentielle pour obtenir des impressions réussies. Orca Slicer propose diverses options pour optimiser l'adhérence du lit, telles que des lits chauffés, des matériaux d'adhérence du lit comme du ruban de peintre, et des techniques spécifiques de mise à niveau du lit. Il est particulièrement important de s'assurer que l'impression adhère bien au lit pour éviter les déformations et les soulèvements, surtout lorsque l'on travaille avec des matériaux comme l'ABS.

Les paramètres de refroidissement jouent un rôle essentiel dans la qualité de l'impression. Assurez-vous que votre ventilateur de refroidissement fonctionne correctement et qu'il est réglé sur la vitesse appropriée. Le ventilateur de refroidissement permet de solidifier rapidement les couches, ce qui réduit le risque de surchauffe et de déformation de l'impression. L'expérimentation des paramètres de refroidissement peut vous aider à trouver le bon équilibre pour votre filament et votre modèle spécifiques.

Le réglage précis de la vitesse d'impression et de la hauteur des couches est essentiel pour obtenir des impressions de haute qualité. La bonne combinaison de ces facteurs peut avoir un impact significatif sur la résolution de l'impression. Si les vitesses d'impression plus lentes permettent généralement d'obtenir une meilleure qualité, elles ne conviennent pas à tous les projets. Expérimentez différentes vitesses et hauteurs de couche pour trouver l'équilibre optimal entre la qualité d'impression et l'efficacité.

Pour les filaments spéciaux tels que les matériaux flexibles ou composites, Orca Slicer fournit des paramètres spécifiques pour l'optimisation. Ces matériaux présentent souvent des exigences particulières, telles qu'une rétraction accrue ou des ajustements de température. Il est essentiel de consulter les directives du fabricant et la documentation d'Orca Slicer pour s'assurer que vous utilisez les paramètres corrects pour le matériau choisi.

En suivant attentivement ces étapes et en optimisant les paramètres de votre support dans Orca Slicer, vous pouvez obtenir la meilleure qualité d'impression pour vos projets. N'oubliez pas que l'expérimentation et la patience sont essentielles pour trouver les paramètres parfaits pour vos matériaux et modèles spécifiques. Au fur et à mesure que vous vous familiariserez avec Orca Slicer, vous développerez l'expertise nécessaire pour affiner les paramètres de vos supports avec confiance et précision, afin de garantir que vos impressions 3D répondent à vos exigences.

b. Création de supports pour des modèles complexes et surplombs délicats

Dans le domaine de l'impression 3D, la maîtrise de la création de supports est un art nuancé, en particulier lorsqu'il s'agit de modèles complexes et de surplombs délicats. Orca Slicer fournit une boîte à outils polyvalente pour cette tâche, et cela commence par la possibilité de régler avec précision la densité et le modèle des supports. Dans le monde des modèles complexes, il est essentiel de trouver le bon équilibre. Vous pouvez ajuster la densité du support pour offrir la stabilité nécessaire sans surconsommer de matériau. De même, le choix du modèle de support est important. Les motifs en grille promettent une stabilité robuste, tandis que les structures arborescentes sont plus faciles à enlever, mais potentiellement moins sûres. Des ajustements habiles de la densité et du motif du support sont la pierre angulaire de la production d'impressions de qualité supérieure tout en simplifiant le post-traitement.

Le placement manuel des supports devient indispensable lorsqu'il s'agit de géométries complexes ou de surplombs compliqués. Orca Slicer vous donne la liberté de placer stratégiquement les supports là où ils sont le plus nécessaires. Un examen méticuleux de votre modèle révèlera les zones spécifiques qui nécessitent un support pour éviter les déformations ou l'échec de l'impression. Le placement manuel des supports offre un contrôle total sur la structure de support, garantissant qu'elle complète les subtilités du modèle.

Les angles de support personnalisés entrent en jeu lorsque des surplombs délicats nécessitent une attention particulière. Les caractéristiques délicates qui exigent un contact minimal avec le support peuvent être protégées par des angles personnalisés. En adaptant les angles de support, vous atteignez un équilibre qui garantit que les surplombs reçoivent juste le support nécessaire sans compromettre leurs détails complexes. Ce degré de personnalisation préserve la qualité de l'impression et la précision des détails.

Orca Slicer présente une innovation remarquable pour les modèles complexes avec des surplombs délicats : des supports en forme d'arbre. Ces supports sont légers et offrent une stabilité précisément là où elle est nécessaire. Ils sont particulièrement avantageux pour les modèles complexes, car ils sont plus faciles à retirer et ne laissent que des traces minimes sur l'impression finale. Les supports arborescents témoignent de l'engagement du logiciel à produire des impressions de haute qualité tout en minimisant la complexité du post-traitement.

La création de supports pour des modèles complexes et des surplombs délicats nécessite une révision et une itération permanentes. Il s'agit d'une danse entre l'offre d'un support suffisant et la préservation de la qualité de l'impression finale. L'inspection régulière de vos modèles, accompagnée des ajustements nécessaires, constitue un processus itératif qui affine vos stratégies de support. Cette pratique permet d'obtenir des impressions 3D d'une qualité constante et conforme à vos exigences. En somme, la maîtrise de l'art de créer des supports est une compétence essentielle pour quiconque souhaite réaliser des impressions 3D avec précision et finesse.

c. Équilibrage entre la facilité de retrait des supports et la qualité de surface de la pièce imprimée

Dans le domaine de l'impression 3D, il existe un équilibre délicat et essentiel à trouver entre deux facteurs critiques : rendre le matériau de support facile à retirer et préserver la qualité de la surface de la pièce imprimée. Cet équilibre est fondamental pour produire des impressions de haute qualité tout en minimisant les efforts de post-traitement.

Le matériau de support est souvent une nécessité dans l'impression 3D, en particulier pour les géométries complexes et les surplombs. Cependant, la facilité de retrait de ce matériau de support est un élément clé. Orca Slicer présente des caractéristiques telles que des supports en forme d'arbre qui sont conçus pour être légers et faciles à retirer. Ils laissent des traces minimes sur l'impression finale, ce qui contribue à une expérience de post-traitement plus douce et moins exigeante.

La qualité de la surface est une autre préoccupation majeure, en particulier lorsque l'esthétique et la précision sont essentielles. Il est essentiel de réduire au minimum les marques de support visibles ou les restes pour obtenir une finition polie et professionnelle. La polyvalence de l'Orca Slicer en matière de personnalisation des angles, de la densité et des motifs du support joue un rôle essentiel à cet égard. En configurant judicieusement ces paramètres, vous pouvez réduire le risque d'imperfections de surface dues au matériau de support.

L'art de trouver l'équilibre entre l'enlèvement facile du matériau de support et la qualité de la surface exige une expérimentation patiente et réfléchie. Il s'agit d'affiner les paramètres de support en fonction des besoins spécifiques de chaque projet. L'examen régulier des pièces imprimées et les ajustements nécessaires à vos stratégies de support constituent un processus itératif. Au fil du temps, vous acquerrez l'expertise nécessaire pour trouver le compromis parfait. Ce faisant, vous vous assurerez que le retrait du support est simple et que la qualité de surface de vos impressions reste impeccable.

Cette compréhension de la navigation sur la ligne fine est la pierre angulaire de la production d'impressions 3D qui non seulement excellent sur le plan technique, mais qui captivent également l'œil par leur attrait visuel. Le riche ensemble de fonctions d'assistance et d'options de personnalisation d'Orca Slicer vous donne les moyens d'atteindre cet équilibre, ce qui vous permet de créer facilement des impressions de qualité professionnelle.

5. Gestion du Multi-Matériau et de la Multi-Couleur

a. Exploration de la fonctionnalité de gestion de plusieurs matériaux et couleurs dans Orca Slicer

La fonctionnalité de gestion des couleurs et des matériaux multiples d'Orca Slicer introduit une dimension passionnante. L'impression multi-matériaux est au cœur de cette fonctionnalité, car elle permet de travailler avec plusieurs filaments simultanément. Cela change la donne, en particulier pour les projets complexes qui requièrent des propriétés de matériaux différentes. Que vous réalisiez des impressions à double extrudeur ou que vous travailliez sur des conceptions complexes impliquant plus de deux matériaux, Orca Slicer offre les outils nécessaires à une gestion transparente. Cette fonctionnalité s'avère inestimable pour les projets qui nécessitent des supports dissolvables, des éléments multicolores ou des combinaisons mécaniques de matériaux, élargissant ainsi le champ des possibilités de l'impression 3D.

Les changements automatiques de filament sont une caractéristique remarquable d'Orca Slicer. Cette fonctionnalité vous permet de spécifier quand votre imprimante doit passer d'un filament à l'autre au cours d'une impression. Cette fonction change la donne pour l'impression multi-matériaux, en éliminant le besoin d'une intervention manuelle. Elle ouvre la voie à la création de modèles présentant des transitions de couleur complexes ou des changements fonctionnels au cours d'une seule impression. C'est un niveau d'automatisation qui simplifie les impressions multi-matériaux complexes, en garantissant des transitions fluides entre les matériaux selon les exigences de votre conception.

Orca Slicer vous offre la possibilité de configurer des paramètres spécifiques pour chaque extrudeuse. Ces réglages englobent des paramètres critiques tels que la température d'impression, la rétraction et la vitesse d'impression. Ce degré de personnalisation est essentiel pour un contrôle précis du processus d'impression 3D, en particulier lorsque vous travaillez sur des projets multi-matériaux. Il permet de s'assurer que chaque filament fonctionne de manière optimale et offre une qualité d'impression constante, quels que soient les matériaux utilisés. Ce contrôle précis des paramètres de l'extrudeuse vous permet de vous attaquer en toute confiance aux impressions multi-matériaux les plus complexes.

Les modèles multicolores et les objets complexes du logiciel témoignent de son approche conviviale. Orca Slicer simplifie le processus de création d'impressions complexes et colorées, qu'il s'agisse d'une figurine multicolore, d'un modèle architectural complexe ou d'un prototype fonctionnel avec des sections distinctes. Ce niveau d'accessibilité est un atout pour les débutants comme pour les utilisateurs expérimentés, facilitant la réalisation de projets d'impression 3D créatifs et fonctionnels. Les fonctionnalités multimatériaux et de gestion des couleurs d'Orca Slicer ouvrent de nouveaux horizons, vous permettant de donner vie à vos visions créatives avec précision et facilité. Que vous exploriez les diverses propriétés des matériaux, les changements automatiques de filaments ou la création d'objets complexes et multicolores, Orca Slicer vous fournit les outils et les fonctionnalités nécessaires pour vous lancer dans des projets d'impression 3D innovants.

b. Configuration des changements de filament automatiques et des réglages pour chaque extrudeur

La fonction de changement automatique de filament de l'Orca Slicer constitue une innovation remarquable. Elle élimine la nécessité de changer manuellement de filament en vous permettant de spécifier des couches ou des zones précises de votre dessin où l'imprimante doit automatiquement passer d'un filament à l'autre. Ce niveau d'automatisation garantit des transitions transparentes entre les matériaux ou les couleurs au cours de l'impression, créant ainsi une expérience sans problème pour les projets multi-matériaux. La configuration des changements automatiques de filaments est un processus simple dans Orca Slicer, ce qui en fait un outil précieux pour réaliser des impressions multi-matériaux complexes sans les complexités d'une intervention manuelle.

De plus, la possibilité pour Orca Slicer de configurer les paramètres de chaque extrudeur est une caractéristique essentielle pour les impressions multi-matériaux. La possibilité de personnaliser des paramètres tels que la température d'impression, les paramètres de rétraction et la vitesse d'impression pour chaque extrudeur vous permet de vous assurer que chaque filament fonctionne de manière optimale. Cet aspect est particulièrement important lorsqu'il s'agit de matériaux multiples, chacun ayant ses exigences spécifiques. En personnalisant les paramètres de chaque extrudeuse, vous pouvez maintenir un niveau constant de qualité d'impression sur différents matériaux, quelles que soient leurs caractéristiques uniques. C'est un niveau de précision qui vous permet d'explorer tout le potentiel de l'impression 3D multi-matériaux et multi-couleurs.

En résumé, la configuration des changements automatiques de filaments et des paramètres personnalisés pour chaque extrudeur de l'Orca Slicer témoigne de son engagement à simplifier l'impression 3D multi-matériaux tout en maintenant la précision. Ces fonctionnalités permettent un flux de travail fluide et pratique, garantissant que vos projets multi-matériaux répondent à votre vision créative avec précision et facilité. Que vous vous lanciez dans des impressions multicolores ou des conceptions multi-matériaux complexes, Orca Slicer vous fournit les outils nécessaires pour réaliser vos ambitions en matière d'impression 3D.

6. Guide Pas à Pas pour l'Utilisation d'Orca Slicer

Le logiciel est conçu pour offrir un contrôle précis sur chaque aspect de l'impression 3D, de la disposition des objets à l'ajustement des paramètres d'impression pour s'assurer que le produit fini répond aux exigences de qualité et de fonctionnalité de l'utilisateur.

Afin de mieux comprendre l'utilisation du logiciel, nous allons étudier une série de capture d'écran concernant le logiciel.

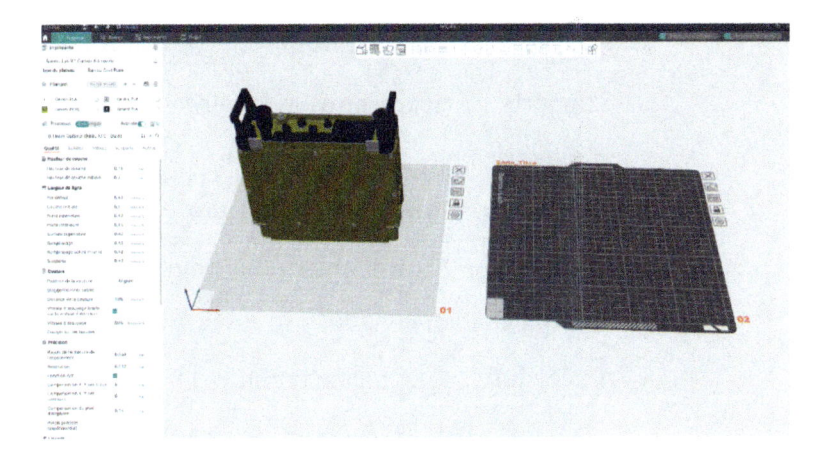

1. **Zone de préparation (à gauche)**: Ici, nous voyons un modèle 3D placé dans une représentation virtuelle de la plate-forme d'impression. Cette zone permet aux utilisateurs de positionner et de manipuler leur modèle avant l'impression.
2. **Paramètres d'impression (à gauche en dessous du modèle)**: Plusieurs paramètres sont visibles, tels que :
    - **Qualité** : Définit la hauteur de couche, la hauteur de couche initiale et la largeur de ligne, qui influencent la résolution de l'impression.
    - **Remplissage** : Des paramètres tels que la structure de remplissage interne, qui affecte la solidité de l'objet imprimé.

- **Supports** : Options pour la génération de supports nécessaires pour certaines géométries lors de l'impression.
- **Couture** : Permet de choisir où commencer et terminer les couches pour minimiser les marques visibles.
- **Précision** : Réglages comme le rayon de fermeture de l'espace et la résolution qui affectent la précision des détails imprimés.

3. **Vue de la plateforme (à droite)**: Montre une vue de dessus de la plateforme d'impression, indiquant l'orientation et le positionnement du modèle sur la plateforme physique.
4. **Barre d'outils (en haut)**: Contient des icônes pour des actions telles que sauvegarder, ouvrir des fichiers, imprimer, etc.

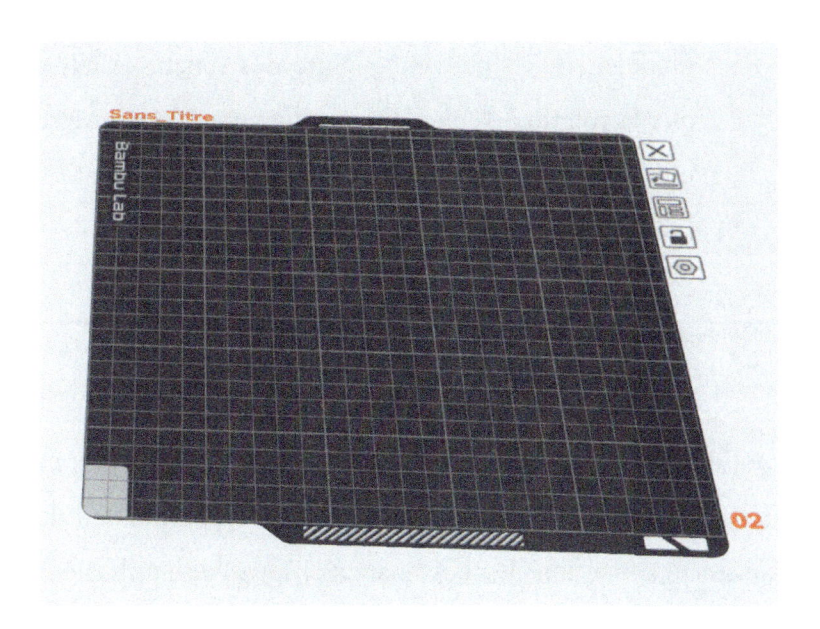

Cette vue est typiquement utilisée pour préparer le fichier d'impression en ajustant le modèle à la surface de travail de l'imprimante 3D, en s'assurant que la taille et l'orientation sont correctes avant de commencer l'impression.

1. **Grille de la plateforme** : La grille représente la plateforme d'impression et est là pour aider à positionner et à échelonner les objets 3D. Chaque carré de la grille peut être une indication de la dimension, permettant aux utilisateurs de juger de la taille de leurs modèles et de leur placement.
2. **Barre d'outils à droite** : Les icônes sur le côté droit de l'écran semblent être des outils pour manipuler le

modèle 3D. Ils peuvent inclure des fonctions telles que la rotation, l'échelle, le mouvement, et peut-être une fonction de suppression ou d'annulation (symbolisée par le "X").

Ces outils de la barre des taches sont essentiels pour préparer un modèle 3D pour l'impression, en permettant de l'ajuster en fonction des besoins spécifiques de l'utilisateur et des limitations de l'imprimante 3D.

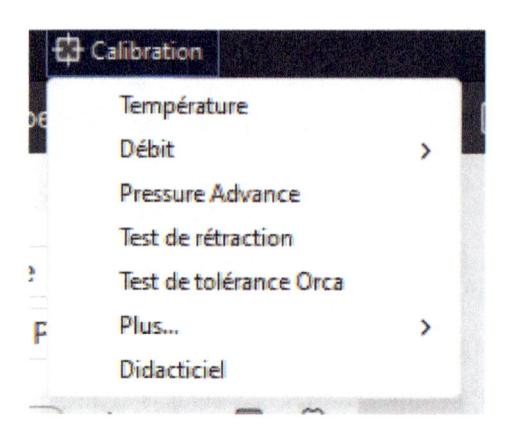

Dans la section dédiée à la calibration du logiciel d'impression 3D, l'utilisateur dispose d'une série d'outils méticuleusement conçus pour affiner la précision et la qualité de ses impressions. Le réglage de la température permet un contrôle précis de l'extrudeuse et du plateau chauffant, essentiel pour la consistance des couches imprimées. Le paramètre de débit ajuste la quantité de matière plastique fondue poussée à travers la buse, un facteur crucial pour éviter les imperfections matérielles. L'option 'Pressure Advance' est une innovation permettant de moduler la pression interne, ce qui se traduit par des angles plus nets et l'élimination des excès de filaments aux arrêts et aux départs de l'extrusion. Le 'Test de rétraction' est un protocole pour calibrer le retrait du filament afin de prévenir les défauts lors des déplacements de la tête d'impression. Quant au 'Test de tolérance Orca', il s'agit d'un examen spécifique de la fidélité dimensionnelle de l'imprimante. L'entrée 'Plus...' promet un éventail plus large de réglages pour les utilisateurs avancés, tandis que la section 'Didacticiel' offre des instructions pas à pas pour la calibration, rendant le processus accessible même pour les novices. Chaque aspect de ce menu a été conçu pour assurer une expérience d'impression 3D sans faille et d'une précision inégalée.

🖨 Imprimante				⚙

⌄ Bambu Lab X1 Carbon 0.4 nozzle	✏

Type du plateau   ⌄ Bambu Cool Plate

🧵 Filament   (Volumes de purge)   +   −   🗄   ⚙

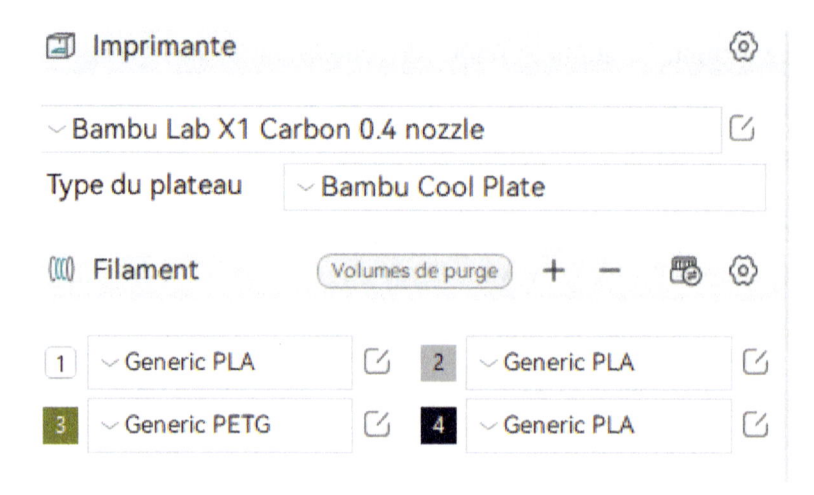

| 1 | ⌄ Generic PLA | ✏ | 2 | ⌄ Generic PLA | ✏ |
| 3 | ⌄ Generic PETG | ✏ | 4 | ⌄ Generic PLA | ✏ |

La capture d'écran montre une section de l'interface d'un logiciel d'impression 3D, spécifiquement la partie consacrée à la configuration de l'imprimante et du matériau d'impression. L'utilisateur a sélectionné une "Bambu Lab X1 Carbon avec une buse de 0.4 mm" comme modèle d'imprimante, et un "Bambu Cool Plate" comme type de plateau. La partie "Filament" indique la possibilité de charger jusqu'à quatre types de filaments différents, probablement pour une impression multicolore ou multi matière. Trois emplacements sont actuellement remplis avec du "PLA générique", un type de plastique populaire pour l'impression 3D, et le quatrième avec du "PETG générique", un thermoplastique avec une résistance thermique et une durabilité supérieures. Les "volumes de purge" se réfèrent au processus d'extrusion d'une certaine quantité de filament pour s'assurer que la buse est propre et prête pour l'impression avec le nouveau matériau. Cela est souvent nécessaire lors du changement de matériau ou de couleur pour éviter les mélanges résiduels.

La capture d'écran montre un élément de l'interface utilisateur d'un logiciel d'impression 3D qui permet à l'utilisateur de gérer et d'ajuster les paramètres du processus d'impression. Le terme "Processus" indique qu'il s'agit d'un ensemble prédéfini ou personnalisé de paramètres liés à l'impression. L'option sélectionnée, "0.16mm Optimal @BBL X1C - David", révèle qu'il s'agit d'un profil spécifique nommé "David" configuré pour l'imprimante Bambu Lab X1 Carbon (BBL X1C) avec une hauteur de couche optimale de 0.16mm, ce qui est souvent utilisé pour un bon équilibre entre la qualité d'impression et le temps d'impression. Les icônes à côté permettent probablement d'éditer, de copier, ou de supprimer le profil de processus, et d'effectuer une recherche parmi les processus disponibles. Le bouton "Avancés" est activé, suggérant que l'utilisateur peut accéder et modifier des paramètres d'impression plus détaillés à partir de ce profil.

☰ Processus	Global **Objets**	Avancés ⬤ ≡ ⚙

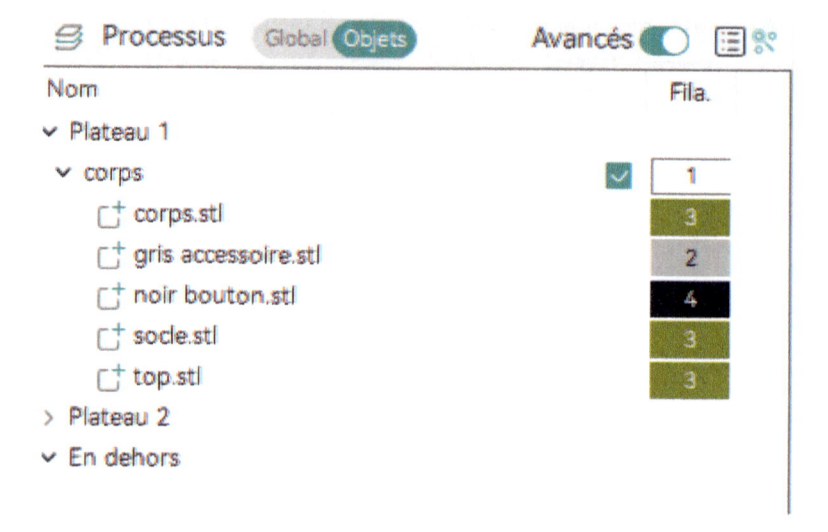

Nom		Fila.
⌄ Plateau 1		
⌄ corps	✓	1
⌴ corps.stl		3
⌴ gris accessoire.stl		2
⌴ noir bouton.stl		4
⌴ socle.stl		3
⌴ top.stl		3
> Plateau 2		
⌄ En dehors		

La capture d'écran illustre une section du logiciel d'impression 3D dédiée à la gestion des objets à imprimer. Elle affiche une liste des fichiers de modèles 3D, organisés par plateau d'impression. Sur "Plateau 1", sous le dossier "corps", on trouve plusieurs composants : "corps.stl", "gris accessoire.stl", "noir bouton.stl", "socle.stl" et "top.stl". Les numéros à côté de chaque fichier indiquent le type de filament assigné à chaque composant, correspondant aux différentes entrées de filament configurées précédemment. Par exemple, "corps.stl" sera imprimé avec le filament assigné à l'emplacement 3. La coche verte à côté de "corps" signifie que ce composant est activé pour l'impression. Les autres sections "Plateau 2" et "En dehors" suggèrent la possibilité de planifier des impressions sur un second plateau ou de gérer des objets qui ne sont pas actuellement sur le plateau d'impression. Cela permet à l'utilisateur de préparer des impressions complexes, impliquant plusieurs pièces et matériaux différents, avec une organisation et une planification efficace.

Qualité	Solidité	Vitesse	Supports	Autres

🟰 Hauteur de couche

Hauteur de couche	0,16	mm
Hauteur de couche initiale	0,2	mm

🟰 Largeur de ligne

Par défaut	0,42	mm ou %
Couche initiale	0,5	mm ou %
Paroi extérieure	0,42	mm ou %
Paroi intérieure	0,45	mm ou %
Surface supérieure	0,42	mm ou %
Remplissage	0,45	mm ou %
Remplissage solide interne	0,42	mm ou %
Supports	0,42	mm ou %

🧵 Couture

Position de la couture	Alignée	
Staggered inner seams	☐	
Distance de la couture	10%	mm ou %
Vitesse d'essuyage basée sur la vitesse d'extrusion	☑	
Vitesse d'essuyage	80%	mm/s ou %
Essuyer sur les boucles	☐	

⚙ Précision

Rayon de fermeture de l'espacement	0,049	mm
Résolution	0,012	mm
Fonction Arc	☑	
Compensation X-Y des trous	0	mm
Compensation X-Y des contours	0	mm
Compensation du pied d'éléphant	0,15	mm
Parois précises (expérimental)	☐	

Les titres et sous-titres en gras sur la capture d'écran des paramètres d'impression 3D représentent les domaines suivants de personnalisation :

- **Hauteur de couche** :
    - **Hauteur de couche** : La distance verticale entre les couches successives d'impression.
    - **Hauteur de couche initiale** : La hauteur de la première couche, souvent différente pour améliorer l'adhérence au plateau.
- **Largeur de ligne** :
    - **Par défaut** : La largeur standard pour la plupart des lignes extrudées.
    - **Couche initiale** : La largeur de la ligne pour la première couche de l'impression.
    - **Paroi extérieure/intérieure** : Les largeurs spécifiques pour les parois externes et internes pour la durabilité et la précision.
    - **Surface supérieure** : La largeur de ligne pour la partie supérieure de l'impression, affectant l'aspect final.
    - **Remplissage** : La largeur de ligne pour les motifs de remplissage internes qui soutiennent la structure.

- **Remplissage solide interne** : La largeur de ligne pour les zones de remplissage qui nécessitent une solidité accrue.
- **Supports** : La largeur de ligne pour les structures de soutien générées pour les surplombs.

- **Couture** :
    - **Position de la couture** : Détermine où la buse commence et termine l'extrusion pour chaque couche.
    - **Staggered inner seams** : Option pour décaler les coutures internes, pour réduire la visibilité des marques de départ et d'arrêt.
    - **Distance de la couture** : Ajuste la proximité de la couture par rapport à des points de référence spécifiques sur l'objet.
    - **Vitesse d'essuyage** : La rapidité avec laquelle l'extrudeuse se déplace en essuyant l'excès de filament avant de commencer une nouvelle section.

- **Précision** :
    - **Rayon de fermeture de l'espacement** : Ajuste la manière dont les petits espaces sont comblés pendant l'impression.

- **Résolution** : Définit la précision des mouvements de la buse.
- **Fonction Arc** : Active l'utilisation de commandes d'arc pour imprimer les courbes plus efficacement.
- **Compensation X-Y des trous/contours** : Ajuste les dimensions des trous et contours pour contrer les imprécisions dimensionnelles.
- **Compensation du pied d'éléphant** : Compense l'effet où la première couche s'étale plus que les autres.
- **Parois précises** : Une fonctionnalité pour améliorer la précision des parois verticales de l'impression.

⌁ Lissage

Type de lissage	Pas de lissage

🗁 Générateur de paroi

Générateur de paroi	Arachne
Angle de seuil de transition de paroi	10 °
Marge du filtre de transition de paroi	25 %
Longueur de transition de paroi	100 %
Nombre de distributions de paroi	1
Largeur minimale de la paroi	85 %
Épaisseur minimale des parois fines	25 %

⚙ Avancés

Ordre des parois	Intérieure / ...
Débit des ponts	1
Densité des ponts	100 %
Ponts épais	☐
Débit des surfaces supérieures	1
Débit des surfaces inférieures	1
Une seule paroi sur les surfaces supérieures	☑
Une seule paroi sur la première couche	☐
Détecter une paroi en surplomb	☑
Make overhang printable	☐
Éviter de traverser les parois	☐

Ici également, la capture d'écran montre divers réglages de paramètres pour la gestion des parois:

- **Type de lissage** : Indique si un lissage est appliqué ou non, ici désactivé.
- **Générateur de paroi** : Choix du moteur ou de l'algorithme utilisé pour la création des parois.
- **Angle de seuil de transition de paroi** : Le seuil d'angle à partir duquel le logiciel modifiera la manière de construire la paroi pour s'adapter aux changements de direction de l'impression.
- **Marge du filtre de transition de paroi** : Un pourcentage qui détermine la tolérance pour les ajustements de l'épaisseur des parois lors des transitions.
- **Longueur de transition de paroi** : Définit la longueur relative de la zone de transition entre les différentes épaisseurs de paroi.
- **Nombre de distributions de paroi** : Le nombre de fois que les parois sont évaluées et ajustées pour la distribution de la matière.
- **Largeur minimale de la paroi** : Le pourcentage de la largeur de la buse utilisé comme critère pour la largeur minimale d'une paroi.

- **Épaisseur minimale des parois fines** : Un pourcentage qui fixe la limite inférieure pour l'épaisseur des parois fines.

Dans la section **Avancés** :

- **Ordre des parois** : La séquence dans laquelle les parois intérieures et extérieures sont imprimées.
- **Débit des ponts** : Le débit d'extrusion spécifique pour les ponts, structures imprimées entre deux points d'appui.
- **Densité des ponts** : La densité du maillage des ponts, affectant leur solidité.
- **Ponts épais** : Une option pour renforcer les ponts.
- **Débit des surfaces supérieures/inférieures** : Le débit d'extrusion pour les couches supérieures et inférieures de l'impression.
- **Une seule paroi sur les surfaces supérieures** : Une option pour limiter les surfaces supérieures à une seule paroi, afin d'améliorer l'esthétique ou de réduire le temps d'impression.
- **Détecter une paroi en surplomb** : Une fonction qui ajuste automatiquement les parois pour s'adapter aux sections en surplomb, afin d'assurer une meilleure construction de l'objet.

- **Make overhang printable** : Une option qui ajuste les paramètres d'impression pour rendre imprimables les parties en surplomb qui pourraient autrement poser problème.
- **Éviter de traverser les parois** : Une option pour optimiser les déplacements de la tête d'impression pour ne pas traverser les parois et ainsi réduire les risques de défauts sur la surface de l'impression.

| Qualité | **Solidité** | Vitesse | Supports | Autres |

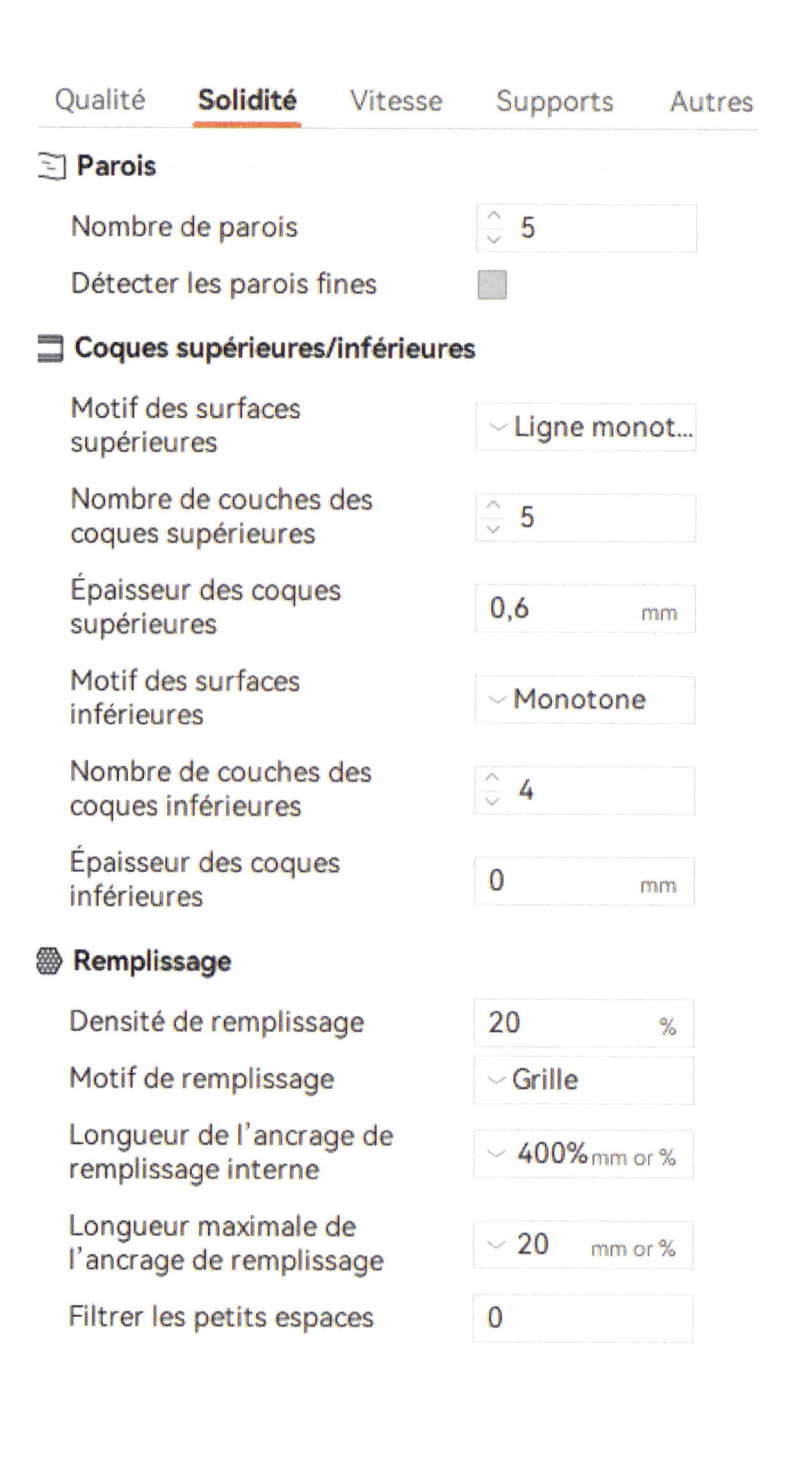

🗋 Parois

Nombre de parois	5
Détecter les parois fines	☐

⬚ Coques supérieures/inférieures

Motif des surfaces supérieures	⌄ Ligne monot...
Nombre de couches des coques supérieures	5
Épaisseur des coques supérieures	0,6 mm
Motif des surfaces inférieures	⌄ Monotone
Nombre de couches des coques inférieures	4
Épaisseur des coques inférieures	0 mm

⬢ Remplissage

Densité de remplissage	20 %
Motif de remplissage	⌄ Grille
Longueur de l'ancrage de remplissage interne	⌄ 400% mm or %
Longueur maximale de l'ancrage de remplissage	⌄ 20 mm or %
Filtrer les petits espaces	0

Ici on a les paramètres de solidité, qui sont répartis en trois catégories principales pour optimiser la structure et la durabilité de l'objet imprimé :

Parois :
- **Nombre de parois** : Cela spécifie le nombre total de parois périphériques verticales qui seront imprimées.

Coques supérieures/inférieures :
- **Motif des surfaces supérieures** : Le type de motif utilisé pour l'impression des couches supérieures de l'objet.
- **Nombre de couches des coques supérieures** : Détermine combien de couches horizontales seront imprimées pour former le sommet de l'objet.
- **Épaisseur des coques supérieures** : La hauteur totale que les coques supérieures occuperont.
- **Motif des surfaces inférieures** : Le dessin ou l'arrangement des lignes qui formeront la partie inférieure de l'objet.
- **Nombre de couches des coques inférieures** : Le nombre de couches horizontales formant la base de l'objet.

Remplissage :
- **Densité de remplissage** : Le pourcentage de l'espace intérieur de l'objet qui sera rempli par le matériau de support interne.
- **Motif de remplissage** : Le design ou la structure du matériau de remplissage à l'intérieur de l'objet.
- **Longueur de l'ancrage de remplissage interne** : L'étendue à laquelle le matériau de remplissage s'attache aux parois internes pour la stabilité.
- **Longueur maximale de l'ancrage de remplissage** : Limite la longueur des sections de remplissage pour éviter les structures trop étendues qui pourraient affecter la qualité.
- **Filtrer les petits espaces** : Ignore les espaces trop étroits pour être remplis, ce qui peut améliorer la qualité de l'impression et réduire le gaspillage de matériau.

⚙️ Avancés

Chevauchement du remplissage et de la paroi	15	%
Direction du remplissage	45	°
Direction du remplissage des ponts	0	°
Seuil minimum de remplissage	15	mm²
Combinaison de remplissage	☐	
Détecter un remplissage solide étroit	☑	
Veiller à l'épaisseur verticale de la coque	☑	
Épaisseur des supports de ponts internes	0,8	mm

Les réglages avancés de remplissage, qui comprennent :

- **Chevauchement du remplissage et de la paroi** : Ajuste l'intersection entre le remplissage intérieur et les murs externes de l'objet imprimé.
- **Direction du remplissage** : Oriente le motif de remplissage interne par rapport aux axes de l'imprimante.
- **Direction du remplissage des ponts** : Définit l'angle d'orientation du remplissage spécifiquement pour les sections de pont.

- **Seuil minimum de remplissage** : Établit la taille minimale d'une zone qui doit être remplie.
- **Combinaison de remplissage** : Active ou désactive la fusion des couches de remplissage.
- **Détecter un remplissage solide étroit** : Permet au logiciel d'identifier et de gérer correctement les petites zones nécessitant un remplissage plein.
- **Veiller à l'épaisseur verticale de la coque** : Assure une épaisseur constante de la coque tout au long de l'axe vertical de l'impression.
- **Épaisseur des supports de ponts internes** : Spécifie l'épaisseur des supports structurels sous les ponts pendant l'impression.

| Qualité | Solidité | **Vitesse** | Supports | Autres |

⏱ Vitesse de couche initiale

Couche initiale	50 mm/s
Remplissage solide	105 mm/s
Déplacements	100% mm/s ou %
Nombre de couches lentes	0

⏱ Autres couches

Paroi extérieure	200 mm/s
Paroi intérieure	300 mm/s
Petits périmètres	50% mm/s ou %
Seuil des petits périmètres	0 mm
Remplissage	330 mm/s
Remplissage solide interne	300 mm/s
Surface supérieure	200 mm/s
Remplissage des espaces	300 mm/s
Supports	150 mm/s
Interfaces de support	80 mm/s

⏱ Surplombs

Ralentir lors des surplombs	✓
Surplombs	60 mm/s ou % (10%, 25%)
	30 mm/s ou % [25%, 50%)
	10 mm/s ou % [50%, 75%)
	10 mm/s ou % [75%, 100%]
Ponts	50 mm/s

Toujours plus de points ici à définir afin de bien comprendre chaque détail du logiciel dans son ensemble :
Vitesse de couche initiale : Paramètres pour la première couche qui est cruciale pour l'adhérence.

- **Couche initiale** : La vitesse d'impression de la première couche de l'objet.
- **Remplissage solide** : La vitesse à laquelle le remplissage solide de la première couche est imprimé.
- **Déplacements** : La rapidité des mouvements non imprimants pour la première couche.
- **Nombre de couches lentes** : Le nombre de couches initiales imprimées à une vitesse réduite pour une meilleure adhésion.

Autres couches : Vitesse pour les couches après la couche initiale.

- **Paroi extérieure** : Vitesse pour imprimer les parois extérieures de l'objet.
- **Paroi intérieure** : Vitesse pour les parois intérieures.
- **Petits périmètres** : Réglage de vitesse pour les petites sections circonférentielles.

- **Seuil des petits périmètres** : Définit la taille à partir de laquelle les périmètres sont considérés comme petits.
- **Remplissage** : La vitesse pour imprimer le motif de remplissage standard.
- **Remplissage solide interne** : Vitesse pour les zones de remplissage qui doivent être plus solides.
- **Surface supérieure** : La vitesse d'impression des couches supérieures de l'objet.
- **Remplissage des espaces** : Vitesse pour remplir les espaces plus grands à l'intérieur de l'objet.
- **Supports** : La vitesse pour imprimer les structures de support.
- **Interfaces de support** : Vitesse pour les couches qui forment l'interface entre l'objet et ses supports.

Surplombs : Réglages pour imprimer les parties en surplomb de l'objet.

- **Ralentir lors des surplombs** : Ajuste la vitesse pour les sections en surplomb selon leur degré.

- **Ponts** : Vitesse spécifique pour imprimer les ponts, qui sont des sections horizontales sans support en dessous.

Vitesse de déplacements

Déplacements	500	mm/s

Accélérations

Impression normale	10000	mm/s²
Paroi extérieure	5000	mm/s²
Paroi intérieure	5000	mm/s²
Ponts	50%	mm/s² or %
Remplissage	100%	mm/s² or %
Remplissage solide interne	100%	mm/s² or %
Couche initiale	500	mm/s²
Surface supérieure	2000	mm/s²
Déplacements	10000	mm/s²

Jerk (X-Y)

Par défaut	0	mm/s
Paroi extérieure	9	mm/s
Paroi intérieure	9	mm/s
Remplissage	9	mm/s
Surface supérieure	9	mm/s
Couche initiale	9	mm/s
Déplacements	12	mm/s

Cette capture d'écran présente les paramètres de dynamique de mouvement pour une imprimante 3D, organisés en trois catégories principales :

Vitesse de déplacements : Réglage de la vitesse pour les mouvements de la tête d'impression quand elle ne dépose pas de filament.

Accélérations : Détermine la rapidité avec laquelle l'imprimante peut accélérer et décélérer pendant différents aspects de l'impression.

- **Impression normale** : L'accélération générale pour tous les mouvements d'impression.
- **Paroi extérieure/intérieure** : L'accélération pour les mouvements impliquant l'impression des parois externes et internes de l'objet.
- **Ponts** : L'accélération pour les structures imprimées entre deux points d'appui, souvent réduite pour la stabilité.
- **Remplissage** : L'accélération pour imprimer le motif de remplissage interne.
- **Remplissage solide interne** : Accélération pour les zones nécessitant un remplissage dense pour plus de solidité.

- **Couche initiale** : L'accélération pour la première couche, généralement plus basse pour assurer la précision.
- **Surface supérieure** : L'accélération spécifique pour les couches finales de l'objet.
- **Déplacements** : L'accélération lors des mouvements non imprimants de la tête d'impression.

Jerk (X-Y) : Le jerk contrôle le changement immédiat de vitesse lorsque l'imprimante change de direction, affectant la façon dont l'imprimante gère les coins et les transitions.

- **Par défaut** : Le jerk standard pour tous les mouvements.
- **Paroi extérieure/intérieure** : Le jerk pour les changements de direction lors de l'impression des parois.
- **Remplissage** : Le jerk pour les sections de remplissage.
- **Surface supérieure** : Le jerk pour la finition de surface supérieure de l'impression.
- **Couche initiale** : Le jerk pour la première couche.

- **Déplacements** : Le jerk pour les mouvements rapides entre les points d'impression.

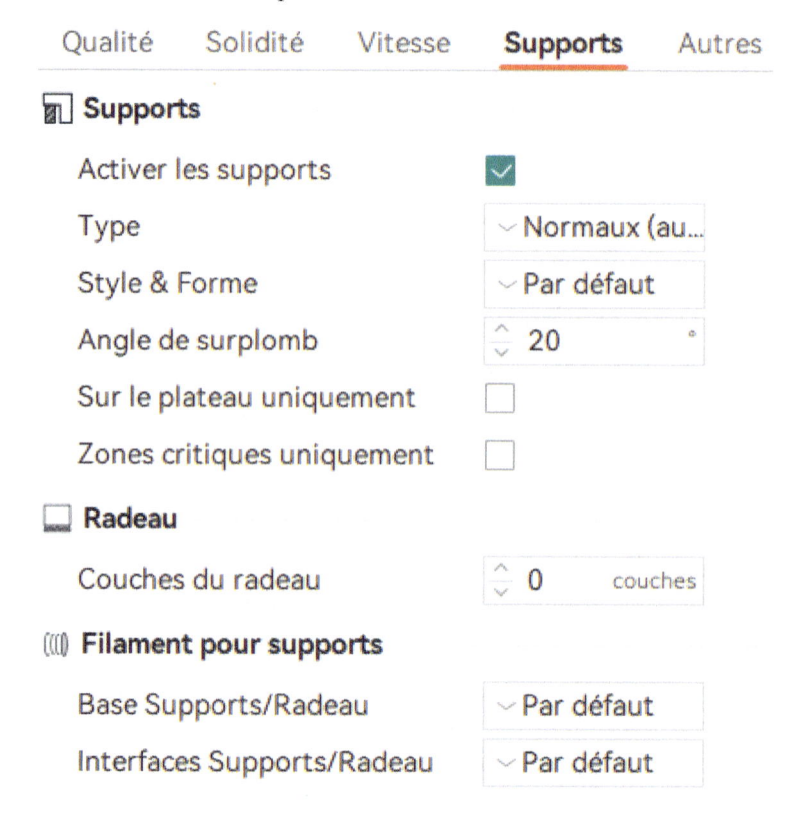

| Qualité | Solidité | Vitesse | **Supports** | Autres |

Supports

- Activer les supports ☑
- Type — Normaux (au...)
- Style & Forme — Par défaut
- Angle de surplomb — 20°
- Sur le plateau uniquement ☐
- Zones critiques uniquement ☐

Radeau

- Couches du radeau — 0 couches

Filament pour supports

- Base Supports/Radeau — Par défaut
- Interfaces Supports/Radeau — Par défaut

Cette capture d'écran détaille les paramètres relatifs aux structures de support, qui sont essentielles pour imprimer les parties de l'objet qui dépassent ou sont suspendues dans l'espace.

Supports : Réglages pour activer et configurer les supports, qui stabilisent les parties en surplomb pendant l'impression.

- **Activer les supports** : Permet d'activer ou de désactiver l'ajout de supports.
- **Type** : Choix entre différents types de supports, par exemple, "Normaux (automatiques)".
- **Style & Forme** : Détermine l'apparence et la structure des supports.
- **Angle de surplomb** : L'angle à partir duquel les supports seront nécessaires pour soutenir les parties en surplomb.
- **Sur le plateau uniquement** : Option pour générer des supports qui partent uniquement de la plateforme d'impression.
- **Zones critiques uniquement** : Restriction de la génération de supports aux zones qui en ont absolument besoin.

Radeau : Un ensemble de couches supplémentaires en dessous de l'objet pour améliorer l'adhésion au plateau.

- **Couches du radeau** : Le nombre de couches horizontales qui composent le radeau.

Filament pour supports : Choix du filament pour imprimer les supports et le radeausi différent du matériau principal de l'objet.

- **Base Supports/Radeau** : Sélection du type de filament pour la base des supports ou du radeau.
- **Interfaces Supports/Radeau** : Sélection du type de filament pour les interfaces entre les supports/le radeau et l'objet imprimé.

⚙️ Avancés

Distance Z supérieure	0,2 mm
Distance Z inférieure	0,2 mm
Motif de la base	Par défaut
Espacement du motif de la base	2,5 mm
Angle du motif	0 °
Couches des interfaces supérieures	2 layers
Couches des interfaces inférieures	2 layers
Motif des interfaces	Par défaut
Espacement du motif des interfaces supérieures	0,5 mm
Espacement du motif des interfaces inférieures	0,5 mm
Expansion des supports normaux	0 mm
Distance X-Y Support/Objet	0,35 mm
Ne pas supporter les ponts	☐
Hauteur de la couche indépendante des supports	☑

La capture d'écran illustre les paramètres avancés pour la configuration des supports, divisés en plusieurs sous-sections :

- **Distance Z supérieure/inférieure** : Définit l'écart vertical entre les supports et l'objet, pour la partie supérieure et inférieure respectivement.
- **Motif de la base** : Sélectionne le design de la base des supports.
- **Espacement du motif de la base** : Détermine l'intervalle entre les lignes ou les motifs qui forment la base des supports.
- **Angle du motif** : Oriente le motif de la base des supports par rapport à l'objet.
- **Couches des interfaces supérieures/inférieures** : Fixe le nombre de couches horizontales pour les interfaces entre les supports et l'objet, à la fois en haut et en bas.
- **Motif des interfaces** : Choisit le design des interfaces de support.
- **Espacement du motif des interfaces supérieures/inférieures** : Ajuste l'espacement pour les motifs des interfaces de support, tant pour la partie supérieure qu'inférieure.
- **Expansion des supports normaux** : Étend les supports au-delà des limites de l'objet pour une stabilité accrue.

- **Distance X-Y Support/Objet** : Définit l'espace horizontal entre les supports et l'objet pour éviter le collage.
- **Ne pas supporter les ponts** : Option pour omettre les supports sous les ponts si l'imprimante peut les imprimer sans assistance.
- **Hauteur de la couche indépendante des supports** : Permet une hauteur de couche différente pour les supports comparée à l'objet principal, optimisant ainsi le temps d'impression et l'utilisation du matériau.

| Qualité | Solidité | Vitesse | Supports | **Autres** |

🗐 Adhérence au plateau

Nombre de lignes de la jupe	0
Distance de la jupe	2 mm
Hauteur de la jupe	1 couches
Skirt speed	0 mm/s
Type de bordure	Aucune
Largeur de la bordure	5 mm
Distance entre la bordure et l'objet	0,1 mm

🗜 Tour de purge

Activer	☐

🖌 Options de purge

Purger dans le remplissage	☑
Purger dans les supports	☑

🗄 Modes spéciaux

Mode de découpage	Normal
Séquence d'impression	Par couche
Mode vase	☐
Timelapse	Traditionnel
Surface floue	Aucun

Ici on a des options diversifiées pour l'adhérence au plateau, la gestion des matériaux et des modes d'impression spéciaux :

Adhérence au plateau : Réglages pour améliorer l'adhérence de l'objet imprimé au plateau d'impression.

- **Nombre de lignes de la jupe** : Définit combien de lignes entoureront l'objet comme une jupe pour aider à l'adhérence et à la purge du filament.
- **Distance de la jupe** : L'écart entre la jupe et l'objet imprimé.
- **Hauteur de la jupe** : Combien de couches verticales la jupe aura.
- **Skirt speed** : La vitesse d'impression de la jupe.
- **Type de bordure** : Si une bordure est ajoutée autour de l'objet pour l'adhérence, et de quel type.
- **Largeur de la bordure** : L'épaisseur de la bordure ajoutée autour de l'objet.
- **Distance entre la bordure et l'objet** : L'écart entre l'objet imprimé et la bordure.

Tour de purge : Une option pour activer une tour de purge, qui est une structure imprimée pour purger ou nettoyer le filament avant ou après des changements de couleur ou de matériau.

Options de purge : Préférences pour où et comment le filament est purgé ou nettoyé pendant l'impression.

- **Purger dans le remplissage** : Permet de purger le filament excédentaire dans les zones de remplissage où il sera moins visible.
- **Purger dans les supports** : Utilise les structures de support pour purger et nettoyer le filament.

Modes spéciaux : Réglages pour des modes d'impression uniques ou avancés.

- **Mode de découpage** : Sélectionne le mode de découpage du modèle pour l'impression.
- **Séquence d'impression** : Définit l'ordre dans lequel les couches ou les parties de l'objet sont imprimées.
- **Mode vase** : Active un mode spécial d'impression où chaque couche est imprimée en continu sans déplacements non imprimants, généralement pour des objets avec une seule paroi continue.

- **Timelapse** : Définit si et comment un timelapse sera pris pendant l'impression.
- **Surface floue** : Option pour créer délibérément une surface texturée ou floue sur l'objet imprimé.

⚙️ G-code

Réduire les rétractions lors du remplissage ☑

G-code commenté ☐

Label Objects ☐

Format du nom de fichier `{input_filename_base}_{filament_type[0]}_{print_time}.gcode`

⚙️ Scripts de post-traitement

Le G-code est le langage utilisé pour donner des instructions à l'imprimante 3D. Les options visibles permettent de peaufiner comment ces instructions sont générées et traitées :

- L'option "Réduire les rétractions lors du remplissage" est cochée, ce qui signifie que le logiciel va limiter les mouvements de rétraction du filament pendant les phases de remplissage pour éviter les interruptions inutiles et potentiellement améliorer la vitesse d'impression.
- "G-code commenté" n'est pas sélectionné, indiquant que le G-code généré ne comprendra pas de commentaires explicatifs. Les commentaires sont souvent utilisés pour le débogage ou pour fournir des informations supplémentaires sur les commandes G-code spécifiques.
- "Label Objects" est désactivé, ce qui implique que le logiciel n'ajoutera pas de noms d'objets ou d'étiquettes dans le G-code, une fonction qui pourrait autrement aider à identifier les différentes parties d'une impression complexe dans le code.
- Le "Format du nom de fichier" montre comment le nom du fichier G-code sera structuré, comprenant le nom de base du fichier, le type de filament, et le temps d'impression estimé, se terminant par l'extension ".gcode".
- La section "Scripts de post-traitement" est vide, indiquant qu'il n'y a pas de scripts personnalisés qui

seront exécutés après la génération du G-code. Ces scripts peuvent être utilisés pour modifier le G-code pour des besoins spécifiques avant l'impression.

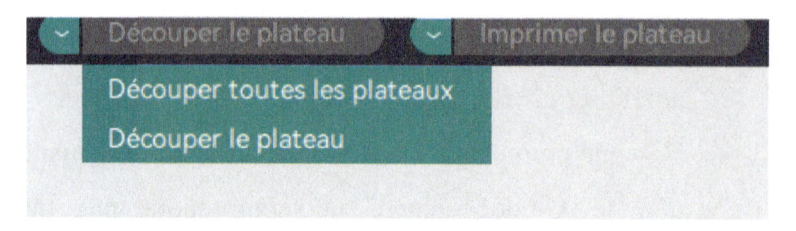

- "Découper toutes les plateaux" suggère que le logiciel peut préparer plusieurs plateaux pour l'impression en séquence, ce qui est utile lors de l'impression de multiples objets ou de lots d'impression.
- "Découper le plateau" indique que l'utilisateur peut procéder au découpage d'un seul plateau spécifique, c'est-à-dire convertir le modèle 3D en instructions G-code pour l'imprimante, sans affecter les autres plateaux préparés ou en attente.

Ces options offrent de la flexibilité dans la gestion des tâches d'impression, permettant soit de préparer un grand nombre de pièces à imprimer en une seule fois, soit de se concentrer sur une seule tâche à la fois.

- "Imprimer le plateau" permet à l'utilisateur de commencer l'impression de l'objet actuellement affiché sur la plateforme virtuelle du logiciel.
- "Imprimer tous les plateaux" étend cette fonctionnalité pour lancer l'impression de tous les plateaux préparés dans le logiciel, ce qui est pratique pour les séries d'impression.
- "Envoyer" permet à l'utilisateur de transférer le travail d'impression actuel vers l'imprimante connectée via le réseau ou une connexion directe.
- "Envoyer tous les plateaux" indique la possibilité de transférer tous les travaux préparés vers l'imprimante, probablement pour une file d'attente d'impression.
- "Exporter les fichiers découpés du plateau" offre la possibilité de sauvegarder le fichier G-code découpé pour le plateau actuel, ce qui permet de l'imprimer

plus tard ou d'utiliser ce fichier sur une autre imprimante.
- "Exporter tous les fichiers découpés" étend cette fonctionnalité pour inclure tous les travaux préparés dans le logiciel.
- "Exporter le fichier G-code" permet d'exporter individuellement le fichier G-code pour un usage spécifique.

Ces options fournissent une flexibilité dans la façon dont les fichiers d'impression sont gérés, permettant aux utilisateurs d'imprimer immédiatement, de planifier des tâches d'impression, ou de sauvegarder les fichiers pour une utilisation ultérieure.

Filament	Modèle	Purgé	Total
■ 2	1,19 m 3,56 g	16,58 m 49,44 g	17,77 m 53,00 g
■ 3	133,07 m 396,88 g	25,58 m 76,29 g	158,65 m 473,17 g
■ 4	19,48 m 58,11 g	23,92 m 71,34 g	43,40 m 129,45 g
Total	153,75 m 458,56 g	66,07 m 197,07 g	219,82 m 655,63 g

Durée de changement de filament: 559
Coût: 13,11

Durée estimée

Durée de préparation: 7m34s
Durée d'impression du modèle: 1d6h30m
Durée totale: 1d6h38m

Options   Afficher

- Déplacements
- Rétraction
- Réinsertion
- Essuyage
- Coutures ✓

La capture d'écran montre un récapitulatif détaillé des ressources et des temps estimés pour des tâches d'impression 3D, qui sont répartis en plusieurs sections :

- La première section répertorie la longueur et le poids du filament qui sera utilisé pour chaque type

de matériau, ainsi que les quantités purgées et les totaux correspondants, aboutissant à un total combiné pour l'ensemble du projet d'impression.
- La "Durée de changement de filament" indiquée représente le temps total nécessaire pour changer de filament entre les différents matériaux au cours de l'impression.
- Le "Coût" est probablement une estimation des dépenses en matériaux pour le projet d'impression complet.
- "Durée estimée" fournit des décomptes de temps pour la préparation, l'impression du modèle, et la durée totale, ce qui inclut à la fois la préparation et l'impression.
- Les "Options" comprennent des cases à cocher pour les déplacements, la rétraction, la réinsertion, l'essuyage, et les coutures, qui sont probablement des paramètres que l'utilisateur peut activer ou désactiver selon les besoins de l'impression spécifique.

Cette vue d'ensemble est cruciale pour planifier l'utilisation des ressources et le temps nécessaire pour réaliser un projet d'impression 3D.

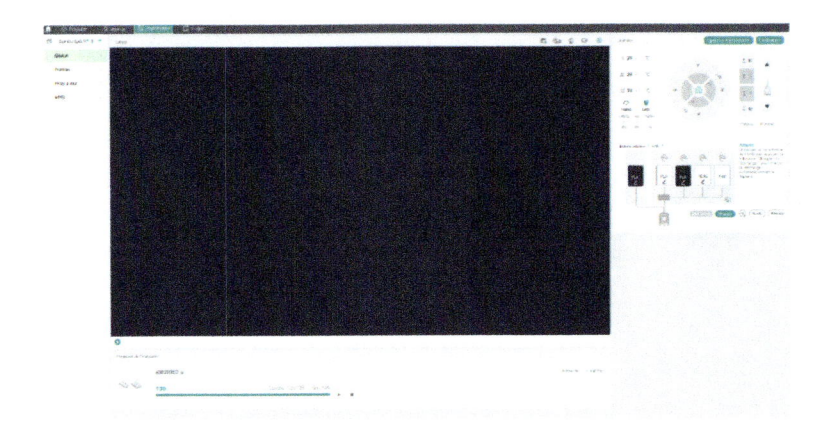

Sur la droite, on trouve le panneau de contrôle qui affiche les réglages de température pour le plateau et la hotend, ainsi que les commandes pour la manipulation manuelle des axes X, Y et Z de l'imprimante. Il y a également des options pour le contrôle de l'éclairage LED de la chambre.

En bas, il y a un affichage pour la progression de l'impression, indiquant que l'impression est complétée à 100% pour un objet nommé "x0839052_a", avec un total de 125 couches imprimées. Cela suggère que l'utilisateur peut suivre l'état d'avancement de l'impression en temps réel.

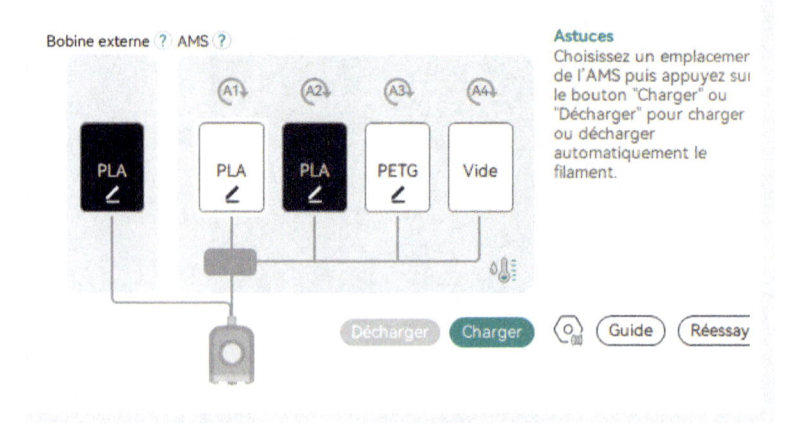

Ce encart correspond à l'AMS, qui permet de gérer plusieurs couleurs pour une même impression. il y a quatre emplacements pour les bobines de filament, avec trois d'entre eux chargés avec du PLA (acide polylactique, un type de plastique commun pour l'impression 3D) et un avec du PETG (polyéthylène téréphtalate glycol, un autre type de plastique souvent utilisé pour sa résistance et sa clarté). Un emplacement est marqué comme vide.

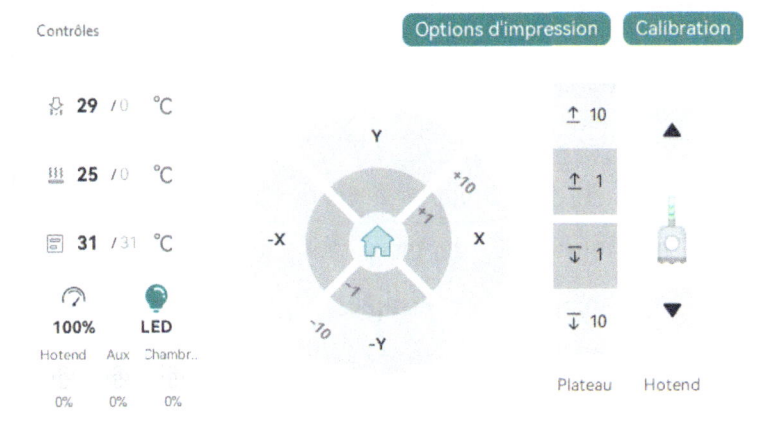

L'image montre le panneau de contrôle qui permet à l'utilisateur de gérer et de surveiller différents aspects de l'imprimante en temps réel :

- Les icônes en haut avec des températures indiquent les lectures actuelles pour différentes parties de l'imprimante : la première pour la température ambiante, la seconde probablement pour le lit chauffant, et la troisième pour la buse ou hotend. Chaque température est affichée à côté de sa valeur cible, permettant à l'utilisateur de comparer la température actuelle avec celle désirée.
- Le bouton "LED" avec un pourcentage en dessous indique l'intensité des lumières LED de la chambre de l'imprimante, permettant à l'utilisateur de les ajuster selon les besoins.

- Au centre, le grand cercle est une interface de commande directionnelle qui permet de déplacer manuellement la tête d'impression le long des axes X et Y. Les boutons avec des flèches indiquent la possibilité de déplacer la tête d'impression par incréments spécifiques, probablement en millimètres.
- Sur la droite, des boutons similaires permettent de contrôler le mouvement vertical du plateau (Z) et de la buse de l'imprimante (hotend), en les montant ou descendant par incréments de 1 ou 10 unités.

Ces contrôles sont essentiels pour la préparation de l'imprimante avant une impression, pour la calibration, ou pour le dépannage en ajustant manuellement la position de la tête d'impression ou le plateau, et en surveillant les températures pour assurer un environnement optimal pour l'impression 3D.

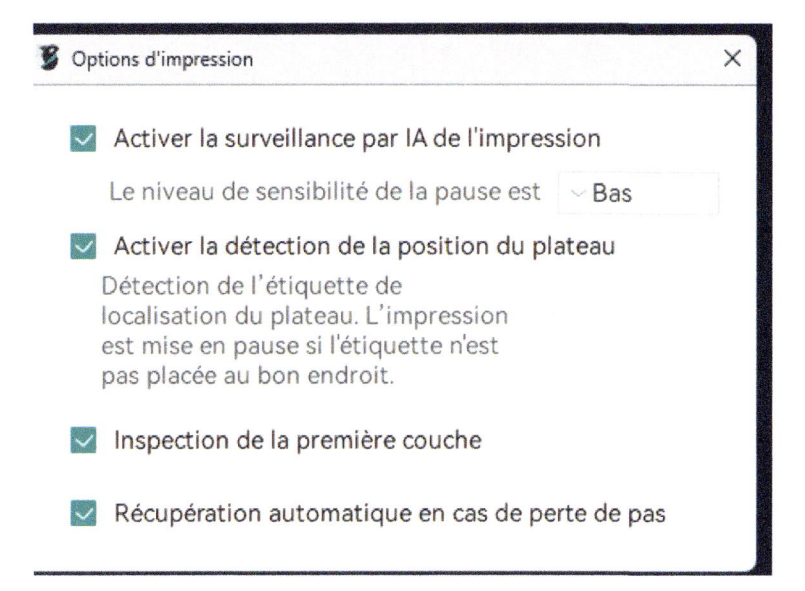

🐝 Options d'impression	✕

☑ Activer la surveillance par IA de l'impression

    Le niveau de sensibilité de la pause est   ˅ Bas

☑ Activer la détection de la position du plateau

    Détection de l'étiquette de localisation du plateau. L'impression est mise en pause si l'étiquette n'est pas placée au bon endroit.

☑ Inspection de la première couche

☑ Récupération automatique en cas de perte de pas

L'image représente une fenêtre de dialogue affichant différentes options de surveillance et de sécurité pour le processus d'impression :

- **"Activer la surveillance par IA de l'impression"** est une option cochée qui indique l'utilisation de l'intelligence artificielle pour surveiller l'impression. Un menu déroulant permet de régler le niveau de sensibilité de cette fonction, qui est actuellement réglé sur "Bas", impliquant que l'IA ne mettra l'impression en pause que pour des problèmes majeurs.
- **"Activer la détection de la position du plateau"** est également cochée, indiquant que le logiciel vérifiera si une étiquette de localisation du plateau

est correctement positionnée avant de commencer l'impression, pour éviter d'imprimer dans le vide, par exemple.

- **"Inspection de la première couche"** est une fonction de qualité qui assure que la première couche de l'impression est correctement déposée, ce qui est crucial pour la réussite de l'impression.
- **"Récupération automatique en cas de perte de pas"** est une fonction de sécurité qui permet à l'imprimante de reprendre l'impression après un incident comme le décalage des moteurs pas à pas, qui peut entraîner une désynchronisation des mouvements de l'imprimante.

Ces fonctionnalités avancées contribuent à améliorer la fiabilité et la qualité des impressions 3D en automatisant les aspects de la surveillance et en intervenant lorsqu'un problème est détecté.

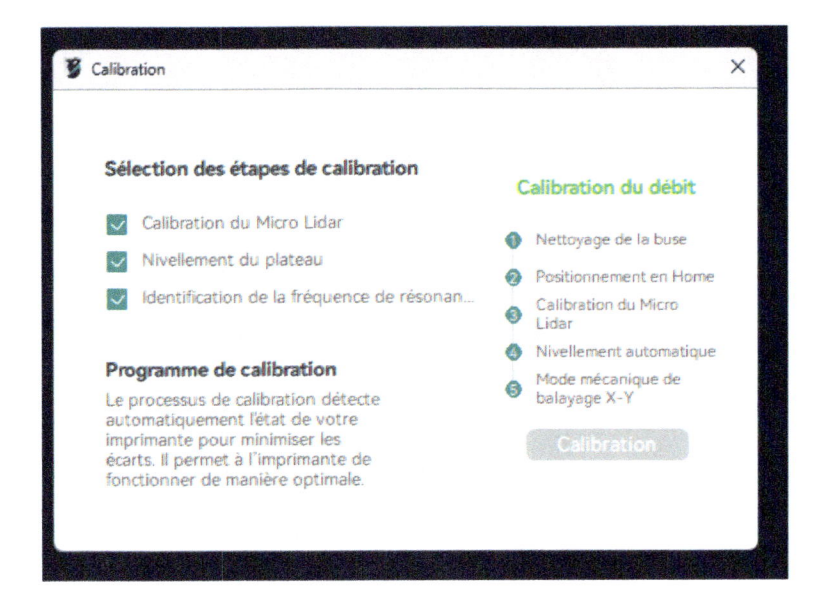

La calibration est un processus essentiel qui ajuste et synchronise les composants de l'imprimante pour assurer une impression précise et de haute qualité. Deux sections principales sont présentées :

1. **Sélection des étapes de calibration** :
    - La case "Calibration du Micro Lidar" est cochée, indiquant que le logiciel effectuera une calibration du capteur Lidar, un dispositif utilisé pour la mesure précise des distances.
    - "Nivellement du plateau" est également sélectionné, ce qui signifie que l'imprimante

ajustera le plateau d'impression pour qu'il soit parfaitement horizontal.
- "Identification de la fréquence de résonance" est cochée, ce qui suggère que l'imprimante examinera les vibrations potentielles qui pourraient affecter la qualité d'impression.

2. **Calibration du débit** :
   - Cette partie détaille les étapes pour calibrer le débit du filament à travers la buse. Le processus inclut le nettoyage de la buse, le positionnement en point de départ ou "Home", la calibration du Micro Lidar déjà mentionnée, le nivellement automatique, et le mode mécanique de balayage X-Y, qui ajuste les mouvements de l'imprimante dans le plan horizontal.

7. Cas d'Utilisation et Projets

La polyvalence d'Orca Slicer se manifeste dans une multitude de cas d'utilisation dans différents domaines. Pour les professionnels de l'ingénierie, il devient un outil indispensable lorsqu'il s'agit de prototypes complexes.

Grâce à des paramètres avancés et à un contrôle précis des impressions, il garantit la reproduction exacte des détails et des géométries complexes, ce qui en fait un excellent choix pour la création de prototypes dans des secteurs tels que l'ingénierie mécanique, l'aérospatiale et l'architecture.

Dans le monde de l'art et de la créativité, Orca Slicer ouvre des portes aux artistes et aux amateurs. La prise en charge par le logiciel de l'impression multi-couleurs et multi-matériaux permet de créer des figurines et des sculptures éclatantes et détaillées. Son interface conviviale le rend accessible, permettant aux artistes de traduire facilement leurs idées créatives en œuvres d'art imprimées en 3D.

Dans le domaine de la santé et de la médecine, Orca Slicer joue un rôle crucial. Les professionnels de la santé l'utilisent pour générer des modèles anatomiques précis pour la planification chirurgicale et l'enseignement. Il joue également un rôle essentiel dans le développement de prothèses personnalisées, garantissant un ajustement précis et une fonctionnalité optimale. La capacité du logiciel à travailler avec de multiples matériaux et à générer des modèles complexes joue un rôle essentiel dans ce contexte.

Pour les architectes et les designers, Orca Slicer est un outil précieux pour la création de modèles architecturaux complexes. Sa prise en charge de l'impression multi-matériaux et multi-couleurs permet de reproduire avec précision des conceptions de bâtiments complexes. Cette capacité est essentielle pour présenter des projets architecturaux à des clients ou à des fins éducatives.

Dans le domaine de l'éducation, l'interface conviviale et les nombreuses fonctionnalités d'Orca Slicer en font une ressource précieuse. Il est utilisé dans les salles de classe et les makerspaces pour initier les étudiants à l'impression 3D et à la conception. En encourageant la créativité et l'apprentissage pratique, le logiciel joue un rôle essentiel dans la formation de la prochaine génération d'innovateurs.

Les créateurs de bijoux exploitent les capacités d'Orca Slicer pour créer des pièces personnalisées. Le logiciel leur permet d'expérimenter avec différents matériaux et couleurs, afin d'obtenir l'esthétique et les subtilités souhaitées dans leurs créations, ce qui en fait un outil polyvalent dans le monde de la bijouterie et des accessoires personnalisés.

Le prototypage fonctionnel dans diverses industries bénéficie également d'Orca Slicer. Qu'il s'agisse de fabriquer des composants automobiles personnalisés, de concevoir des produits électroniques grand public ou de développer des gadgets domestiques, le logiciel facilite un prototypage précis, permettant aux ingénieurs et aux développeurs de produits d'affiner leurs conceptions avant de passer à la production de masse.

Ces divers cas d'utilisation démontrent que la flexibilité, la convivialité et l'ensemble des fonctionnalités d'Orca Slicer en ont fait un choix privilégié pour les professionnels et les passionnés. Le logiciel permet aux utilisateurs de donner vie à leurs projets d'impression 3D créatifs et fonctionnels avec précision et efficacité, dépassant ainsi les frontières de divers domaines et industries.

Chapitre 9 : Focus sur l'Imprimante Bambu-Lab X1C

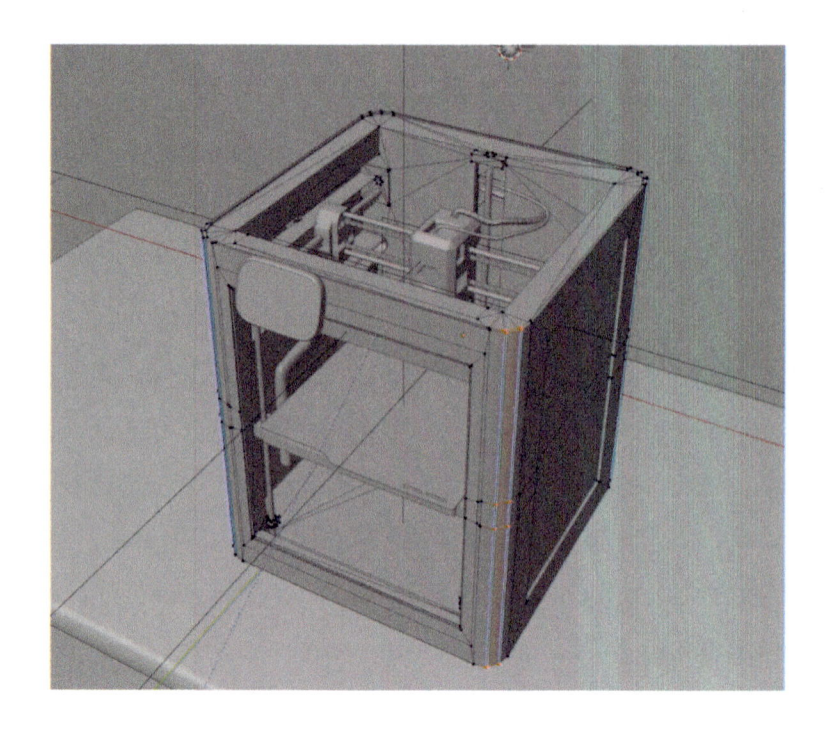

1. Introduction à Bambu-Lab X1C

a. Présentation de l'imprimante 3D Bambu-Lab X1C en tant que modèle phare de la marque

L'imprimante 3D Bambu-Lab X1C représente une percée dans le monde de la fabrication additive et s'impose comme le modèle phare de la marque. Cette imprimante de pointe offre une série de caractéristiques avancées qui la distinguent de la concurrence et en font le choix ultime pour les professionnels, les concepteurs, les ingénieurs et les amateurs.

L'une des principales caractéristiques de la X1C est sa technologie d'impression avancée. Cette imprimante utilise un dépôt précis couche par couche et des capacités de haute résolution, ce qui permet de créer des objets complexes et très détaillés avec des surfaces impeccablement lisses. Quelle que soit la complexité de votre projet, la X1C offre une qualité d'impression exceptionnelle.

La Bambu Lab X1 est axée sur la vitesse, offrant une accélération de 20 m/s^2 et une vitesse maximale de 500 mm/s. Grâce à un châssis solide en acier pour les axes X et Y, un bloc de chauffe céramique de 40 W, et un rail carbone ultraléger, cette imprimante garantit des performances exceptionnelles. Vous réduirez ainsi considérablement les temps d'attente pour obtenir vos pièces imprimées, économiserez de l'énergie grâce à des durées d'impression plus courtes et accomplirez vos projets à grande vitesse.

En ce qui concerne la qualité d'impression, la série X1 de Bambu Lab élève les standards. Elle est équipée d'un système de compensation active des vibrations, permettant une précision remarquable dans l'épaisseur des couches et le contrôle du flux de matière. Cette machine maintient une hauteur de couche de 0,1 mm, même à des vitesses élevées, assurant des détails fins et une qualité d'impression inégalée.

En outre, la X1C offre un volume de construction spacieux, ce qui permet de créer des objets complexes et de grande taille sans compromettre la précision. Sa prise en charge d'un large éventail de matériaux de qualité industrielle, des plastiques standard aux polymères haute température et aux matériaux composites, garantit la solidité, la durabilité et la polyvalence de vos impressions 3D.

La commodité d'utilisation est également une caractéristique de la X1C. L'imprimante est dotée d'un système de mise à niveau et d'étalonnage automatique du lit, ce qui simplifie le processus de configuration et garantit des résultats cohérents et fiables. Son interface tactile intuitive facilite la navigation dans les paramètres et le suivi de la progression de l'impression d'une simple pression.

La connectivité est un jeu d'enfant grâce aux options USB, Wi-Fi et Ethernet, tandis que la compatibilité avec divers logiciels de modélisation 3D et les systèmes d'exploitation Windows et Mac la rendent accessible à une large base d'utilisateurs. La sécurité est une priorité, avec des fonctionnalités telles que la protection contre l'emballement thermique et la détection de l'épuisement du filament, qui améliorent l'expérience d'impression dans son ensemble.

Pour ceux qui aiment bricoler et personnaliser, la X1C propose un firmware open-source, offrant la liberté d'adapter l'expérience d'impression 3D à des besoins et préférences spécifiques. L'engagement de Bambu-Lab en matière d'assistance à la clientèle garantit que les utilisateurs ont accès à des ressources précieuses, à des tutoriels et à une assistance réactive en cas de besoin.

En résumé, l'imprimante 3D X1C de Bambu-Lab n'est pas seulement une machine, mais une passerelle vers une créativité et une innovation sans limites. Grâce à sa précision, sa polyvalence et sa fiabilité exceptionnelles, elle permet aux utilisateurs de concrétiser leurs idées en toute simplicité. Que vous soyez un professionnel ou un passionné, la X1C change la donne dans le monde de l'impression 3D et redéfinit les possibilités de la fabrication additive.

b. Contexte et objectifs derrière la création de cette imprimante

L'imprimante 3D Bambu-Lab X1C a été développée en réponse au paysage dynamique de la technologie de l'impression 3D. Ces dernières années, des progrès considérables ont été réalisés dans ce domaine, avec l'apparition constante de nouveaux matériaux et de nouvelles techniques. Il était donc nécessaire de disposer d'une imprimante 3D capable d'intégrer les dernières innovations technologiques et d'offrir aux utilisateurs des capacités de pointe.

L'un des principaux objectifs de la X1C était d'offrir une précision et une innovation exceptionnelles en matière d'impression 3D. Elle a été conçue pour repousser les limites de ce qui est réalisable, en mettant l'accent sur l'obtention d'impressions haute résolution permettant la création d'objets complexes et finement détaillés. Cette précision a été jugée cruciale pour un large éventail d'applications, du prototypage à la fabrication en passant par les projets artistiques.

La polyvalence était un autre objectif clé. La X1C a été conçue pour s'adapter à une grande variété de matériaux de qualité industrielle, répondant ainsi aux divers besoins des utilisateurs. Qu'il s'agisse de plastiques standard ou de polymères à haute température, la polyvalence de l'imprimante lui permet de traiter un large éventail de projets, des pièces fonctionnelles aux créations artistiques.

La facilité d'utilisation a été une considération fondamentale dans le développement de l'imprimante. Bambu-Lab s'est efforcé de rendre l'impression 3D accessible à des utilisateurs ayant des niveaux d'expertise variés. Il s'agissait donc de rationaliser les processus de configuration et d'étalonnage, afin de permettre aux utilisateurs de démarrer leurs projets rapidement et en toute confiance.

La connectivité et la compatibilité étaient également des objectifs importants. L'imprimante devait offrir diverses options de connectivité, notamment USB, Wi-Fi et

Ethernet, afin de s'intégrer de manière transparente dans différents flux de travail et environnements. De plus, la compatibilité avec les logiciels de modélisation 3D les plus répandus et avec de nombreux systèmes d'exploitation la rendait accessible à une large base d'utilisateurs.

La sécurité et la fiabilité étaient essentielles. La X1C intègre des fonctions telles que la protection contre l'emballement thermique et la détection de l'épuisement du filament afin de prévenir les accidents et de minimiser les pannes d'impression. L'accent mis sur la sécurité et la fiabilité a permis aux utilisateurs de faire confiance à l'imprimante pour leurs projets.

Pour répondre aux besoins des utilisateurs avancés et de ceux qui apprécient la personnalisation, l'inclusion d'un micrologiciel à code source ouvert permet d'expérimenter et d'affiner les réglages. Les utilisateurs peuvent ainsi adapter l'imprimante à leurs besoins et préférences spécifiques.

2. Caractéristiques Clés de la Bambu-Lab X1C

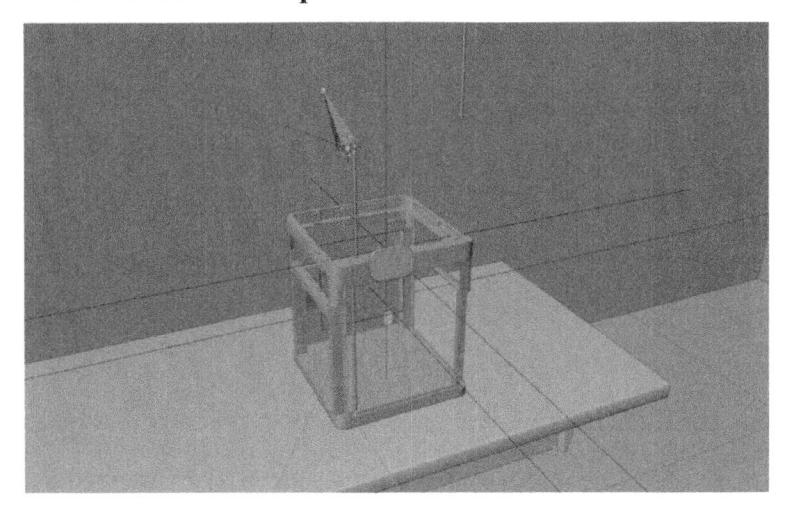

a. Examen approfondi des caractéristiques techniques et fonctionnelles qui distinguent la Bambu-Lab X1C

L'imprimante 3D Bambu-Lab X1C présente de nombreuses caractéristiques techniques et fonctionnelles qui la distinguent dans le paysage de l'impression 3D. Sa technologie d'impression avancée se caractérise par un dépôt précis couche par couche et des capacités de haute résolution, ce qui permet aux utilisateurs de créer des objets complexes et détaillés avec une finition lisse. Cette précision en fait l'outil idéal pour les applications où la précision des détails est essentielle.

Avec un volume de construction généreux, la X1C offre suffisamment d'espace pour produire des objets plus grands et plus complexes sans compromettre la qualité d'impression. Cet attribut est inestimable pour les projets qui nécessitent des composants substantiels ou des assemblages complexes.

La polyvalence des matériaux est une autre caractéristique de la X1C. Elle peut accueillir une large gamme de matériaux de qualité industrielle, y compris des options courantes comme le PLA et l'ABS, ainsi que des filaments spécialisés, ce qui la rend adaptée à un large éventail d'industries et d'applications.

La mise à niveau et l'étalonnage automatiques du lit simplifie le processus de configuration et garantissent un démarrage régulier et sans heurts des impressions. La convivialité s'étend à l'interface intuitive de l'écran tactile, qui permet aux utilisateurs de naviguer dans les paramètres et de surveiller la progression de l'impression sans effort.

Les multiples options de connectivité, notamment USB, Wi-Fi et Ethernet, offrent une grande souplesse dans la manière dont les utilisateurs se connectent à l'imprimante, en s'adaptant à leurs besoins et à leurs configurations spécifiques. La compatibilité avec divers logiciels de modélisation 3D améliore encore son adaptabilité à divers flux de travail.

Les fonctions de sécurité, telles que la protection contre l'emballement thermique et la détection de l'épuisement du filament, soulignent la fiabilité de l'imprimante et minimisent les risques potentiels. Cela garantit une expérience d'impression 3D sûre et cohérente, ce qui séduit les utilisateurs qui accordent une grande importance à la sécurité.

Le micrologiciel à code source ouvert permet à ceux qui recherchent la personnalisation et l'expérimentation d'adapter l'imprimante à leurs besoins exacts. Il s'adresse aux utilisateurs qui privilégient l'adaptabilité et la personnalisation.

En complément de ces caractéristiques techniques, l'engagement de Bambu-Lab à fournir un support client complet, y compris des ressources en ligne, des tutoriels et une assistance réactive, souligne l'engagement de l'entreprise à satisfaire les utilisateurs et à assurer leur succès. Cette combinaison de caractéristiques techniques et d'assistance fait de la X1C une imprimante 3D exceptionnelle, adaptée à un large éventail d'applications et de préférences d'utilisateurs.

b. Zones de construction, résolution, matériaux pris en charge, extrudeur et systèmes de refroidissement

L'imprimante 3D Bambu-Lab X1C présente des caractéristiques techniques qui élargissent considérablement ses fonctionnalités pour un large éventail d'applications. Sa zone de construction généreuse, offrant un volume de construction spacieux, permet aux utilisateurs d'entreprendre des projets plus vastes et plus complexes sans compromettre la qualité d'impression, ce qui en fait un choix polyvalent pour un large éventail d'applications.

Il convient de noter la capacité de résolution de l'imprimante, qui excelle dans la production d'impressions haute résolution caractérisées par des traits finement détaillés et des surfaces lisses. Cette précision est particulièrement précieuse dans les applications où une conception complexe et une qualité exceptionnelle sont essentielles, comme dans les domaines de la conception de bijoux et de la modélisation architecturale.

La compatibilité des matériaux est l'un des points forts de la X1C, car elle prend en charge une grande variété de matériaux de qualité industrielle, allant au-delà des plastiques conventionnels pour inclure le PLA, l'ABS, le PETG, le TPU et divers filaments spécialisés. Cette adaptabilité permet à l'imprimante de répondre aux besoins d'un large éventail d'industries et d'applications, allant de l'ingénierie aux arts créatifs.

L'extrudeuse, un composant essentiel de l'impression 3D, est méticuleusement conçue pour être précise et fiable. La X1C propose des configurations à simple et double extrudeur, pour répondre aux besoins des utilisateurs qui souhaitent des impressions monochromes ou des capacités multi-matériaux. Cette adaptabilité est particulièrement précieuse pour ceux qui ont besoin de conceptions complexes ou qui recherchent les avantages de l'impression bi-matière pour l'intégrité structurelle et l'attrait esthétique.

Des systèmes de refroidissement efficaces sont parfaitement intégrés à la X1C, garantissant des températures stables et un flux d'air contrôlé pendant le processus d'impression. Ces systèmes de refroidissement jouent un rôle essentiel dans l'atténuation de problèmes tels que le gauchissement et contribuent de manière significative à la qualité globale de l'impression. Ils améliorent la capacité de l'imprimante à produire régulièrement des résultats de haute qualité, même dans le cadre d'impressions complexes.

L'ensemble de ces caractéristiques techniques fait de la Bambu-Lab X1C une imprimante 3D polyvalente, précise et fiable, capable de répondre à un large éventail d'applications et de préférences des utilisateurs. Sa zone de construction étendue, sa finesse de résolution, son adaptabilité aux matériaux, ses options d'extrusion polyvalentes et ses mécanismes de refroidissement efficaces s'allient pour répondre aux diverses demandes de nombreux secteurs et projets.

c. Module de multi-couleur (AMS) et les options de connectivité

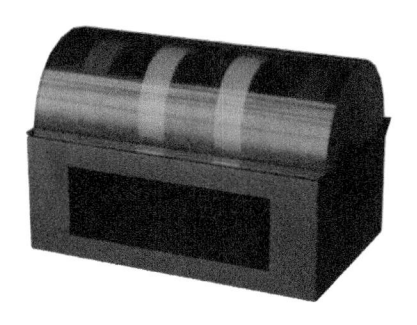

Le module multicolore (AMS) est une caractéristique qui distingue la X1C, conçue pour permettre l'impression 3D multicolore et multi-matériaux. Grâce à ce module, les utilisateurs peuvent créer des objets complexes et visuellement captivants qui intègrent un large éventail de couleurs, de textures et de matériaux en une seule impression. Les possibilités créatives sont ainsi élargies, ce qui fait de l'imprimante un choix polyvalent pour les applications exigeant une large palette d'options, des projets artistiques et architecturaux aux prototypes d'ingénierie.

Les options de connectivité sont tout aussi importantes, car elles offrent aux utilisateurs la possibilité d'intégrer la X1C de manière transparente dans leurs flux de travail et leurs environnements spécifiques. L'imprimante offre plusieurs choix de connectivité, notamment USB, Wi-Fi et Ethernet. La connectivité USB offre des connexions directes et simples, tandis que la connectivité Wi-Fi permet un contrôle et une surveillance sans fil. La connectivité Ethernet offre une option câblée fiable. Cette adaptabilité des méthodes de connectivité permet aux utilisateurs de choisir l'option qui correspond le mieux à leurs besoins et à leur configuration, ce qui améliore l'accessibilité et la facilité d'utilisation de l'imprimante auprès d'une large base d'utilisateurs.

La coexistence du module multicolore (AMS) et des diverses options de connectivité fait de la Bambu-Lab X1C une imprimante 3D conçue pour répondre à un large éventail de besoins créatifs et fonctionnels. L'AMS favorise l'impression multi-couleurs et multi-matériaux, facilitant ainsi l'obtention de résultats complexes et visuellement captivants. Simultanément, la disponibilité d'options de connectivité polyvalentes garantit une intégration transparente dans divers flux de travail, ce qui rend la X1C adaptable et accessible aux utilisateurs dans divers environnements, des milieux professionnels aux établissements d'enseignement en passant par les studios de création.

3. Expérience d'Utilisation de la Bambu-Lab X1C

a. Évaluation de la facilité d'installation, de la qualité d'impression et de la stabilité

La Bambu-Lab X1C se distingue par la simplicité de son processus d'installation. Conçues dans un souci de convivialité, les fonctions automatisées de l'imprimante, notamment la mise à niveau et le calibrage automatiques du lit, simplifient la phase d'installation. Cette installation simplifiée réduit les obstacles pour les nouveaux utilisateurs et leur permet de commencer rapidement leurs projets d'impression 3D. Cette accessibilité est particulièrement précieuse pour les personnes qui découvrent l'impression 3D et contribue à une expérience utilisateur positive.

En outre, la X1C offre en permanence une qualité d'impression exceptionnelle, ce qui constitue une caractéristique distinctive essentielle. Sa technologie d'impression avancée, caractérisée par un dépôt précis couche par couche et des capacités de haute résolution, permet de produire des impressions complexes et finement détaillées avec des surfaces impeccablement lisses. Cette qualité d'impression élevée s'étend à une large gamme de matériaux, ce qui permet à la X1C de s'adapter à divers secteurs et applications. Qu'il s'agisse de prototypes complexes, de composants de fabrication ou de créations artistiques, l'engagement de la X1C en faveur de la précision et du détail est une marque de fabrique qui répond aux besoins variés des utilisateurs.

Finalement, la stabilité est un aspect fondamental des performances de la X1C. L'imprimante est conçue pour créer un environnement d'impression stable et contrôlé, un élément essentiel pour obtenir des résultats fiables et cohérents. Ses fonctions de sécurité, notamment la protection contre l'emballement thermique et la détection de l'épuisement du filament, ajoutent un niveau d'assurance supplémentaire au processus d'impression. Les utilisateurs peuvent compter sur des sessions d'impression ininterrompues avec un minimum de perturbations. Cette stabilité est inestimable pour les industries où la constance est primordiale, telles que la fabrication et la production, car elle garantit la qualité et la fiabilité des impressions.

b. Réactions à la performance de l'AMS pour l'impression multi-couleur

Les commentaires sur les performances de l'AMS pour l'impression multi-couleurs sur l'imprimante 3D Bambu-Lab X1C sont particulièrement positifs. Les utilisateurs félicitent l'AMS pour sa capacité à produire un éventail de couleurs diverses et vives dans leurs impressions 3D. Il permet des transitions transparentes entre les couleurs et offre un large spectre de teintes, une caractéristique très appréciée par les artistes, les concepteurs et les professionnels de la création qui recherchent des détails colorés complexes dans leurs modèles imprimés en 3D.

La compatibilité multi-matériaux de l'AMS améliore ses performances, appréciées par les utilisateurs pour sa souplesse d'adaptation à différents matériaux. Elle permet non seulement des impressions multicolores, mais aussi des impressions multitextures et multimatériaux, pour des applications à la fois fonctionnelles et artistiques.

Les transitions fluides entre les couleurs réalisées par l'AMS sont une caractéristique notable, louée par les utilisateurs. Les transitions entre les couleurs sont transparentes, ce qui permet d'obtenir des impressions esthétiques et cohérentes. Cet aspect est particulièrement important pour ceux qui travaillent sur des modèles comportant des dégradés et des motifs de couleur complexes.

Les utilisateurs trouvent que le processus de configuration de l'AMS est convivial et accessible, ce qui facilite la mise en place d'impressions multicolores sans courbe d'apprentissage abrupte. Cette facilité d'utilisation garantit qu'une large base d'utilisateurs, y compris les débutants et les passionnés d'impression 3D expérimentés, peuvent tirer pleinement parti de cette fonctionnalité.

La polyvalence des options de conception offertes par l'AMS renforce encore son attrait. Les utilisateurs louent sa capacité à leur permettre de créer des modèles complexes, visuellement frappants, avec des détails de couleur complexes, permettant la réalisation de visions créatives. Cette polyvalence ouvre la voie à des projets dans divers secteurs, allant de l'art et de la mode à l'ingénierie et à l'architecture.

4. Intégration avec les Logiciels et les Outils

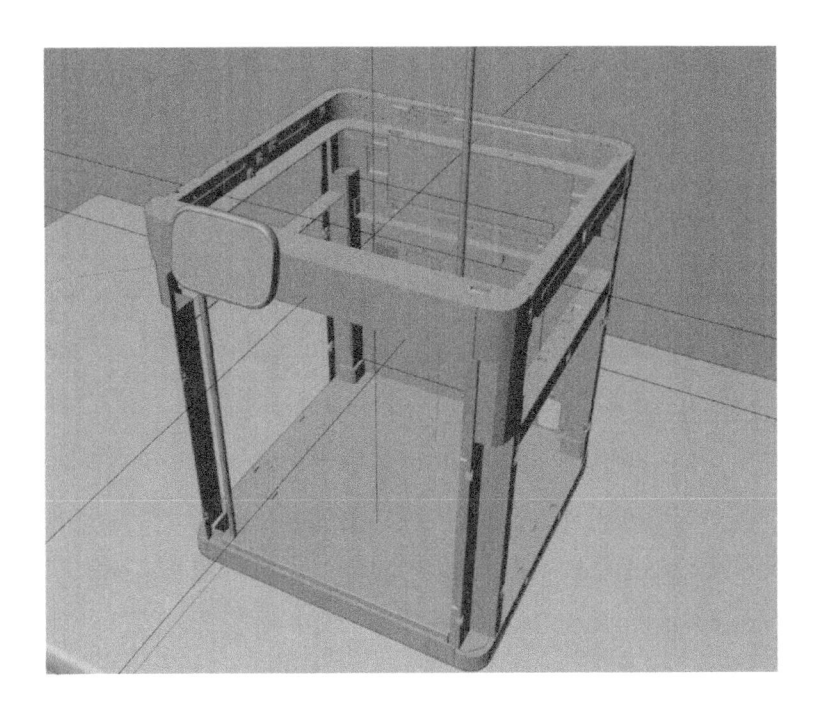

a. **Discussion sur la compatibilité et l'intégration de la Bambu-Lab X1C avec différents logiciels de tranchage (slicers)**

Le Bambu-Lab X1C présente une large compatibilité avec divers logiciels de tranchage, ce qui renforce son attrait pour les utilisateurs. Son architecture ouverte permet une intégration transparente avec un large éventail de logiciels de découpe, y compris des options largement utilisées telles que Cura, PrusaSlicer, Simplify3D et MatterControl. Cette compatibilité permet aux utilisateurs de choisir le logiciel qui correspond le mieux à leurs préférences, à leur expertise et aux exigences spécifiques de leur projet.

La possibilité de travailler avec plusieurs logiciels de découpage en tranches répond aux préférences individuelles et à l'expérience antérieure des utilisateurs. Ceux qui maîtrisent déjà un logiciel de découpage en tranches particulier peuvent continuer à utiliser leur outil préféré, en tirant parti de leurs connaissances et de leurs compétences. Parallèlement, les utilisateurs qui recherchent un logiciel doté de fonctions avancées ou d'interfaces conviviales peuvent choisir le logiciel qui complète le mieux leur flux de travail et leurs objectifs d'impression 3D.

Les fonctions avancées que les logiciels de tranchage offrent souvent pour affiner les paramètres d'impression sont entièrement accessibles avec le X1C. Les utilisateurs peuvent personnaliser des aspects tels que la hauteur des couches, les motifs de remplissage et les structures de support pour répondre aux exigences précises de leurs projets. La compatibilité de la X1C avec divers logiciels de découpage garantit que les utilisateurs peuvent exploiter ces capacités avancées, ce qui permet d'obtenir des résultats d'impression 3D plus raffinés et plus personnalisés.

L'intégration avec un large éventail de logiciels de découpe facilite l'alignement des flux de travail. Que les utilisateurs travaillent dans des établissements d'enseignement, des milieux professionnels ou des studios de création, la X1C s'intègre sans difficulté à leurs flux de travail existants. Cette flexibilité garantit un processus d'impression 3D fluide et sans perturbation, conforme aux diverses normes et pratiques de l'industrie.

b. Conseils pour tirer parti des fonctionnalités spéciales de l'imprimante dans le processus de tranchage

- Assurez-vous que votre logiciel de tranchage est compatible avec les caractéristiques uniques de votre imprimante. Certaines fonctionnalités peuvent nécessiter un logiciel spécifique. Confirmez que le logiciel que vous avez choisi peut utiliser efficacement les capacités de votre imprimante.

- De nombreux programmes de découpage offrent des modes spécialisés adaptés aux caractéristiques de votre imprimante, comme l'impression multi-couleurs ou multi-matériaux. Utilisez ces modes lorsqu'ils correspondent aux exigences de votre projet.

- Familiarisez-vous avec les paramètres avancés de votre logiciel de découpage. Ajustez les paramètres tels que la hauteur des couches, les motifs de remplissage et les structures de support pour répondre aux besoins spécifiques de votre projet. La personnalisation est essentielle pour optimiser vos impressions.

- Calibrez correctement votre imprimante 3D pour qu'elle fonctionne parfaitement avec ses fonctions spéciales. Le calibrage, en particulier pour les impressions multicolores ou multi-matériaux, joue un rôle important dans la qualité de l'impression.

Faites attention à des facteurs tels que la hauteur des buses et la mise à niveau du lit.

- Si votre imprimante présente des caractéristiques uniques, comme des extrudeuses doubles ou la prise en charge de matériaux dissolubles, prenez le temps d'apprendre à concevoir des modèles 3D qui tirent le meilleur parti de ces caractéristiques. Il s'agit notamment de maîtriser la création de modèles avec plusieurs couleurs ou matériaux.

- Pour l'impression multi-matériaux, assurez-vous que les matériaux que vous utilisez sont compatibles avec les fonctionnalités de votre imprimante. Les différents matériaux peuvent nécessiter des paramètres spécifiques dans le logiciel de découpage pour optimiser l'adhérence et la qualité d'impression.

- Avant de vous attaquer à des projets complexes, procédez à des essais d'impression. Cela vous permettra d'affiner les réglages et de mieux comprendre comment les fonctions spéciales de votre imprimante interagissent avec le logiciel de découpe. Les tirages d'essai permettent d'éviter des problèmes potentiels dans le cadre de projets plus importants.

- N'hésitez pas à consulter le manuel d'utilisation de votre imprimante 3D et les ressources en ligne fournies par le fabricant. Ils contiennent souvent des informations et des conseils précieux pour tirer le meilleur parti des fonctions spéciales pendant le processus de découpage en tranches.

- Si vous rencontrez des difficultés ou des succès en travaillant avec les fonctions spéciales de votre imprimante, pensez à partager vos expériences avec la communauté de l'impression 3D. Les forums en ligne et les groupes d'utilisateurs peuvent être d'excellentes sources de conseils et de solutions.

5. Considérations Légales et d'Utilisation

L'utilisation des imprimantes 3D est soumise à diverses réglementations et normes visant à garantir la sécurité et la conformité. Ces réglementations peuvent varier en fonction des juridictions régionales, mais elles couvrent généralement des aspects tels que la sécurité électrique, les exigences en matière d'émissions et de ventilation (en particulier pour certains matériaux), les considérations relatives à la propriété intellectuelle lors de la reproduction de dessins protégés par le droit d'auteur ou brevetés, les protocoles de santé et de sécurité visant à protéger les utilisateurs dans divers contextes, et le respect des réglementations environnementales pour l'élimination correcte des déchets générés lors de l'impression 3D. Il est essentiel de connaître et de respecter ces réglementations pour utiliser les imprimantes 3D de manière responsable.

Pour garantir une utilisation sûre et conforme de l'imprimante 3D Bambu-Lab X1C, plusieurs recommandations doivent être suivies. Il convient notamment de lire attentivement le manuel d'utilisation fourni, qui contient des consignes de sécurité essentielles et des directives pour une utilisation correcte de l'imprimante. L'utilisation de l'imprimante dans un endroit bien ventilé ou l'utilisation de systèmes de filtration pour les matériaux susceptibles d'émettre des fumées est une mesure de sécurité cruciale. Il est également important de respecter les consignes de sécurité électrique, d'utiliser des matériaux compatibles selon les recommandations du fabricant et de procéder à un entretien régulier pour maintenir l'imprimante dans un état optimal. En outre, il est nécessaire de garantir les droits de propriété intellectuelle pour l'utilisation commerciale et de se conformer aux réglementations locales, en particulier celles relatives à la sécurité, aux émissions et à l'élimination des déchets, afin de garantir un fonctionnement sûr et conforme.

Le Bambu-Lab X1C est généralement assorti d'une garantie du fabricant. Les termes et conditions spécifiques de la garantie peuvent varier, d'où l'importance pour les utilisateurs de vérifier les détails de la garantie. Les fabricants proposent généralement des canaux d'assistance à la clientèle, notamment une assistance technique, des conseils de dépannage et une assistance liée à la garantie. Les utilisateurs devraient également explorer les ressources en ligne fournies par le fabricant, qui peuvent inclure des forums d'utilisateurs, des FAQ et des tutoriels vidéo pour aider à résoudre les problèmes courants, à configurer l'appareil et à le dépanner. La participation à des communautés et à des forums d'impression 3D en ligne peut fournir des informations précieuses et des solutions à des problèmes typiques. En outre, les utilisateurs doivent rester attentifs aux mises à jour de micrologiciels et de logiciels proposés par le fabricant afin de préserver l'efficacité et la sécurité de leur imprimante 3D.

6. Projets et Créations Utilisant la Bambu-Lab X1C

- Le Bambu-Lab X1C est la plateforme idéale pour créer des figurines et des jouets personnalisés, offrant ainsi une possibilité d'expression artistique ou de cadeaux personnalisés. Grâce à ses capacités d'impression multicolore, vous pouvez ajouter des détails vibrants et des caractéristiques réalistes à vos créations, qu'il s'agisse d'une figurine unique, d'une sculpture miniature ou d'un jouet imaginatif.

- Les capacités d'impression haute résolution de la X1C conviennent parfaitement aux projets artistiques. Cette imprimante 3D vous permet de donner vie à des sculptures complexes et visuellement captivantes. Vos sculptures peuvent présenter des détails fins et des formes complexes, ce qui en fait un excellent outil pour les artistes qui cherchent à explorer de nouvelles dimensions dans leur travail.

- Concevez et imprimez des modèles architecturaux avec précision et exactitude grâce à la X1C. Que vous soyez un étudiant présentant un projet, un architecte travaillant sur une proposition ou simplement un amateur intéressé par la conception architecturale, cette imprimante peut vous aider à créer des modèles physiques détaillés et impressionnants.

- Les cosplayers peuvent utiliser la X1C pour produire des accessoires de haute qualité pour leurs costumes. Les capacités multi-matériaux et multi-couleurs de l'imprimante vous permettent de reproduire des pièces complexes de vos films, anime ou jeux vidéo préférés, garantissant ainsi que votre costume se distingue par son authenticité et son souci du détail.

- Concevez et produisez des bijoux uniques et personnalisés qui reflètent votre style personnel. La précision de la X1C permet de créer des motifs complexes et délicats, tandis que la possibilité d'expérimenter avec différents matériaux vous permet de créer une gamme de pièces distinctives, des pendentifs et boucles d'oreilles aux bagues personnalisées.

- Le X1C est un outil précieux pour créer des pièces de rechange pour un large éventail d'articles ménagers. Qu'il s'agisse de poignées d'armoire cassées, de crochets muraux, de supports ou d'autres éléments essentiels, l'impression 3D peut être une solution rentable et écologique pour prolonger la durée de vie de divers objets.

- La fabrication de supports ergonomiques et personnalisés pour les appareils électroniques est une autre application pratique. Concevez des supports adaptés aux dimensions et aux préférences de visualisation de vos appareils, afin d'améliorer votre espace de travail ou votre environnement domestique.

- La X1C vous permet de concevoir et d'imprimer des outils d'organisation personnalisés, tels que des organisateurs de bureau, des conteneurs de stockage ou des crochets muraux. Ces outils peuvent contribuer à rationaliser et à désencombrer votre espace de travail ou votre domicile, en offrant des solutions fonctionnelles aux défis quotidiens en matière d'organisation.

- L'imprimante peut constituer une ressource précieuse pour les éducateurs et les apprenants. Créez des outils et des aides pédagogiques, tels que des modèles 3D de molécules, d'artefacts historiques ou de formes géométriques, afin de faciliter les expériences d'apprentissage interactives et attrayantes en classe ou à la maison.

- Pour les ingénieurs et les inventeurs, le X1C est un outil indispensable pour produire des prototypes fonctionnels de vos conceptions. Il facilite les tests rigoureux, le perfectionnement et la validation des nouveaux produits ou concepts, contribuant ainsi à accélérer le processus de développement.

Chapitre 10 : Outils et Matériels

1. Outils de Base pour l'Assemblage et la Maintenance

Lorsqu'il s'agit d'assembler et d'entretenir une imprimante 3D, il est essentiel d'avoir les bons outils à portée de main pour s'assurer que l'imprimante est installée correctement et reste en bon état de fonctionnement.

Il y a notamment :

- **Tournevis :** Les tournevis de différentes tailles, à tête plate ou cruciforme, sont essentiels pour fixer les vis, les écrous et les boulons lors de l'assemblage de l'imprimante 3D. Il est courant que les imprimantes 3D disposent d'une grande variété de fixations, et le fait d'avoir le bon tournevis garantit une construction sûre et stable.

- **Clés Allen (clés hexagonales)** : De nombreuses imprimantes 3D utilisent des vis à tête hexagonale pour l'assemblage. Les clés Allen ou hexagonales sont utilisées pour serrer ou desserrer ces vis. Elles existent en différentes tailles pour s'adapter aux différentes têtes de vis que l'on trouve couramment dans les imprimantes 3D.

- **Pince** : Les pinces, telles que les pinces à becs pointus, sont pratiques pour saisir, tenir et plier des fils ou des composants. Elles peuvent être utiles pour gérer les câbles, changer les filaments ou effectuer de petits ajustements sur les composants de l'imprimante.

- **Pince coupante** : Les pinces coupantes sont essentielles pour couper et gérer les câbles et les fils électriques. Une bonne gestion des câbles est essentielle pour s'assurer qu'ils n'obstruent pas les pièces mobiles et qu'ils ne créent pas de risques pour la sécurité.

- **Clé à molette** : Une clé à molette est utile pour fixer les écrous et les boulons qui peuvent nécessiter un autre type d'outil que les clés Allen ou les tournevis fournis. Elle est particulièrement utile pour mettre à niveau le lit de l'imprimante et serrer les écrous excentriques.

- **Outils de nettoyage** : L'entretien consiste également à maintenir l'imprimante propre. Les outils de nettoyage tels que les brosses, les chiffons non pelucheux et l'air comprimé peuvent aider à éliminer la poussière et les débris susceptibles d'affecter la qualité de l'impression ou de provoquer des dysfonctionnements.

- **Lubrifiants** : Les lubrifiants, tels que l'huile ou la graisse pour machines, sont importants pour maintenir les pièces mobiles de l'imprimante 3D bien lubrifiées. L'entretien régulier des rails, des roulements et des vis d'entraînement à l'aide de lubrifiants appropriés peut prolonger la durée de vie de l'imprimante et améliorer la qualité d'impression.

2. Outils de Mesure

Des mesures précises sont essentielles dans l'impression 3D, car elles garantissent que les pièces imprimées répondent aux spécifications de conception et s'assemblent avec précision. Différents outils de mesure sont couramment utilisés pour atteindre ce niveau de précision.

Il y a notamment :

- **Pieds à coulisse** : Les pieds à coulisse sont l'un des outils de mesure les plus polyvalents et les plus utilisés dans l'impression 3D. Ils existent en version numérique et analogique (vernier). Les pieds à coulisse permettent de mesurer les dimensions extérieures (diamètre extérieur, longueur, largeur) des pièces imprimées avec une grande précision. Ils sont particulièrement utiles pour vérifier si une pièce imprimée correspond aux dimensions prévues et pour contrôler les tolérances.

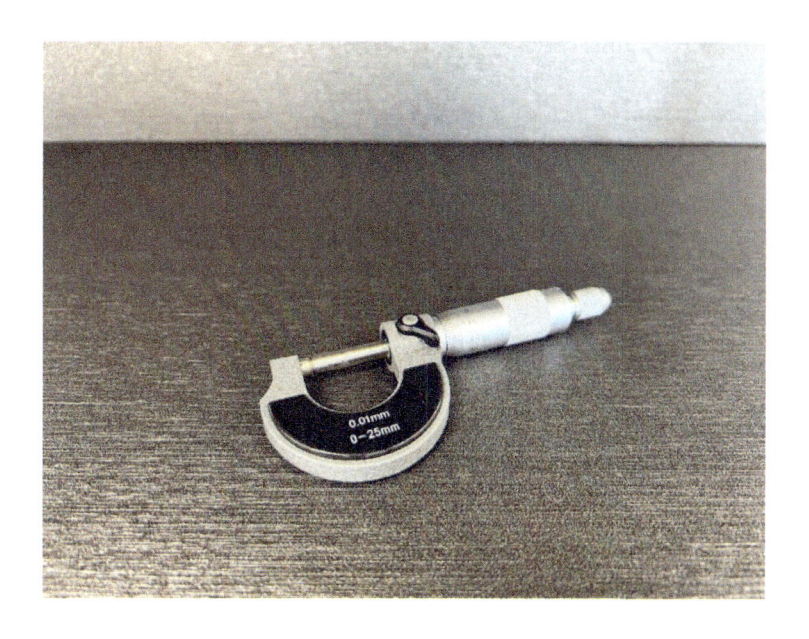

- **Micromètre**s : Les micromètres offrent une précision encore plus grande que les pieds à coulisse, généralement au niveau du micromètre ou du micron. Ils sont particulièrement utiles pour mesurer des dimensions et des tolérances extrêmement précises. Les micromètres sont souvent utilisés pour le contrôle de la qualité, afin de s'assurer que les pièces critiques respectent des tolérances serrées dans l'impression 3D.

- **Règles et échelles** : Les règles et les échelles sont des outils simples mais essentiels pour mesurer la longueur et la largeur des pièces imprimées. Elles existent en différentes tailles et sont souvent utilisées pour évaluer rapidement les dimensions approximatives. Bien qu'elles ne soient pas aussi précises que les pieds à coulisse ou les micromètres, elles permettent d'effectuer des vérifications rapides ou des mesures approximatives.

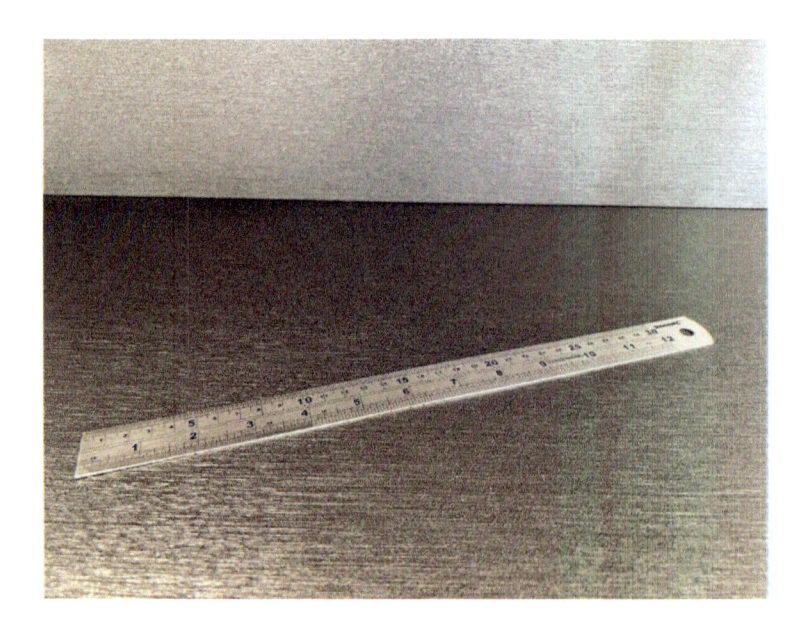

- **Indicateurs à cadran** : Les comparateurs à cadran sont utilisés pour mesurer des mouvements ou des écarts infimes dans des pièces imprimées. Ils sont particulièrement utiles pour vérifier la planéité des surfaces ou détecter les déformations dans les impressions 3D. Les indicateurs à cadran fournissent une représentation visuelle des variations avec une grande précision.

- **Jauges d'épaisseur** : Les jauges d'épaisseur sont constituées d'un ensemble de fines bandes métalliques d'épaisseur variable. Elles sont principalement utilisées pour mesurer les espaces et les dégagements entre les composants dans les assemblages imprimés en 3D. Ces jauges sont utiles pour s'assurer que les pièces s'emboîtent parfaitement sans interférence

3. Outils de Découpe et de Finition

Après l'impression 3D, les pièces nécessitent souvent un post-traitement pour éliminer les imperfections, lisser les bords et obtenir un résultat propre et professionnel. Divers outils de découpe et de finition jouent un rôle crucial dans ce processus.

Il y a notamment :

- **Couteaux de précision** : Les couteaux de précision, tels que les couteaux de bricolage ou les couteaux X-acto, sont indispensables pour retirer les structures de soutien et les radeaux des pièces imprimées. Ils permettent un découpage précis et contrôlé, garantissant qu'aucun dommage involontaire n'est causé à la pièce.

- **Les limes** : Les limes, de formes et de tailles diverses, sont utilisées pour lisser et façonner la surface des pièces imprimées en 3D. Elles sont efficaces pour éliminer les lignes de couche et les imperfections, ce qui rend la surface plus uniforme.

- **Papier de verre** : Le papier de verre est utilisé pour lisser et affiner la surface des pièces imprimées. Il est disponible en différents grains, ce qui vous permet de choisir le niveau d'abrasivité en fonction de la finition souhaitée.

- **Limes aiguilles** : Les limes aiguilles sont des versions miniatures des limes ordinaires et sont très utiles pour les travaux détaillés sur des pièces imprimées petites et complexes. Elles existent en différentes formes pour s'adapter aux différents contours.

- **Outils d'ébavurage** : Les outils d'ébavurage sont conçus pour éliminer les arêtes vives et les bavures des pièces imprimées en 3D, afin d'améliorer la sécurité et l'esthétique. Ils sont particulièrement importants pour les pièces qui seront manipulées ou utilisées à proximité de la peau.

4. Matériels de Sécurité et de Protection

La sécurité est d'une importance capitale lorsque l'on travaille avec des imprimantes 3D, car le processus implique souvent des températures élevées, des pièces mobiles et parfois l'utilisation de produits chimiques et de matériaux susceptibles d'émettre des fumées ou des particules. Pour garantir le bien-être des personnes qui utilisent des imprimantes 3D, divers équipements de sécurité et de protection sont nécessaires.

Il y a notamment :

Lunettes de sécurité : Les lunettes de protection protègent les yeux des risques potentiels tels que les débris volants, le filament chaud ou les produits chimiques. Elles sont indispensables pour retirer les structures de soutien, travailler avec des composants chauffés ou manipuler des matériaux susceptibles de générer des particules.

- **Gants** : Les gants, généralement fabriqués dans des matériaux résistants à la chaleur ou aux coupures, sont essentiels pour manipuler des composants chauds, tels que les lits d'impression ou les extrudeuses, et pour retirer en toute sécurité les impressions de la surface de construction.

- **Masques anti-poussière ou respirateurs** : Lorsque l'on imprime en 3D avec des matériaux qui émettent des fumées ou des particules fines, comme l'ABS ou certaines résines, il est important de porter des masques anti-poussières ou des respirateurs pour éviter l'inhalation de substances potentiellement nocives. Une ventilation adéquate de l'espace de travail est également essentielle.

- **Protection auditive** : Certaines imprimantes 3D peuvent être bruyantes, en particulier lorsqu'elles fonctionnent pendant de longues périodes. Une protection auditive, telle que des bouchons d'oreille ou des protège-oreilles, peut s'avérer nécessaire pour éviter les lésions auditives.

- **Tabliers résistants à la chaleur** : Lorsque l'on travaille avec des imprimantes 3D dont les composants sont exposés à la chaleur, comme les lits d'impression ou les extrudeuses chauffés, un tablier résistant à la chaleur peut offrir une protection supplémentaire contre les contacts accidentels.

5. Matériels Avancés et Spécialisés

Les matériaux avancés et les équipements spécialisés dans l'impression 3D ouvrent de nouvelles possibilités et applications pour cette technologie.

Il y a notamment :

- **Les nano composites** : Les filaments nano composites contiennent des nanoparticules telles que des nanotubes de carbone, du graphène ou des poudres métalliques. Ces matériaux améliorent les propriétés mécaniques, thermiques et électriques des pièces imprimées en 3D. Ils sont utilisés dans des applications qui nécessitent une grande solidité, une conductivité élevée ou une résistance à la chaleur.

- **Filaments biodégradables** : Les matériaux biodégradables tels que le PLA (acide poly lactique) et le PHA (polyhydroxyalcanoate) sont des options respectueuses de l'environnement. Ils sont utilisés dans des applications où la durabilité et la biocompatibilité sont essentielles, comme les dispositifs médicaux et les prototypes écologiques.

- **Filaments souples** : Les filaments souples, comme le TPU (polyuréthane thermoplastique), permettent de créer des pièces souples et caoutchouteuses. Ils sont utilisés dans des applications telles que les joints personnalisés, les joints d'étanchéité et la technologie portable.

- **Filaments composites** : Les filaments composites associent des polymères traditionnels à des additifs tels que la fibre de carbone, la fibre de verre ou le bois. Ces matériaux offrent une résistance, une rigidité ou une esthétique accrue et sont utilisés dans des applications telles que l'aérospatiale, l'automobile et les biens de consommation.

Chapitre 11 : Introduction au Scan 3D

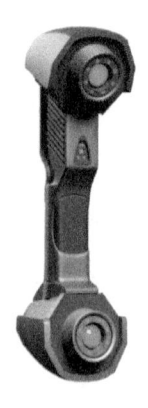

1. Les Fondamentaux du Scan 3D

Le Scan 3D est une technologie qui permet de capturer des objets ou des environnements du monde réel sous une forme numérique tridimensionnelle. Elle implique l'utilisation d'équipements spécialisés tels que les scanners 3D, les dispositifs à lumière structurée, le LiDAR ou la photogrammétrie pour créer des représentations numériques d'objets physiques. Le résultat final est un modèle 3D détaillé qui peut être utilisé pour diverses applications, notamment la réalité virtuelle, la conception assistée par ordinateur, la rétro-ingénierie, la préservation du patrimoine culturel et l'impression 3D. Le processus comprend généralement l'acquisition, où l'objet ou la scène est scanné, le traitement des données pour créer un modèle unifié et la sortie du modèle 3D final.

En outre, le Scan 3D se distingue de la photographie 2D traditionnelle à plusieurs égards. Alors que la numérisation 3D capture des informations tridimensionnelles, fournissant des données sur la profondeur et la forme, la photographie 2D enregistre des images plates et bidimensionnelles. Les informations de profondeur fournies par les scanners 3D permettent une représentation plus détaillée et plus réaliste des objets. Ces informations sont particulièrement précieuses dans des applications telles que la conception de produits et la réalité virtuelle. La photographie 2D, quant à elle, est généralement utilisée à des fins plus générales, telles que la documentation de scènes, de personnes et d'objets, et elle est largement accessible, car elle peut être réalisée avec des appareils photo grand public.

Finalement, il permet de capturer et de transformer avec précision des objets du monde réel en modèles numériques 3D. Le processus implique l'utilisation d'un équipement spécialisé pour scanner la surface de l'objet et recueillir des données sur sa forme, sa texture et parfois sa couleur. Ces données sont ensuite traitées à l'aide d'un logiciel pour créer un modèle numérique en 3D. Si plusieurs scans sont pris sous différents angles, le logiciel les aligne et les assemble, en supprimant tout bruit ou erreur. Le résultat est un modèle numérique précis qui peut être visualisé et manipulé sur un ordinateur. Cette technologie trouve des applications dans divers domaines, notamment l'ingénierie, l'architecture, la préservation de l'art et de la culture, les soins de santé et bien d'autres, car elle permet de préserver et de manipuler fidèlement des objets et des environnements du monde réel sous forme numérique.

2. Objectifs et Applications du Scan 3D

La numérisation 3D est une technologie polyvalente utilisée dans diverses industries en raison de sa capacité à créer des représentations numériques précises d'objets et d'environnements réels. Son utilité première réside dans sa capacité à capturer fidèlement le monde physique sous forme numérique. Cette technologie trouve de nombreuses applications dans des domaines tels que l'ingénierie, la conception, les soins de santé, la préservation du patrimoine culturel et bien d'autres, où la précision et l'exactitude sont primordiales. La diversité des applications reflète son importance dans l'amélioration de l'efficacité, de l'innovation et de la préservation du patrimoine culturel et historique.

L'une des principales applications de la numérisation 3D est la rétro-ingénierie, qui consiste à analyser et à reconstruire numériquement des produits existants. Ce processus aide à comprendre la conception et la fonctionnalité du produit, ce qui permet de le modifier et de l'améliorer. Dans le domaine du prototypage, la numérisation 3D facilite la création de prototypes précis en capturant des objets du monde réel, ce qui permet de rationaliser le processus de conception des produits. Dans le domaine de la préservation du patrimoine, la technologie est utilisée pour documenter et conserver des artefacts, des bâtiments et des œuvres d'art historiques, en veillant à ce que des répliques numériques détaillées soient disponibles à des fins d'étude et de préservation.

Dans le domaine de la médecine, la numérisation 3D joue un rôle essentiel en créant des modèles 3D précis du corps humain, des organes et des structures anatomiques propres au patient. Ces modèles sont d'une valeur inestimable pour la planification chirurgicale, la conception d'implants médicaux personnalisés et les prothèses. En outre, la numérisation 3D est utilisée en archéologie pour documenter et analyser les sites archéologiques et les artefacts, contribuant ainsi à une meilleure compréhension des civilisations passées. Dans l'industrie du divertissement, elle est utilisée pour créer des actifs 3D pour les jeux vidéo, les films et les animations, permettant des représentations réalistes de personnages et d'objets.

Sinon, il faut savoir que la caractéristique principale de la numérisation 3D est sa capacité à produire des modèles numériques extrêmement précis et détaillés d'objets et d'environnements réels. Cette précision est obtenue grâce à la collecte de grandes quantités de points de données sur la surface d'un objet, ce qui permet d'obtenir des nuages de points ou des représentations maillées. La technologie capture non seulement la forme et les dimensions de l'objet, mais aussi sa texture et sa couleur. Ces modèles 3D détaillés et précis sont essentiels pour de nombreuses applications, notamment la conception de produits, le contrôle de la qualité, la préservation culturelle et la planification médicale. Les modèles 3D produits reproduisent fidèlement le monde physique, ce qui les rend utilisables dans les industries et les disciplines qui exigent une fidélité inébranlable à la réalité.

3. Techniques de Numérisation 3D

a. Aperçu des méthodes et des technologies utilisées pour le scan 3D

La numérisation 3D englobe un large éventail de méthodes et de technologies conçues pour capturer les caractéristiques tridimensionnelles d'objets et d'environnements réels. Ces techniques visent à créer des représentations numériques précises et détaillées, souvent sous la forme de modèles 3D. Ces méthodes peuvent être classées en deux grandes catégories : les approches avec contact et les approches sans contact. Les méthodes avec contact impliquent une interaction physique avec l'objet, tandis que les méthodes sans contact capturent des données sans contact physique direct.

Le balayage par lumière structurée est une méthode sans contact qui projette des motifs lumineux structurés sur un objet et analyse la façon dont ces motifs se déforment. Elle excelle dans les scans détaillés à haute résolution et trouve des applications dans des domaines tels que la reconnaissance faciale et le contrôle de la qualité. Cependant, il peut rencontrer des difficultés lorsqu'il s'agit de surfaces hautement réfléchissantes ou transparentes, ce qui le rend plus adapté aux objets dont la surface présente des détails complexes.

b. Scan par lumière structurée, laser, photogrammétrie, tomographie

Le balayage laser, en particulier sous la forme de LiDAR (Light Detection and Ranging), utilise des faisceaux laser pour mesurer les distances par rapport à la surface d'un objet. Il est connu pour ses capacités de longue portée et sa grande précision. Le LiDAR est fréquemment utilisé dans la télédétection, les véhicules autonomes et les applications géospatiales. Néanmoins, il peut s'avérer coûteux et complexe, et il ne permet pas de capturer des données de couleur ou de texture.

La photogrammétrie est une technique polyvalente qui consiste à prendre plusieurs photographies d'un objet ou d'une scène sous différents angles, puis à utiliser un logiciel spécialisé pour trianguler et calculer les coordonnées 3D à partir des images 2D. Cette approche est rentable et adaptable, ce qui la rend appropriée pour les objets ou les environnements à grande échelle. Elle permet de capturer des informations sur les couleurs et la texture de la surface, ce qui la rend précieuse pour des applications dans les domaines de l'architecture, de la modélisation environnementale et de la préservation du patrimoine culturel. Cependant, elle nécessite de nombreuses photos et une configuration précise, et elle peut ne pas être performante dans des environnements mal éclairés.

La tomographie, largement utilisée en imagerie médicale, crée des représentations en 3D des structures internes. Elle s'appuie sur des modalités d'imagerie telles que les rayons X pour capturer des données transversales, qui sont ensuite reconstruites en un modèle 3D. Cette technique est indispensable au diagnostic médical et à la planification des traitements, mais elle est limitée par l'exposition aux rayonnements ionisants dans le cas de la tomographie à rayons X. Elle n'est pas adaptée à la capture des images de la structure interne de l'organisme. Elle ne convient pas pour capturer les surfaces ou les textures d'objets externes.

a. Avantages et limitations de chaque technique

Chaque méthode de numérisation 3D présente des avantages et des limites qui lui sont propres. Le balayage par lumière structurée excelle en termes de précision et de détails, mais se heurte à certains types de surface. Le balayage laser offre des capacités de longue portée mais peut être coûteux et manque d'informations sur les couleurs. La photogrammétrie est polyvalente et rentable, mais elle nécessite plusieurs photos et peut être gênée par de mauvaises conditions d'éclairage. La tomographie, principalement utilisée dans le domaine médical, offre des vues internes détaillées mais implique une exposition aux radiations et n'est pas adaptée à la numérisation des surfaces externes. Le choix de la technologie de numérisation 3D dépend des caractéristiques spécifiques de l'objet ou de l'environnement à numériser, du niveau de détail souhaité, des contraintes budgétaires et de l'utilisation prévue des données 3D.

4. Processus de Numérisation et de Modélisation

Le processus de numérisation 3D comprend plusieurs étapes essentielles. La préparation de l'objet est la phase initiale, qui consiste à s'assurer que l'objet est propre et correctement positionné. L'acquisition des données est l'étape au cours de laquelle le scanner 3D capture les données de la surface de l'objet, ce qui nécessite souvent plusieurs scans sous différents angles. Le traitement des données brutes suit, impliquant le nettoyage, l'alignement et l'enregistrement des données pour créer un ensemble de données unifié tout en éliminant le bruit et les erreurs. Enfin, la création d'un modèle 3D intervient lorsque les données traitées sont utilisées pour générer une représentation numérique de l'objet, et ce modèle peut être utilisé pour diverses applications.

La préparation de l'objet est une étape fondamentale de la numérisation 3D, car elle détermine la qualité de la capture de données qui suivra. L'acquisition des données, qui constitue le cœur du processus, implique la numérisation proprement dite à l'aide d'un équipement de numérisation 3D. Elle peut varier en fonction du type de scanner et de l'objet à numériser, impliquant diverses techniques et stratégies de collecte de données. Une fois les données acquises, le traitement des données brutes est essentiel. Cette étape permet de s'assurer que les données sont nettoyées, alignées et enregistrées, en éliminant les erreurs et les divergences afin de créer un ensemble de données cohérent. La création d'un modèle 3D conclut le processus. Un logiciel est utilisé pour relier les points de données et construire une représentation numérique de l'objet.

L'exigence de précision et de cohérence est omniprésente tout au long du processus de numérisation 3D. La précision est primordiale, car l'objectif premier est de créer des rendus numériques fidèles d'objets du monde réel. Des imprécisions ou des incohérences lors de l'acquisition et du traitement des données peuvent compromettre la qualité et la fiabilité du modèle 3D final. En outre, la précision est cruciale dans des domaines tels que la fabrication et la conception de produits, car elle garantit la conformité aux normes établies. La cohérence joue également un rôle essentiel pour garantir la reproductibilité des résultats et l'interopérabilité des données avec d'autres systèmes logiciels. Dans des applications telles que l'analyse médico-légale et le diagnostic médical, la précision et la cohérence des données de numérisation 3D sont essentielles pour la validité scientifique et juridique, ce qui souligne l'importance du processus dans un large éventail d'industries et de domaines.

5. Les Enjeux et Défis du Scan 3D

Les professionnels de la numérisation 3D sont confrontés à plusieurs défis importants dans leur travail. La qualité des données est primordiale et des facteurs tels que les conditions environnementales, les surfaces réfléchissantes ou les erreurs d'étalonnage peuvent introduire du bruit et des artefacts dans les numérisations. Capturer avec précision des surfaces complexes, concaves ou irrégulières peut s'avérer difficile, tout comme assurer un étalonnage et une configuration corrects de l'équipement de numérisation. Les objets de grande taille ou les environnements extérieurs posent des problèmes logistiques pour maintenir la précision sur de longues distances. L'enregistrement des données, c'est-à-dire l'alignement et la fusion de plusieurs numérisations, est souvent complexe, en particulier lorsqu'il s'agit d'objets de grande taille ou complexes. Assurer la compatibilité entre le matériel et les logiciels de numérisation peut prendre du temps et nécessiter une certaine expertise.

Pour relever ces défis, les professionnels de la numérisation 3D doivent recourir à une série de stratégies. Pour obtenir des données de haute qualité, il faut procéder à une acquisition méticuleuse des données, en minimisant le bruit et les erreurs d'étalonnage. Les outils et les techniques d'étalonnage jouent un rôle essentiel à cet égard. Une résolution de surface élevée peut être obtenue en choisissant un équipement et des réglages appropriés qui permettent de capturer des détails plus fins. Un traitement post-scan efficace implique le nettoyage, l'alignement et le traitement des données brutes à l'aide d'outils logiciels et d'algorithmes spécialisés. Lors de la numérisation de grands objets ou de scènes extérieures, l'utilisation de scanners 3D à longue portée ou de systèmes LiDAR conçus pour de tels scénarios devient cruciale. L'utilisation de progiciels d'alignement et d'enregistrement des données permet d'assurer un enregistrement correct des données. Assurer la compatibilité entre les logiciels et les composants matériels implique une maintenance et des mises à jour régulières.

Plusieurs solutions permettent d'atténuer les difficultés rencontrées par les professionnels de la numérisation 3D. Une formation et une expertise adéquates sont fondamentales, car les professionnels doivent connaître l'équipement, les techniques de numérisation et les procédures de traitement des données. Un étalonnage rigoureux et une configuration méticuleuse contribuent à garantir la qualité des données, et une maintenance régulière ainsi que des contrôles d'étalonnage sont essentiels. L'utilisation de marqueurs de référence placés sur l'objet peut faciliter l'alignement et l'enregistrement des données. Des équipements spécialisés, tels que des scanners à longue portée ou des systèmes LiDAR, sont indispensables pour numériser des objets de grande taille et des environnements extérieurs. Il convient d'utiliser des logiciels de traitement de données avancés dotés d'algorithmes robustes afin d'améliorer la qualité des données. La collaboration avec d'autres professionnels dans des domaines connexes peut fournir des informations précieuses et des solutions à des problèmes spécifiques. La mise en œuvre de mesures de contrôle de la qualité, y compris la répétition des numérisations et la validation des données, permet d'identifier et de rectifier les problèmes à un stade précoce du processus.

Pour relever ces défis en matière de numérisation 3D, il faut adopter une approche à multiples facettes, combinant les connaissances techniques, l'expérience, l'équipement spécialisé et des techniques efficaces de traitement post-numérisation. La formation continue et la mise à jour des progrès dans le domaine sont également essentielles pour les professionnels qui travaillent avec la technologie de numérisation 3D.

6. L'Intégration avec l'Impression 3D

La numérisation et l'impression 3D sont des technologies très complémentaires qui entretiennent une relation symbiotique. La numérisation 3D consiste à capturer des objets et des environnements du monde réel sous la forme de modèles numériques détaillés, tandis que l'impression 3D transforme ces modèles numériques en objets physiques, couche par couche. Cette interaction permet de convertir des objets physiques en représentations numériques et vice versa. Le résultat est un pont transparent entre les mondes numérique et physique, offrant de nombreuses possibilités de reproduction, de modification et de réparation, ainsi que la création d'objets entièrement nouveaux.

Le processus de transformation des modèles numériques en objets physiques commence par la numérisation 3D, où un objet est scanné pour créer un modèle numérique précis. Ce modèle numérique contient les dimensions, la texture et d'autres caractéristiques distinctives de l'objet. Après le processus de numérisation, le modèle numérique peut être affiné ou personnalisé à l'aide d'un logiciel de modélisation 3D. Cela permet d'apporter des modifications ou des améliorations à la conception. Une fois le modèle numérique finalisé, il est envoyé à une imprimante 3D. L'imprimante 3D lit le modèle et matérialise l'objet couche par couche, en utilisant des matériaux tels que le plastique, le métal ou des substances biologiques. Le résultat est un objet physique qui reflète fidèlement le modèle numérique, la qualité et la complexité dépendant des capacités du scanner et de l'imprimante 3D utilisés.

L'intégration de la numérisation et de l'impression 3D offre un large éventail d'applications en matière de création, de duplication et de réparation. En termes de création, les concepteurs peuvent utiliser ces technologies pour le prototypage et les essais rapides, en utilisant les objets scannés comme base pour de nouvelles conceptions. Les artistes peuvent produire des sculptures complexes avec une grande précision. Les pièces et les composants personnalisés peuvent être conçus et fabriqués efficacement pour répondre à des exigences spécifiques.

En termes de duplication, la combinaison de la numérisation et de l'impression 3D est particulièrement précieuse dans des secteurs tels que l'aérospatiale, l'automobile et les soins de santé. Elle permet de reproduire des composants avec précision, ce qui réduit considérablement les délais et les coûts. En matière de réparation, la numérisation 3D permet de capturer l'état actuel d'un objet endommagé ou usé. Le modèle numérique peut ensuite être modifié pour créer des pièces de rechange ou des composants qui s'adaptent précisément. En outre, cette intégration joue un rôle important dans la préservation du patrimoine culturel, où la numérisation 3D est utilisée pour créer des archives numériques d'artefacts, d'œuvres d'art et de structures historiques. Ces répliques numériques constituent des ressources précieuses pour la recherche, la restauration et l'exposition, garantissant que le patrimoine reste accessible même si les originaux sont perdus ou détériorés. L'interaction transparente entre la numérisation et l'impression 3D est sur le point d'avoir des effets transformateurs dans divers secteurs, en offrant des innovations, des économies et de nouvelles possibilités en matière de conception, de fabrication et de préservation. Elle comble efficacement le fossé entre les domaines physique et numérique, permettant la transformation sans effort d'objets entre les deux mondes.

7. Éthique et Droits Liés au Scan 3D

Les dimensions juridiques et éthiques de la numérisation 3D sont complexes et multiformes. Sur le plan juridique, l'utilisation de la technologie de numérisation 3D relève de divers cadres juridiques, notamment les lois sur la propriété intellectuelle, les réglementations sur la vie privée et les lois sur la protection des données. Sur le plan éthique, il convient de respecter le droit des personnes à la vie privée, d'obtenir un consentement éclairé et de prendre en compte les implications sociétales potentielles de la technologie de numérisation 3D. Ces aspects soulignent la nécessité d'une utilisation responsable et éthique de cette technologie, en veillant à ce qu'elle profite à la société tout en protégeant les droits et les données des individus.

L'une des principales préoccupations éthiques liées à la numérisation 3D est le respect de la propriété intellectuelle et des droits d'auteur. La reproduction et la distribution de scans 3D d'objets protégés par des droits d'auteur sans autorisation appropriée peuvent conduire à des violations des droits des créateurs originaux. Les cadres juridiques tels que les lois sur la propriété intellectuelle et les règlements sur les droits d'auteur jouent un rôle important dans la protection des droits des créateurs. Les personnes qui utilisent la technologie de numérisation 3D doivent faire preuve de diligence pour obtenir les autorisations ou les licences nécessaires lorsqu'elles traitent des documents protégés par des droits d'auteur. Des discussions et des débats sont en cours sur l'élaboration de cadres juridiques adaptés à la numérisation 3D, compte tenu de sa nature unique et de ses implications potentielles pour la propriété intellectuelle.

La numérisation d'objets et de personnes par balayage 3D soulève une série de considérations éthiques. L'une des principales est l'importance du consentement éclairé, en particulier lors de la numérisation de personnes dans des contextes sensibles tels que les soins de santé ou la préservation de la culture. Le respect de la vie privée des personnes dont les données sont collectées est de la plus haute importance. Les lois et les lignes directrices sur la protection des données sont essentielles pour protéger les informations personnelles contre un accès non autorisé ou une utilisation abusive. En outre, les préoccupations éthiques s'étendent à la numérisation d'artefacts et de sites culturels et historiques, car leur retrait de leur contexte d'origine peut avoir une incidence sur la préservation culturelle, en particulier lorsque les objets ont une signification culturelle ou religieuse.

L'utilisation de la numérisation 3D dans les domaines de la surveillance, de la sécurité et de l'application de la loi soulève des questions sur la protection de la vie privée et le potentiel de collecte massive de données et de contrôle. Trouver un équilibre entre la sécurité publique et la protection de la vie privée est un défi éthique de taille. L'utilisation abusive de la technologie de numérisation 3D à des fins trompeuses ou illicites, telles que la création de produits de contrefaçon, de deepfakes ou de faux, suscite également des inquiétudes. Une utilisation responsable de cette technologie est essentielle pour prévenir la fraude et la tromperie.

En outre, l'impact environnemental de la technologie de numérisation 3D, notamment la consommation d'énergie des scanners et la production de matériaux pour l'impression 3D, soulève des questions éthiques concernant la durabilité et la conservation des ressources. Enfin, les questions liées à l'accès et à l'équité sont pertinentes, car tout le monde n'a pas un accès égal à la technologie de numérisation 3D. Veiller à ce que les avantages de cette technologie soient répartis équitablement dans la société est une considération éthique qui appelle à s'attaquer aux disparités et à promouvoir l'inclusivité dans son utilisation. En résumé, le paysage juridique et éthique de la numérisation 3D est complexe et en constante évolution. Il est essentiel de trouver un équilibre entre l'innovation et les droits individuels, tout en tenant compte de la vie privée, de la protection des données, de la propriété intellectuelle et de la préservation de la culture. Le respect des normes éthiques et le respect des droits et du consentement des personnes sont des principes fondamentaux de l'utilisation responsable et éthique de la technologie de numérisation 3D. Les cadres juridiques et les réglementations s'adaptent continuellement pour répondre à ces préoccupations et fournir des conseils pour une utilisation éthique.

Chapitre 12 : Fusion 360 et Conception 3D

1. Introduction à Fusion 360

Fusion 360, un outil polyvalent de modélisation et de conception en 3D, a pris une importance considérable ces dernières années. Développé par Autodesk, un éditeur de logiciels renommé, Fusion 360 est devenu un choix incontournable pour les professionnels, les ingénieurs et les concepteurs. Son parcours a commencé comme une solution révolutionnaire, modifiant de manière significative le paysage de la conception assistée par ordinateur (CAO) et évoluant rapidement vers une plateforme holistique.

L'histoire de Fusion 360 remonte à sa sortie initiale en 2013. Depuis lors, il a fait l'objet d'un développement continu, incorporant des fonctionnalités et des capacités avancées. Sa nature basée sur le cloud permet aux utilisateurs d'accéder à leurs projets depuis n'importe où, ce qui favorise la collaboration et la flexibilité. Au fil des ans, l'engagement d'Autodesk à améliorer les fonctionnalités et la convivialité de Fusion 360 a contribué à sa popularité croissante.

Fusion 360 n'est pas un simple outil de CAO, c'est une solution tout-en-un. Il combine la modélisation 3D, la simulation et la fabrication en une seule plateforme, rationalisant ainsi le processus de conception et d'ingénierie. Cette intégration permet aux concepteurs et aux ingénieurs de faire évoluer leurs idées plus efficacement, en réduisant la nécessité de passer d'une application logicielle à l'autre. Qu'il s'agisse de créer des conceptions de produits complexes, d'analyser l'intégrité structurelle ou de préparer la fabrication, Fusion 360 regroupe sous un même toit les outils dont vous avez besoin.

La puissance de Fusion 360 réside dans son accessibilité et sa polyvalence. Il s'adresse à un large éventail d'utilisateurs, depuis les étudiants et les amateurs jusqu'aux professionnels de diverses industries. Son interface conviviale et sa vaste bibliothèque de didacticiels en font un excellent choix pour les débutants, tandis que ses fonctionnalités avancées et ses options de personnalisation séduisent les concepteurs chevronnés. Que vous travailliez sur un petit projet de bricolage ou sur une conception industrielle à grande échelle, Fusion 360 offre les outils nécessaires pour donner vie à vos idées.

2. Les Bases de Fusion 360

L'interface utilisateur de Fusion 360 a été conçue de manière à trouver un équilibre entre l'accessibilité et la fonctionnalité.

Lorsque vous ouvrez Fusion 360 pour la première fois, vous êtes accueilli par un espace de travail propre et intuitif. La zone centrale est l'endroit où vous allez créer et manipuler vos modèles 3D. Vous pouvez y dessiner des esquisses, créer des corps solides et assembler des composants. Le cube de navigation, situé dans le coin, vous permet d'orienter facilement votre vue et de faire un zoom avant ou arrière.

L'exploration des menus et des barres d'outils est une partie fondamentale de la maîtrise de Fusion 360. La barre de menu supérieure permet d'accéder à un large éventail de commandes, notamment des outils de gestion de fichiers, d'esquisse et de modélisation 3D. La barre d'outils située à gauche de l'écran contient des fonctions fréquemment utilisées, telles que la création d'esquisses, l'extrusion de formes et la modification d'objets. Ces menus et barres d'outils sont la clé de l'accès aux capacités étendues de Fusion 360.

L'une des caractéristiques de Fusion 360 est son engagement dans la conception paramétrique. La conception paramétrique vous permet de créer des modèles pilotés par des dimensions et des relations, ce qui facilite la modification des conceptions en fonction des besoins. Les modifications apportées à une partie de la conception peuvent se propager à l'ensemble du modèle, ce qui garantit la cohérence et la précision. Cette approche paramétrique est renforcée par la fonction d'historique de conception de Fusion 360, qui enregistre toutes les actions que vous effectuez. Cet historique peut être modifié à tout moment, ce qui vous donne un contrôle total sur le processus de conception.

Il est essentiel de comprendre les principes de la conception paramétrique et de la fonction d'historique de la conception pour créer des conceptions flexibles, faciles à modifier et dotées d'une structure solide. Ce concept permet aux concepteurs d'expérimenter différentes variantes et de s'adapter rapidement aux changements de conception sans avoir à repartir de zéro.

3. Outils de Modélisation de Base

Fusion 360 offre un large éventail d'outils de modélisation fondamentaux qui servent de base à la création de modèles 3D complexes. Ces outils constituent une base solide pour la conception de formes géométriques simples ou de prototypes fonctionnels complexes. Examinons ces outils de modélisation de base et leurs capacités.

a. Création de formes primitives :

L'une des façons les plus simples de commencer la modélisation dans Fusion 360 est de créer des formes primitives. Ces formes comprennent les cubes, les sphères, les cylindres, les cônes, etc. Vous pouvez accéder à ces outils via le menu "Créer", puis sélectionner "Boîte", "Sphère" ou "Cylindre", entre autres. Une fois que vous avez choisi une forme primitive, vous pouvez définir ses dimensions, sa position et son orientation dans l'espace de travail.

b. Extrusion :

L'extrusion est une technique de modélisation fondamentale dans Fusion 360. Elle consiste à prendre une esquisse 2D et à l'étendre pour en faire un objet 3D. Vous pouvez créer des esquisses sur différents plans, puis utiliser la commande d'extrusion pour les tirer dans l'axe afin de leur donner de la profondeur. Cette approche est largement utilisée.

c. Révolution :

La révolution est un outil qui permet de créer des objets 3D symétriques en faisant tourner des esquisses 2D autour d'un axe. Cet outil est particulièrement pratique pour créer des objets tels que des bouteilles, des vis et des abat-jours. L'outil de révolution permet de donner rapidement une forme ronde ou cylindrique à vos dessins.

d. Balayage :

Le balayage est une autre technique de modélisation essentielle qui vous permet de créer des formes complexes en balayant une esquisse 2D le long d'une trajectoire. Vous pouvez utiliser l'outil de balayage pour créer des éléments tels que des fils, des tuyaux et des moulures décoratives. La trajectoire peut être courbe ou droite, ce qui vous offre une grande souplesse de conception.

Ces outils de modélisation de base dans Fusion 360 ne sont qu'un début. Ce qui rend Fusion 360 vraiment puissant, c'est la possibilité de manipuler ces formes pour construire des modèles 3D plus complexes. Vous pouvez combiner différentes opérations, telles que les extrusions, les rotations et les balayages, pour créer des conceptions complexes. De plus, l'approche de conception paramétrique de Fusion 360 garantit que toute modification apportée aux formes de base ou à leurs dimensions est automatiquement mise à jour dans l'ensemble du modèle, ce qui permet de maintenir la cohérence de la conception.

4. Fonctions Avancées de Fusion 360

Fusion 360 ne s'arrête pas aux outils de modélisation de base ; il offre également une suite de fonctions avancées qui permettent aux utilisateurs d'élever leurs conceptions à un niveau supérieur. Ces fonctions, qui comprennent la création de joints, de coques, de lissage et de motifs, offrent une flexibilité et une créativité extraordinaires en matière de modélisation 3D.

a. Création de joints :

L'une des fonctions les plus remarquables de la boîte à outils avancée de Fusion 360 est la possibilité de créer des joints. Les articulations sont des mécanismes qui permettent aux composants de se déplacer et d'interagir comme ils le feraient dans le monde réel. Vous pouvez simuler des connexions réelles telles que des charnières, des glissières, des rotules et des engrenages. Ces articulations vous permettent de concevoir et d'analyser des assemblages mobiles, ce qui fait de Fusion 360 un outil précieux pour les ingénieurs et les concepteurs de produits.

b. Coques :

Le shelling est une technique utilisée pour évider un modèle 3D, laissant derrière lui une structure à parois minces. L'outil de décorticage de Fusion 360 est inestimable pour concevoir des composants légers, réduire l'utilisation de matériaux et optimiser les performances de vos modèles. Cette fonction est particulièrement utile dans les industries telles que l'aérospatiale et l'automobile.

c. Lissage et surfaçage :

Pour donner à vos modèles un aspect esthétique et organique, Fusion 360 propose des outils de surfaçage avancés. Ces outils vous permettent de créer des surfaces lisses et fluides avec des courbes complexes. Que vous conceviez des produits de consommation, des formes ergonomiques ou des sculptures artistiques, la possibilité d'affiner les surfaces de vos modèles change la donne.

d. Motifs :

Les éléments de conception répétitifs peuvent être créés efficacement à l'aide de la fonction de motif. Fusion 360 vous permet de générer des modèles de composants, d'esquisses ou de caractéristiques, à la fois linéaires et circulaires. Cette capacité est inestimable lorsque vous devez créer des réseaux de boulons, des éléments décoratifs ou tout autre élément de conception qui se répète dans votre modèle.

e. Utilisation de l'historique de conception pour les modifications itératives :

La fonction d'historique de conception de Fusion 360 ne se limite pas à la modélisation de base, mais joue également un rôle crucial dans les fonctions avancées. Elle vous permet de revisiter et de modifier n'importe quelle étape de votre processus de conception, y compris ces fonctions avancées. Ceci est particulièrement utile lorsque vous travaillez sur des assemblages complexes ou lorsque vous avez besoin d'affiner le comportement des joints ou la forme de vos surfaces.

5. La Simulation dans Fusion 360

Fusion 360 n'est pas seulement un outil de modélisation et de conception en 3D ; il offre également de solides capacités de simulation qui permettent aux ingénieurs et aux concepteurs d'évaluer les performances et le comportement de leurs modèles dans diverses conditions. Ces outils de simulation sont inestimables pour garantir l'intégrité structurelle et la fonctionnalité des conceptions.

a. Analyse des contraintes, des déformations et des performances :

Les capacités de simulation de Fusion 360 englobent une large gamme d'analyses, les analyses de contraintes et de déformations étant parmi les plus importantes. L'analyse des contraintes permet aux utilisateurs d'évaluer comment les forces et les charges affectent l'intégrité structurelle d'une conception. Elle identifie les zones de forte concentration de contraintes, les déformations et les points de défaillance potentiels, aidant ainsi les concepteurs à prendre des décisions éclairées pour renforcer ou optimiser leurs modèles.

L'analyse des déformations, quant à elle, permet de comprendre comment les matériaux se déforment sous l'effet d'une charge, offrant ainsi des informations précieuses sur l'élasticité et la rigidité des composants. Ces données sont essentielles pour comprendre comment les matériaux réagissent aux forces extérieures, ce qui est particulièrement important dans des secteurs tels que l'aérospatiale et l'ingénierie automobile.

L'analyse des performances va au-delà des considérations structurelles et englobe l'analyse thermique, l'écoulement des fluides, etc. Les ingénieurs peuvent simuler le transfert de chaleur à l'intérieur des composants, évaluer la façon dont les fluides interagissent avec les conceptions et évaluer le comportement de l'électronique. Cette suite complète d'analyses garantit que Fusion 360 peut répondre à un large éventail de défis de conception.

b. Optimisation des modèles pour répondre à des exigences spécifiques :

L'un des principaux avantages de l'utilisation des capacités de simulation de Fusion 360 est la possibilité d'optimiser les modèles pour répondre à des exigences spécifiques. Grâce à des tests et des analyses itératifs, les concepteurs et les ingénieurs peuvent affiner leurs modèles afin d'améliorer les performances, la sécurité et l'efficacité. Ce processus d'optimisation peut impliquer la modification de la forme, de la taille ou du matériau des composants afin d'améliorer leurs caractéristiques.

Les concepteurs peuvent définir des critères ou des objectifs spécifiques pour leurs modèles, par exemple minimiser le poids tout en maintenant l'intégrité structurelle ou maximiser la dissipation de la chaleur pour les composants électroniques. Les outils de simulation de Fusion 360 aident à trouver la conception idéale qui répond à ces objectifs. Cette optimisation permet non seulement d'améliorer le produit final, mais aussi de réaliser des économies et de réduire l'utilisation de matériaux.

6. Intégration avec l'Impression 3D

Fusion 360 est devenu un choix privilégié pour les concepteurs et les ingénieurs travaillant dans le domaine de l'impression 3D en raison de son intégration transparente avec ce processus de fabrication. Cette intégration simplifie le passage des conceptions numériques aux prototypes physiques.

  a. **Exportation des modèles au format STL pour la préparation de l'impression :**

Fusion 360 permet aux utilisateurs d'exporter leurs modèles 3D au format STL (stéréolithographie), qui est le format de fichier standard pour l'impression 3D. Les fichiers STL représentent la géométrie 3D comme une collection de triangles interconnectés, ce qui est essentiel pour transmettre avec précision la forme du modèle à l'imprimante 3D. La fonction d'exportation STL de Fusion 360 simplifie ce processus et garantit que le modèle exporté est prêt pour la préparation de l'impression.

b. Gestion des tolérances, des supports et des orientations pour l'impression :

L'impression 3D présente des défis uniques liés aux tolérances, aux structures de support et aux orientations d'impression. Fusion 360 aide les utilisateurs à gérer efficacement ces aspects. Les tolérances, par exemple, peuvent être ajustées pour tenir compte de la précision de l'imprimante et des exigences spécifiques de la conception.

Les structures de support sont essentielles pour s'assurer que les parties surplombantes ou complexes d'un modèle 3D peuvent être imprimées avec succès. Fusion 360 fournit des outils pour générer et personnaliser les structures de support, minimisant ainsi la nécessité d'un post-traitement manuel.

L'orientation d'un modèle 3D dans l'imprimante est essentielle. L'intégration de Fusion 360 permet aux utilisateurs d'expérimenter différentes orientations afin d'optimiser la qualité de l'impression et de minimiser le besoin de supports. La capacité du logiciel à analyser la géométrie du modèle aide les utilisateurs à prendre des décisions éclairées sur la meilleure orientation pour leur conception spécifique.

7. Exercice

a. Résultat attendu :

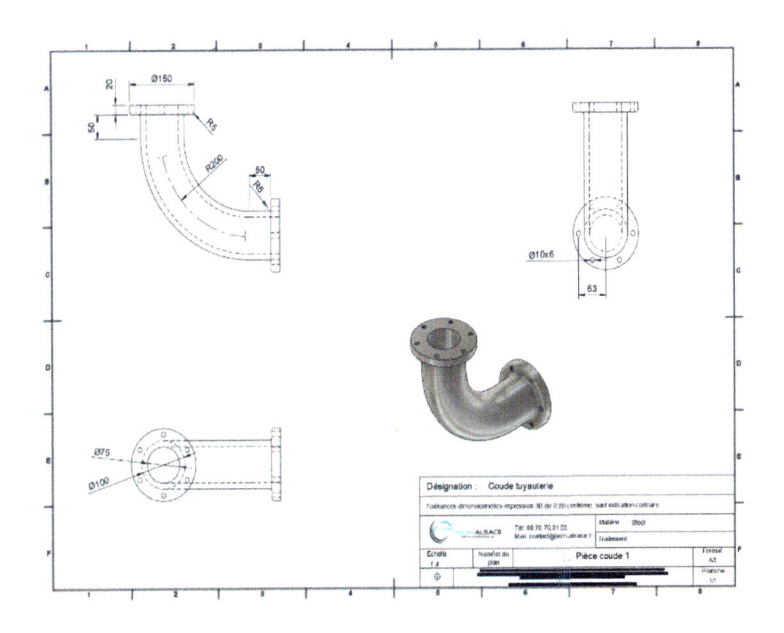

b. Commencez par créer une esquisse sur la face avant

c. Réalisez un cercle de diamètre 400mm

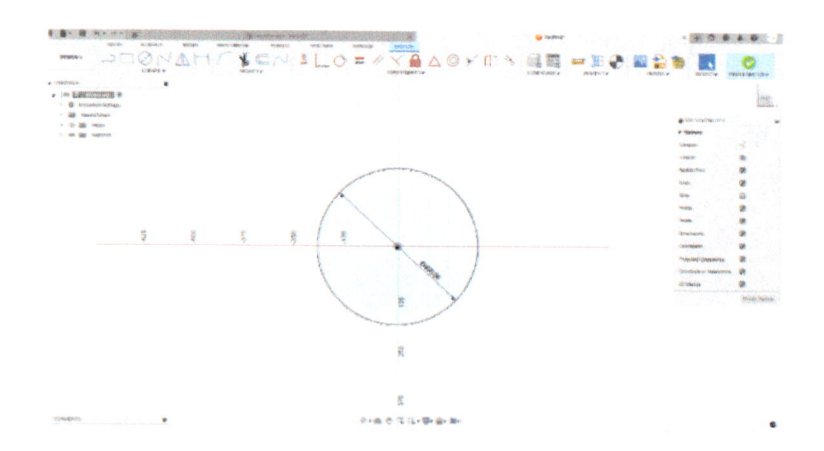

d. Tracez deux lignes à partir du point d'origine comme sur l'image

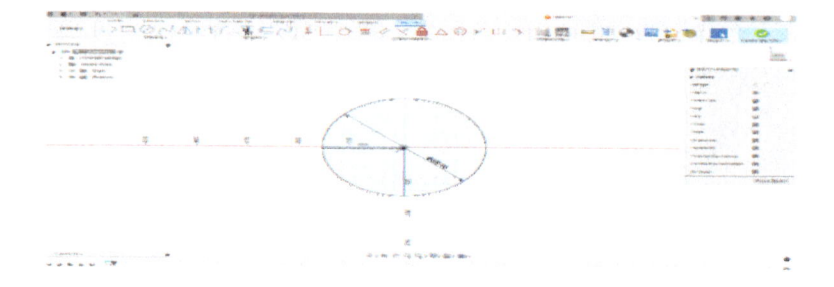

e. Utilisez l'outil ajuster pour supprimer les lignes comme sur l'image (couper la partie rouge)

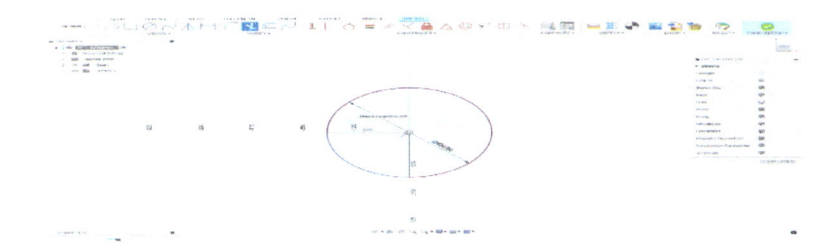

f. A parti d'ici il faudra rajouter deux lignes de chacune de 50mm (comme sur le dessin technique)

g. Utilisez l'outil SWEEP avec les données suivantes :

h. Créez une esquisse sur la vue de haut en prenant comme référence notre point de centre du diamètre du tube et y faire un diamètre 150mm puis extrudez ce diamètre de 20mm :

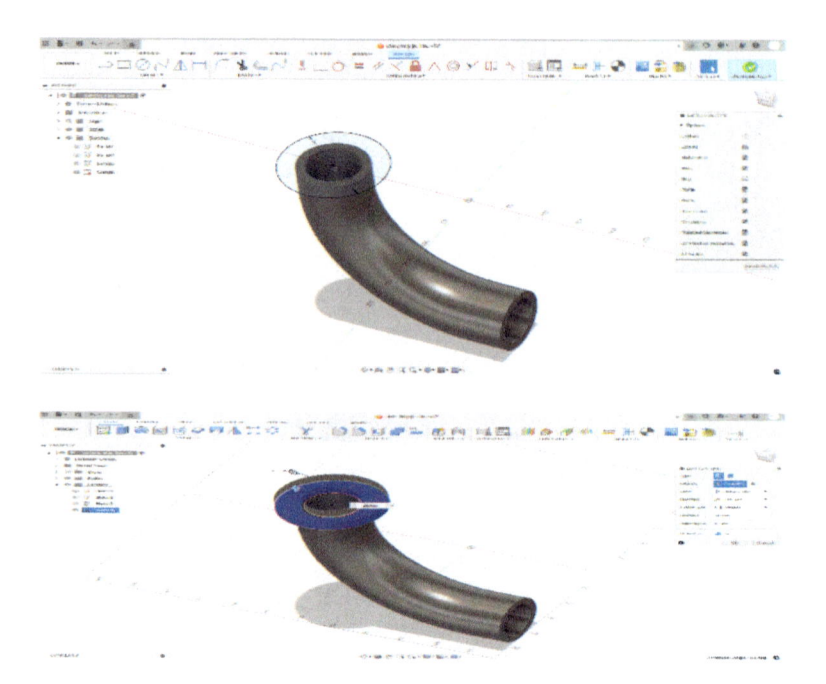

i. Répétez cette même opération de l'autre côté du tuyau :

j. Créer une esquisse sur l'une des brides du tuyaux et venez y mettre le diamètre 10 mm au bon endroit suivant les cotations de l'image (touche D pour cotation) et ensuite appliquez un réseau circulaire pour en obtenir le bon nombre, puis extrudez-les.

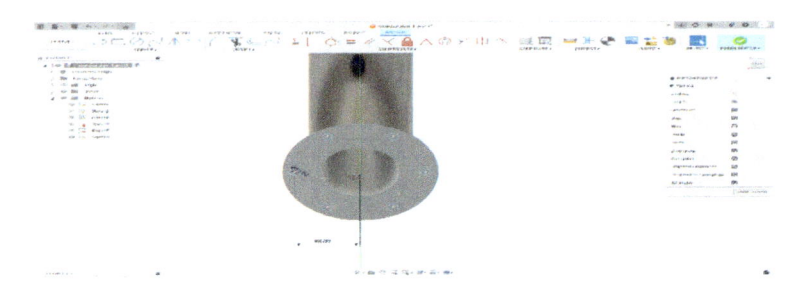

k. Répéter cette même opération sur l'autre bride

Félicitation vous avez créé le premier bout d'un pipeline à vous de créer le reste d'assembler le tout ! Il n'existe pas de mauvaise façon de modéliser, mais différente manière certaines plus longue que d'autres ! le principal c'est que vos esquisses doivent toujours être contraintes au maximum afin d'avoir une conception propre et modifiable par la suite par une tierce personne.

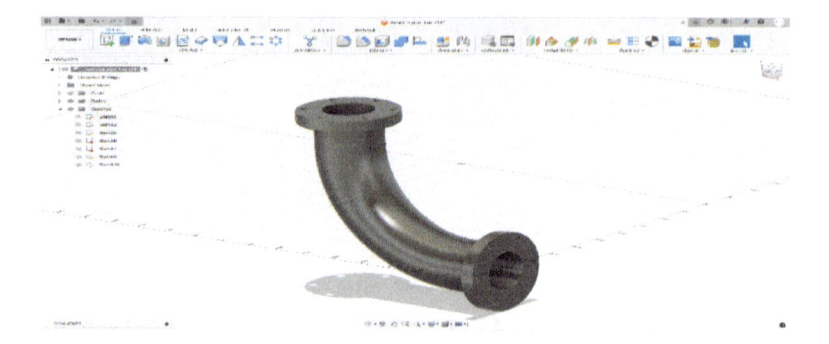

Chapitre 13 : Astuces et Conseils Pratiques

1. Optimisation des Réglages d'Impression

a. Conseils pour ajuster les paramètres de tranchage en fonction du modèle et du matériau

Pour obtenir des résultats d'impression 3D optimaux, adaptez les paramètres de découpage au modèle et au matériau spécifiques. Faites attention à des paramètres tels que la hauteur des couches, l'épaisseur des parois et la densité de remplissage. Pour les modèles complexes, envisagez des hauteurs de couche plus fines, tandis que des couches plus épaisses permettent des impressions plus rapides mais moins détaillées. Les propriétés du matériau influent également sur ces paramètres, il convient donc de les ajuster en conséquence.

b. Réglages de la température, de la vitesse, de la densité de remplissage

Ajustez les paramètres de température en fonction du filament choisi, car chaque matériau nécessite une plage de température spécifique. Le réglage de la vitesse d'impression est essentiel pour équilibrer la qualité et la vitesse. Les vitesses plus lentes donnent généralement de meilleurs résultats. La densité de remplissage contrôle la solidité de l'objet ; une densité plus élevée augmente la solidité mais consomme plus de matériau.

c. Expérimentation et ajustements pour obtenir les meilleurs résultats

L'expérimentation est essentielle pour obtenir les meilleurs résultats d'impression 3D. Commencez par les paramètres par défaut et procédez à des ajustements progressifs. Notez chaque modification et son impact sur l'impression finale. Testez différentes combinaisons de paramètres pour trouver le point idéal pour votre modèle et votre matériau. N'hésitez pas à itérer et à affiner vos paramètres pour obtenir des résultats supérieurs.

2. Gestion des Supports et des Surplombs

a. Techniques pour générer et retirer efficacement les supports d'impression

Lors de l'impression 3D, il est essentiel de gérer efficacement les supports et les chevauchements. Pour générer et supprimer efficacement les structures de support, envisagez d'utiliser la génération automatique de support dans votre logiciel de découpage. Ajustez la densité du support en fonction des exigences du modèle. Utilisez si possible des structures de support en forme d'arbre, car elles utilisent moins de matériau et sont plus faciles à retirer. Vous pouvez également concevoir des structures de support personnalisées pour les impressions complexes afin de minimiser les déchets et de simplifier l'enlèvement.

b. Minimisation des surplombs pour des impressions plus propres

Il est essentiel de réduire au minimum les surplombs pour obtenir des tirages plus propres. Pour ce faire, optimisez l'orientation de votre modèle. Inclinez l'objet pour minimiser les grands porte-à-faux ou n'utilisez les structures de support que lorsque c'est nécessaire. En outre, envisagez d'activer des fonctions telles que le pontage, qui permet à l'imprimante de franchir de petits espaces sans avoir recours à des supports.

c. Utilisation stratégique de la géométrie pour réduire la nécessité de supports

La conception stratégique de votre modèle peut réduire considérablement le besoin de structures de soutien. Incorporez des caractéristiques autoportantes en utilisant des chanfreins, des congés et des angles graduels dans votre conception. Si possible, décomposez les modèles complexes et de grande taille en pièces plus petites et plus faciles à gérer, qui nécessitent moins de supports. Cela simplifie non seulement le processus d'impression, mais aussi l'assemblage et le post-traitement.

3. Préparation Correcte du Plateau

a. Importance du nivellement du plateau pour une première couche réussie

S'assurer que la plaque de construction est de niveau est une étape fondamentale de l'impression 3D qui a un impact significatif sur la qualité de vos impressions. Il est essentiel que la plaque de construction soit de niveau pour que la première couche soit réussie. Lorsque la plaque de construction n'est pas de niveau, cela peut entraîner des problèmes tels qu'une adhérence inégale, une mauvaise adhérence des couches, un gauchissement et un désalignement. La première couche sert de base à l'ensemble de l'impression et si elle n'est pas correctement collée à la plaque de construction, les couches suivantes risquent de ne pas s'imprimer correctement.

b. Utilisation de l'étalonnage automatique et manuel

Les imprimantes proposent souvent des options de calibrage automatique et manuel pour mettre à niveau la plaque de construction. L'étalonnage automatique implique que les capteurs de l'imprimante ou les algorithmes du logiciel évaluent et ajustent la position de la plaque de construction pour s'assurer qu'elle est de niveau. L'étalonnage manuel exige que l'utilisateur ajuste la position de la plaque de construction, généralement au moyen de vis ou de boutons de mise à niveau. L'étalonnage automatique est convivial et pratique, tandis que l'étalonnage manuel est nécessaire pour les imprimantes dépourvues de capacités de mise à niveau automatique ou pour les ajustements de précision. L'étalonnage manuel est particulièrement utile lorsqu'il s'agit d'imprimantes 3D plus anciennes ou moins avancées.

c. Évaluation de l'adhérence et des réglages optimaux pour différents matériaux

Les différents matériaux d'impression 3D nécessitent des réglages spécifiques pour une adhésion optimale à la plaque de construction. Par exemple :

- **PLA** : le PLA adhère souvent bien à un lit non chauffé avec une couche de ruban adhésif ou un bâton de colle. Assurez-vous que la température du lit, si elle est ajustable, est réglée dans la plage recommandée.

- **ABS** : L'ABS nécessite généralement un lit chauffé avec une surface de construction telle qu'un ruban Kapton, un ruban PET ou un adhésif spécialisé. La température de la plaque de fabrication doit être maintenue au niveau recommandé pour éviter les déformations.

- **Le PETG, le TPU** et d'autres matériaux ont leurs propres exigences en matière d'adhérence, qui doivent être étudiées et testées.

Les réglages optimaux, notamment la température de la buse, la vitesse d'impression et la hauteur de couche, peuvent varier en fonction du matériau. Il est essentiel de suivre les recommandations du fabricant et d'effectuer des essais d'impression pour affiner ces réglages afin d'obtenir les meilleurs résultats pour chaque matériau.

Une bonne préparation du plateau, qui comprend la mise à niveau de la plaque de construction, le choix de la bonne méthode de calibrage et la compréhension des besoins d'adhérence des différents matériaux, est un aspect fondamental d'une impression 3D réussie.

4. Gestion des Problèmes d'Adhérence et de Warping

Assurer une bonne adhésion et prévenir le gauchissement sont des défis essentiels en impression 3D. Pour garantir l'adhérence de la première couche, commencez par choisir la surface du lit d'impression adaptée au matériau que vous utilisez. Par exemple, des matériaux tels que le PLA adhère bien au ruban de peintre ou au verre avec un bâton de colle, tandis que l'ABS nécessite un lit chauffé avec du ruban Kapton. Assurez-vous que la surface du lit est propre, exempte de débris, et appliquez un adhésif spécialisé si nécessaire.

De plus, la mise à niveau de la plaque de construction est un élément clé. Comme mentionné précédemment, le plateau d'impression doit être correctement nivelé pour assurer une adhérence uniforme de la première couche. Veillez à réétalonner et à mettre à niveau la plaque de construction pour garantir qu'elle est parfaitement plane.

La température du lit est un autre facteur à prendre en compte. Réglez la température du lit en fonction des exigences spécifiques du matériau que vous utilisez. Un lit chauffé facilite l'adhésion, particulièrement pour des matériaux comme l'ABS et le PETG qui nécessitent une adhérence renforcée.

Enfin, pour optimiser l'adhérence et minimiser le gauchissement, vous pouvez recourir à diverses aides à l'adhérence telles que des bordures, des radeaux ou des solutions adhésives spécialisées telles que la colle pour impression 3D, la laque pour cheveux, ou les bâtons de colle. En suivant ces recommandations, vous améliorerez la qualité de vos impressions 3D tout en minimisant les problèmes d'adhérence et de gauchissement.

5. Choix et Préparation des Modèles

Lorsque vous choisissez un modèle pour l'impression 3D, il est essentiel de tenir compte de sa compatibilité avec les capacités de votre imprimante 3D. Certains modèles peuvent comporter des éléments complexes ou non soutenus qui peuvent poser des problèmes lors de l'impression. Optez donc pour des modèles qui correspondent aux spécifications de votre imprimante et qui peuvent être reproduits efficacement. En outre, évaluez la taille et l'orientation du modèle ; les modèles plus grands peuvent nécessiter des temps d'impression plus longs et une utilisation accrue de matériaux, tandis que le choix de la bonne orientation peut avoir une incidence sur le besoin de structures de soutien. Il est également important de connaître les éventuels droits d'auteur ou de licence associés au modèle afin de s'assurer que vous disposez des droits appropriés pour l'utiliser et l'imprimer.

Avant de procéder à l'impression, il est essentiel d'optimiser le modèle sélectionné. Cette optimisation consiste à supprimer les détails inutiles et à résoudre les problèmes potentiels de géométrie. La simplification d'une géométrie complexe peut rendre le processus d'impression plus gérable et réduire la nécessité de structures de soutien. Il est également essentiel de s'assurer que le modèle est étanche, exempt de géométrie non multiforme ou auto-intersectrice, ce qui peut entraîner des erreurs d'impression. Des logiciels tels que Meshmixer ou Blender peuvent être particulièrement utiles pour ces tâches d'optimisation. En outre, il convient d'examiner attentivement le modèle pour repérer les parois minces ou les éléments délicats susceptibles de se briser pendant ou après l'impression, et de renforcer ces zones si nécessaire. Pour minimiser les besoins en matière de structure de support, il faut s'efforcer de limiter les surplombs importants et les éléments en surplomb à environ 45 degrés par rapport à la verticale.

Les modèles comportant des trous, des lacunes ou des surfaces non étanches peuvent poser des problèmes importants lors du processus d'impression 3D. Il est impératif d'utiliser les outils de réparation de maillage disponibles dans les logiciels de modélisation 3D ou les applications spécialisées de réparation de maillage telles que Netfabb ou MeshLab pour rectifier ces problèmes.

6. Amélioration de la Finition des Pièces

a. Techniques pour obtenir une finition de surface plus lisse

Plusieurs techniques peuvent vous aider à obtenir une surface plus lisse sur vos pièces imprimées. Il s'agit notamment d'optimiser les paramètres d'impression tels que la hauteur de couche et la vitesse d'impression, qui peuvent avoir un impact sur l'apparence des lignes de couche. Des hauteurs de couche plus faibles produisent généralement des surfaces plus lisses. En outre, le choix de la bonne orientation d'impression peut minimiser la visibilité des lignes de couche. Par exemple, l'impression de surfaces planes orientées vers le bas peut réduire la visibilité des lignes de couche.

b. Utilisation de post-traitement, de ponçage, de lissage chimique, etc.

Les méthodes de post-traitement jouent un rôle crucial dans l'amélioration de l'état de surface des pièces imprimées en 3D. Ces méthodes comprennent le ponçage, le lissage chimique et le revêtement. Le ponçage est efficace pour éliminer les lignes de couche et les imperfections. Commencez par un papier de verre à gros grain et passez progressivement à des grains plus fins pour obtenir une finition plus lisse. Le lissage chimique implique l'utilisation de solvants tels que l'acétone (pour l'ABS) ou l'alcool isopropylique (pour le PLA) pour faire fondre et lisser la surface. Soyez prudent lorsque vous utilisez le lissage chimique, car il peut affecter les détails fins et la géométrie.

c. Présentation d'outils et de produits spécifiques pour améliorer la finition

Plusieurs outils et produits sont conçus pour améliorer la finition des pièces imprimées en 3D. En voici quelques-uns :

- Le papier de verre et les blocs de ponçage : Ils sont disponibles en différents grains pour les différentes étapes du ponçage.
- Les apprêts de remplissage : Ils peuvent être appliqués pour combler les imperfections et créer une surface plus lisse avant la peinture.
- Acétone (pour l'ABS) ou alcool isopropylique (pour le PLA) pour le lissage chimique.
- Différents produits de finition : Ils sont utilisés avec des outils rotatifs tels que Dremel pour polir et lisser la surface.
- Revêtements à pulvériser ou à appliquer au pinceau : Ils permettent d'obtenir une finition brillante ou mate de vos pièces.
- En utilisant ces techniques et les outils et produits appropriés, vous pouvez améliorer considérablement la finition de vos pièces imprimées en 3D et les rendre non seulement fonctionnelles mais aussi esthétiques.

7. Entretien Régulier de l'Imprimante

a. Conseils pour maintenir l'imprimante en bon état de fonctionnement

L'entretien de votre imprimante 3D est essentiel pour garantir des performances constantes et fiables. Voici quelques conseils pour maintenir votre imprimante en bon état de fonctionnement :

- Inspectez régulièrement l'imprimante pour vérifier qu'il n'y a pas de boulons desserrés, de courroies ou de composants mal alignés. Serrez-les ou ajustez-les si nécessaire.
- Maintenez l'imprimante propre en éliminant la poussière et les débris. Cela inclut le nettoyage du lit d'impression, de la buse et de l'extrudeuse.
- Stockez correctement le filament pour éviter l'absorption d'humidité, qui peut affecter la qualité de l'impression.
- Maintenez votre imprimante dans un environnement stable, à l'abri des températures et de l'humidité extrêmes qui peuvent affecter la qualité d'impression.

- Maintenez votre logiciel de tranchage et votre microprogramme à jour pour profiter des améliorations et des corrections de bogues.

b. Nettoyage des composants, lubrification, remplacement de pièces d'usure, etc.

Pour garantir la longévité et la précision de votre imprimante 3D, il est important de nettoyer, de lubrifier et de remplacer les composants si nécessaire :

- Nettoyez régulièrement le lit d'impression et la buse pour éviter l'accumulation de filament qui peut affecter l'adhérence et la qualité d'impression.
- Lubrifiez les pièces mobiles telles que les tiges et les roulements avec des lubrifiants appropriés afin de réduire les frottements et l'usure.
- Inspectez et remplacez périodiquement les composants qui s'usent avec le temps, tels que les courroies, les buses et les composants de l'unité de chauffage. L'usure de ces pièces peut entraîner une baisse de la qualité et de la fiabilité de l'impression.

c. Planification d'entretien préventif pour éviter les pannes

Pour éviter les pannes imprévues, il est judicieux d'établir un plan d'entretien préventif :

- Établissez un calendrier d'entretien qui comprend des vérifications et des tâches de routine, telles que le nettoyage, la lubrification et le remplacement des pièces.
- Tenez un registre des tâches d'entretien et de leurs dates pour suivre l'entretien de l'imprimante.
- Sauvegardez régulièrement les fichiers importants, notamment les paramètres de l'imprimante, les configurations et les profils des trancheuses.
- Ayez des pièces de rechange à portée de main pour les pièces d'usure courantes et les composants susceptibles de tomber en panne de manière inattendue.
- Effectuez des inspections et une maintenance approfondie avant de commencer un gros travail d'impression afin de minimiser le risque de défaillance pendant les périodes d'impression prolongées.

8. Exploiter les Ressources en Ligne

a. Utilisation de forums, de groupes de discussion et de tutoriels en ligne pour résoudre les problèmes et obtenir des conseils

Les ressources en ligne sont inestimables pour les passionnés et les professionnels de l'impression 3D. L'utilisation de forums, de groupes de discussion et de tutoriels en ligne peut vous aider à résoudre des problèmes, à recueillir des conseils et à améliorer vos compétences en matière d'impression 3D. Parmi les ressources les plus populaires, citons le site r/3Dprinting de Reddit, la communauté Ultimaker et les forums spécifiques à la marque ou au modèle de votre imprimante. Voici comment les exploiter :

- Résolution de problèmes : Lorsque vous rencontrez des problèmes, qu'il s'agisse de problèmes de qualité d'impression, de pépins techniques ou de difficultés logicielles, tournez-vous vers les communautés en ligne pour trouver des solutions. D'autres personnes ayant été confrontées à des problèmes similaires partagent souvent leurs expériences et leurs conseils.

- Apprentissage et didacticiels : De nombreux forums et sites web en ligne proposent des tutoriels, des guides et des ressources pour apprendre de nouvelles techniques, de nouveaux matériaux et de nouveaux logiciels. Profitez-en pour élargir vos connaissances.
- Dépannage : Les membres de la communauté et les experts peuvent proposer des suggestions et des conseils pour résoudre les problèmes ou optimiser les paramètres de votre imprimante.

b. Contribution à la communauté en partageant des expériences et des solutions

Partager vos expériences, vos solutions et vos idées avec la communauté de l'impression 3D est non seulement utile pour les autres, mais aussi gratifiant. La contribution à la communauté peut prendre différentes formes :

- Répondre à des questions : Si vous avez des connaissances ou de l'expérience dans un domaine particulier, participez aux discussions et aidez à répondre aux questions ou à fournir des solutions aux problèmes rencontrés par les autres.

- Partager des réussites : Postez des photos et des descriptions de vos impressions réussies, en particulier si vous avez relevé des défis. Cela peut inspirer et motiver les autres.
- Fournir des commentaires : Partagez vos commentaires sur des imprimantes 3D, des filaments ou des logiciels spécifiques, afin d'aider les autres à prendre des décisions éclairées.
- Contributions à l'Open Source : Si vous avez des compétences techniques ou de programmation, envisagez de contribuer à des projets d'impression 3D à code source ouvert, en améliorant les logiciels, les microprogrammes ou le matériel pour le bénéfice de la communauté.

9. S'Adapter aux Nouvelles Technologies

a. Gardez un œil sur les nouvelles technologies et les mises à jour dans le domaine de l'impression 3D

Il est essentiel de rester informé des dernières avancées en matière d'impression 3D pour rester pertinent et compétitif dans ce domaine. Voici comment vous pouvez garder un œil sur les nouvelles technologies et les mises à jour :

- S'abonner aux nouvelles de l'industrie : Suivez régulièrement les actualités, les sites web et les publications du secteur de l'impression 3D. Ces sources fournissent souvent des informations sur les technologies émergentes, les percées et les tendances.
- Participez à des salons professionnels et à des conférences : Participez à des conférences et à des salons professionnels sur l'impression 3D pour découvrir les dernières innovations et nouer des contacts avec des experts du secteur.
- Participez aux communautés en ligne : Comme nous l'avons déjà mentionné, les forums et les communautés en ligne sont d'excellentes plateformes pour discuter des nouvelles technologies et de leurs applications pratiques.
- Collaborer avec les fabricants : Établissez des relations avec les fabricants et les fournisseurs d'imprimantes 3D. Ils peuvent vous informer sur les mises à jour de produits et les technologies à venir.

- Apprentissage continu : Inscrivez-vous à des cours, des ateliers ou des classes en ligne pour élargir vos connaissances et votre expertise. Les plateformes d'apprentissage en ligne proposent des cours sur divers sujets liés à l'impression 3D.

b. Intégration de nouvelles fonctionnalités et améliorations dans votre flux de travail

Au fur et à mesure que de nouvelles technologies et mises à jour apparaissent, il est essentiel de les intégrer dans votre flux de travail d'impression 3D afin de rester compétitif et de bénéficier des dernières fonctionnalités et améliorations :

- Mises à jour logicielles : Veillez à mettre régulièrement à jour votre logiciel d'impression 3D, vos trancheurs et vos microprogrammes pour bénéficier des dernières fonctionnalités, corrections de bogues et améliorations.
- Mises à niveau matérielles : Envisagez des mises à niveau matérielles si votre imprimante 3D les prend en charge. Il peut s'agir d'installer de nouveaux hotends, extrudeuses ou systèmes de contrôle des

mouvements pour améliorer la qualité et la vitesse d'impression.
- Exploration des matériaux : Tenez-vous au courant des nouveaux matériaux d'impression 3D et expérimentez-les pour découvrir leurs capacités et leurs avantages potentiels pour vos projets.
- Automatisation et post-traitement : Adoptez les technologies d'automatisation telles que les logiciels de gestion des fermes d'impression pour rationaliser votre flux de travail. Explorez les techniques de post-traitement, telles que le ponçage et la peinture automatisés, pour améliorer l'esthétique de vos impressions.
- Intégrer l'IdO et la surveillance à distance : Le cas échéant, utilisez les technologies de l'Internet des objets (IoT) et les solutions de surveillance à distance pour gérer vos imprimantes 3D plus efficacement et résoudre les problèmes en temps réel.

Chapitre 14 : Lexique Professionnel

1. Termes Clés de l'Impression 3D

- **Filament** : Le matériau (généralement du plastique) utilisé comme "encre" dans l'impression 3D.

- **Extrusion** : Le processus consistant à pousser le filament fondu à travers une buse pour créer des couches dans l'impression 3D.

- **Code G** : Langage de programmation qui contrôle les imprimantes 3D, spécifiant les paramètres de mouvement et d'impression.

- **Plaque chauffante (lit chauffé)** : Plate-forme chauffée sur laquelle la couche inférieure d'une impression 3D adhère, évitant ainsi les déformations.

- **Hauteur de couche** : L'épaisseur de chaque couche imprimée dans une impression 3D.

- **Remplissage** : La structure interne d'un objet imprimé en 3D, qui peut être solide ou modelée pour économiser du matériau.

- **Supports** : Structures temporaires ajoutées pendant l'impression pour éviter les surplombs et assurer la stabilité.

- **Radeau** : Base ajoutée sous une impression pour améliorer l'adhérence et éviter les déformations.

- **Buse** : partie de l'imprimante 3D qui extrude le filament pour créer l'impression.

- **Mise à niveau du lit** : Le processus consistant à s'assurer que la plate-forme de construction est parallèle à la buse, ce qui est essentiel pour une bonne adhérence.

- **Filament** : Matériau thermoplastique, généralement en bobine, utilisé comme principal matériau d'impression 3D. Il est chauffé et extrudé à travers la buse pour créer l'objet imprimé.

- **Extrusion** : Le processus mécanique consistant à forcer le filament à travers l'extrémité chaude et la buse, où il fond et se dépose couche par couche pour former un objet en 3D.

- **Code G** : Une série de commandes dans un fichier texte qui indique à l'imprimante 3D comment déplacer sa tête d'impression, son lit et contrôler d'autres fonctions pendant le processus d'impression.

- **Plaque chauffante (lit chauffé)** : Une plate-forme chauffée sur l'imprimante 3D qui aide à prévenir le gauchissement en maintenant les premières couches de l'impression à une température optimale.

- **Hauteur des couches** : La distance verticale entre chaque couche de matériau déposée au cours du processus d'impression 3D, qui influe sur le niveau de détail et la fluidité.

- **Remplissage** : La structure interne d'un objet imprimé en 3D, qui est généralement une grille, un nid d'abeille ou d'autres motifs. Elle influe sur la résistance de l'objet, le temps d'impression et l'utilisation des matériaux.

- **Supports** : Structures temporaires imprimées sous les surplombs ou les espaces pour éviter l'affaissement ou l'effondrement pendant l'impression. Ils sont ensuite retirés.

- **Radeau** : Couche solide ou en forme de grille imprimée sur la plaque de construction sous l'objet réel, conçue pour améliorer l'adhérence du lit, en particulier pour les impressions de petite surface.

- **Buse** : composant situé à l'extrémité de la tête d'impression qui chauffe et extrude le filament fondu sur la plaque de construction ou les couches précédentes.

- **Mise à niveau du lit** : Le processus d'ajustement de la position de la plate-forme de construction par rapport à la tête d'impression pour s'assurer que la première couche imprimée adhère correctement et que l'ensemble de l'impression est de niveau et cohérent.

2. Termes Relatifs aux Matériaux

- **PLA (acide polylactique)** : Filament thermoplastique biodégradable fabriqué à partir de ressources renouvelables, connu pour sa facilité d'utilisation, son faible taux de déformation et son aptitude à être utilisé par des débutants.

- **ABS (Acrylonitrile Butadiène Styrène)** : Filament thermoplastique largement utilisé, connu pour sa durabilité et sa résistance aux chocs. L'ABS nécessite un lit d'impression chauffé pour minimiser le gauchissement.

- **PETG (polyéthylène téréphtalate modifié par le glycol)** : Ce filament populaire est connu pour ses propriétés équilibrées, notamment sa résistance, sa flexibilité et sa facilité d'impression. Il est souvent utilisé pour les pièces fonctionnelles.

- **Nylon** : Filament polyvalent doté d'une excellente résistance et d'une grande souplesse. Il est utilisé pour les applications où la durabilité et la résistance aux chocs sont essentielles.

- **TPU (polyuréthane thermoplastique)** : Filament flexible aux propriétés similaires à celles du caoutchouc, idéal pour la fabrication de pièces souples et élastiques.

- **PLA+** : une version améliorée du PLA avec une meilleure solidité, une meilleure adhérence des couches et une meilleure résistance à la chaleur.

- **ASA (Acrylonitrile Styrène Acrylate)** : Filament résistant aux UV, dont les propriétés sont similaires à celles de l'ABS, mais qui résiste mieux aux intempéries.

- **Résistance à la traction** : La contrainte maximale qu'un matériau peut supporter lorsqu'il est soumis à une force d'étirement, indiquant sa résistance à la traction ou à l'étirement.

- **Résistance à la flexion** : La capacité d'un matériau à résister à la déformation sous une charge de flexion ou de fléchissement, cruciale pour évaluer sa durabilité.

- **Module d'élasticité (module de Young)** : Mesure de la rigidité d'un matériau et de sa capacité à se déformer sous une charge donnée.

- **Température de déformation thermique (HDT)** : La température à laquelle un matériau se déforme sous une charge donnée, indiquant sa capacité à résister à la chaleur.

- **Résistance aux chocs** : Capacité d'un matériau à résister à une charge soudaine et élevée sans se briser ou se fracturer.

- **Dureté** : Mesure de la résistance d'un matériau à la déformation ou à l'indentation, généralement évaluée à l'aide d'échelles telles que la dureté Rockwell ou Shore.

- **Résistance chimique** : Capacité d'un matériau à résister aux dommages chimiques ou à la dégradation lorsqu'il est exposé à divers produits chimiques ou solvants.

- **Résistance aux UV :** Capacité d'un matériau à résister à une exposition de longue durée à la lumière ultraviolette (UV) sans se dégrader ni perdre de sa solidité.

- **Densité** : Mesure de la masse par unité de volume, qui influe sur le poids et l'utilisation des matériaux d'une pièce imprimée en 3D.

- **Transparence** : Le degré auquel un matériau laisse passer la lumière, ce qui est important pour des applications telles que les lithophanes ou les prototypes transparents.

3. Termes de Slicer et de Tranchage

- **Densité de remplissage** : La quantité de matériau utilisée pour remplir l'intérieur d'un objet imprimé, exprimée en pourcentage. Une densité plus élevée permet d'obtenir des impressions plus solides, mais augmente le temps d'impression et l'utilisation de matériaux.

- **Supports** : Structures temporaires ajoutées pendant l'impression pour empêcher les surplombs ou les ponts de s'effondrer. Ils peuvent être retirés après l'impression.

- **Bordure** : Structure en forme de jupe imprimée autour de la base d'un modèle pour améliorer l'adhérence au lit d'impression et réduire le gauchissement.

- **Radeau** : Une couche épaisse, en forme de grille, imprimée sous le modèle pour améliorer l'adhérence au lit d'impression, en particulier pour les impressions de petites surfaces.

- **Rétrécissement** : La réduction de la taille ou des dimensions d'un objet imprimé en 3D lorsqu'il refroidit, ce qui peut entraîner des inexactitudes dimensionnelles.

- **Surplomb** : Caractéristique d'un modèle 3D dont une partie s'étend horizontalement au-delà du support de la couche inférieure, ce qui nécessite l'utilisation de structures de support.

- **Scripts de post-traitement** : Scripts ou commandes personnalisés qui peuvent être ajoutés au code G après le découpage pour automatiser des actions supplémentaires, telles que la mise en pause de l'impression pour les changements de filament, l'activation de dispositifs externes ou l'ajout de caractéristiques d'impression spéciales.

- **Paramètres de surplomb** : Paramètres du logiciel de découpage permettant aux utilisateurs de contrôler l'impression des surplombs, y compris les options permettant de générer des supports, de spécifier des angles de surplomb et d'affiner les paramètres de support.

- **Pontage** : Technique d'impression de travées horizontales non soutenues, où le filament forme des ponts entre deux supports verticaux sans s'effondrer. Les paramètres de pontage peuvent être ajustés dans le logiciel de découpage.

- **Couches adaptatives** : Une fonction avancée qui fait varier la hauteur des couches en fonction de la géométrie du modèle, optimisant la qualité d'impression pour les détails complexes tout en maintenant la vitesse dans les zones moins détaillées.

- **Densité de remplissage variable** : Un paramètre avancé qui permet aux utilisateurs d'ajuster la densité de remplissage au sein d'une même impression, ce qui permet d'obtenir des pièces dont les exigences structurelles varient d'une zone à l'autre.

- **Contrôle du refroidissement** : Options permettant de contrôler la vitesse et le comportement du ventilateur de refroidissement pendant l'impression, ce qui est essentiel pour éviter les déformations et garantir l'adhérence des couches.

4. Termes Spécifiques à l'Impression 3D Avancée

- **La bio-impression** : Un domaine avancé utilisant l'impression 3D pour créer des tissus et des organes vivants, avec des applications dans la médecine régénérative et les tests de médicaments.

- **Impression 3D de métaux** : Utilisation de poudres métalliques et de techniques telles que le frittage laser direct de métaux (DMLS) pour créer des pièces métalliques complexes destinées aux secteurs de l'aérospatiale, de l'automobile et des soins de santé.

- **Impression 3D avec fibre de carbone** : incorporation de la fibre de carbone dans le processus d'impression afin de produire des pièces solides et légères pour des applications nécessitant un rapport résistance/poids élevé.

- **Moulage et fabrication de moules** : Utilisation de modèles imprimés en 3D pour créer des moules pour les processus de moulage traditionnels, une technique rentable pour produire des copies multiples d'un objet.

- **Conception générative** : Exploitation des algorithmes et de l'IA pour optimiser les conceptions en fonction de critères spécifiques, ce qui permet d'obtenir des structures plus efficaces et plus légères.

- **Impression 3D en architecture** : Application de l'impression 3D à grande échelle pour la construction de bâtiments et d'éléments architecturaux, ce qui révolutionne le secteur de la construction.

- **L'électro filage** : Une méthode qui combine l'impression 3D et les forces électrostatiques pour créer des structures en nanofibres, utilisées dans des applications telles que l'ingénierie tissulaire et la filtration.

Conclusion

Au terme de ce voyage dans le monde de l'impression 3D, nous restons avec un profond sentiment d'émerveillement et de possibilités illimitées. Après des débuts modestes en tant que technologie de niche, l'impression 3D est devenue une force qui remodèle les industries, donne du pouvoir aux individus et alimente l'innovation. Les histoires partagées dans ces pages nous montrent comment cette technologie remarquable transforme les soins de santé, l'aérospatiale, l'art et la joaillerie, pour n'en citer que quelques-uns. Mais ce n'est qu'un début.

L'avenir nous promet des avancées encore plus étonnantes. Nous sommes à l'aube de nouvelles frontières, où l'impression 3D continuera à repousser les limites de ce que nous pouvons créer, de la médecine personnalisée à l'architecture durable, et au-delà. La collaboration entre l'ingéniosité humaine et cet outil révolutionnaire ne connaît pas de limites.

Pour conclure, nous vous invitons à rester curieux, à continuer d'explorer et à embrasser le monde en constante expansion de l'impression 3D. Que vous soyez un passionné, un professionnel ou simplement une personne intriguée par les possibilités infinies qu'elle offre, cette technologie vous invite à faire partie de son incroyable voyage.

Merci de nous avoir accompagné dans cette aventure. L'avenir se construit couche par couche, et vous faites désormais partie de ce récit passionnant.

David Hoffmann
Expert CAO

Printed by Amazon Italia Logistica S.r.l.
Torrazza Piemonte (TO), Italy

54979384R00338